융합 그리고 넥스트

손병희 • 이상기 지음

CONVERGENCE & NEXT

교우사
KYOWOOSA

추천사

'융합 그리고 넥스트'를 정독한 소감을 한 줄로 말하자면 '재미있는 책은 아니지만 실무에 유용한 책'으로 정리할 수 있다. 이 책을 다 읽고나면 IT관련 기관에서 매달 발간되는 IT관련 기관지를 잘 요약하고 정리한 책이라는 느낌을 받는다. 때문에 일반 시민보다는 IT관련 종사자에게 환영받을 책이고, 당장 IT로 밥먹고 사는 내게 필요한 책이 출간되었다는 점에서 출간을 환영한다. 곁에 두고 사례가 필요할 때마다 찾아봐야 하는 책이다.

본문에서 다루는 내용은 미래를 이끌 차세대 기반기술로 하드웨어 쪽에 대한 설명이 많은 부분을 차지한다. 다양한 도표와 그림, 관련 사례를 이용해 해당 분야의 기술을 일목요연하게 잘 정리해두고 있어 해당 기술에 대한 이해 및 현황을 파악하는데 많은 도움을 받을 수 있다. 특히 해당 기술에서 사용하는 각종 용어를 정리할 때 많은 도움이 된다.

매달 각종 진흥원에서 발간되는 기관지를 받아보지만 막상 필요한 자료를 찾으려고 하면 어느 기관의 몇 년 몇 월호에 실린 기사였는지를 찾느라 많은 시간을 허비했던 나로서는 '융합 그리고 넥스트'라는 이 책의 출간이 매우 반갑다. 아마 나뿐만 아니라 각종 IT기술 관련 자료를 참고하려는 IT종사자를 비롯해 관련 공무원, 각종 기관 종사자에게도 마찬가지일 것이다. 최신 IT기술 및 현황을 알아보고자 하는 많은 사람에게 이 책은 유용한 참고서가 될 것이기에 망설임 없이 필독서로 추천한다.

김중태 (IT문화원 원장)

머리말

최근 지구 온난화와 같은 환경 문제뿐만 아니라 에너지 그리고 다양한 산업 간의 융합 문제가 크게 부각되고 있다. 이러한 상황에서 다시 주목을 받고 있는 기술이 IT인데 IT 기술을 이용해서 환경에 도움을 주며 전 세계의 경제를 재창조하는 노력이 역력하다. 정보기기들은 보다 효율적으로 에너지를 사용하도록 만들어 친 환경적으로 업그레이드를 하며 여기에 IT 기술을 접목하여 경제를 효과적으로 창조하는데 초점을 맞추고 있다.

바로 융합기술인 것이다.

언제 어디서나 주변에 숨어있는 컴퓨터들의 도움을 받아 편리하게 생활하고 일할 수 있는 유비쿼터스 환경은 이미 현재 진행형인 현실이 되었다. 우리가 인터넷을 사용할 때 사실 많은 네트워크 노드들이 관여하여 필요한 정보를 전달한다. 또한 휴대전화를 사용할 때도 주변의 중계기들이 서로 협력하여 신호를 전달한다. 그리고 RFID 등과 같이 우리도 모르는 사이에 주변의 컴퓨터들과 정보를 주고받으며 우리의 편의를 지원하는 장치들이 점차 늘어나고 있다. 이렇게 수많은 IT 기기나 장치들이 우리의 생활환경 속으로 확산되면서 보다 효과적으로 에너지를 사용하고 타 산업간의 협업을 위한 IT 기술이 부각되고 있는 것이다.

우리나라 정부는 IT 산업에 대한 미래 비전과 실천 전략을 가지고 IT관련 11개 기술 분야에 대해서 중장기 계획을 수립하였다. 여기에는 반도체, 디스플레이, LED 및 광, 전파, 소프트웨어, 네트워크, 홈 네트워크, 차세대 이동통신, 차세대 컴퓨팅, 디지털TV/방송, 지식 정보보안 등이 포함된다.

이 책에서는 이 11개 분야를 중심으로 관련된 기술을 다루며 먼저 기존의 기술들을 정리한 후 IT 기술이 갖는 의미와 기존 기술과의 관계를 이해할 수 있도록 하였다.

2014년 11월

저자 손병희

차례

제5장 LED 및 광

제6장 전파

제7장 BcN

제8장 홈 네트워크

제9장 차세대 이동통신

제 10 장 차세대 컴퓨팅

제 11 장 디지털 TV/방송

제 12 장 지식 정보보안

제1장 IT개론

학습개요 IT가 다양한 분야에서 기반 기술로서 크게 기여할 수 있다는 가능성이 제기되고 있다. 이 장에서는 이런 IT의 국가 로드맵과 다른 국가들의 IT 프로젝트에 대해 알아본 후 요즘 핫 이슈인 주목할 만한 플랫폼에 대해 살펴본다.

학습목표
1. IT의 국가 로드맵
2. 다른 국가들의 IT 프로젝트
3. 주목할 만한 플랫폼 (구글, 애플, 페이스북, 아마존)

1 IT의 국가 로드맵

1) 우리나라 미래 비전

IT Korea 5대 미래 전략에 부합하는 IT 산업에 대한 미래 비전을 다음과 같다.

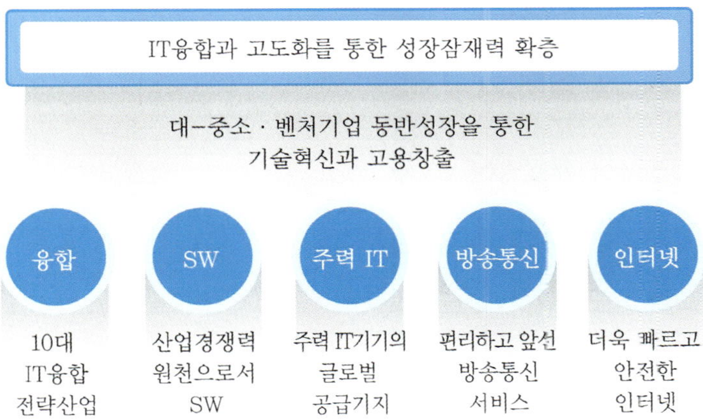

[그림 1-1] IT Korea 5대 미래전략 나용

이런 5대 미래 전략을 가지고 정부는 11개 IT 연구 분야의 중장기 계획을 제시했다. 이 중장기 계획은 수립기간을 2009년부터 2013까지이며 2010년부터 2015년까지 확장하는 전략 기술로드맵을 만들었는데, 내용은 다음과 같다.

2) 우리나라 11개 IT연구 분야

〈표 1-1〉 우리나라 중점 분야와 비전

<table>
<tr><th>중점분야</th><th>비전</th><th colspan="2">주요 기술개발</th></tr>
<tr><td rowspan="2">반도체</td><td rowspan="2">2015년 세계 2강의 반도체 강국 실현</td><td>2011</td><td>2015</td></tr>
<tr><td>자동차퓨전반도체</td><td>에너지퓨전반도체</td></tr>
<tr><td rowspan="2">디스플레이</td><td rowspan="2">패널/부품/소재/장비산업 동반 일류화</td><td>2011</td><td>2015</td></tr>
<tr><td>AMOLED</td><td>플렉서블 디스플레이</td></tr>
<tr><td rowspan="2">LED 및 광</td><td rowspan="2">2015년 세계 3강의 LED산업 강국 실현</td><td>2011</td><td>2015</td></tr>
<tr><td>특수/감서 조명</td><td>저가격/보급형 LED</td></tr>
<tr><td rowspan="2">전파</td><td rowspan="2">창의적 전파이용기술개발을 통한 Global 전파 Leader</td><td>2011</td><td>2015</td></tr>
<tr><td>CR 응용시스템</td><td>밀리미터파 및 THz대 이용</td></tr>
<tr><td rowspan="2">SW</td><td rowspan="2">국가 경쟁력 강화에 필수적인 SW 도약기반 확보
-기반·창의기술 및 기술/산업간 교량확보</td><td>2011</td><td>2015</td></tr>
<tr><td>Saas 플랫폼</td><td>심감형 CPS</td></tr>
<tr><td rowspan="2">BcN</td><td rowspan="2">차세대 네트워크 산업의 글로벌 선도 국가 도약</td><td>2011</td><td>2015</td></tr>
<tr><td>패킷/광 통합스위칭 시스템</td><td>지능형 광전송 네트워크 시스템</td></tr>
<tr><td rowspan="2">홈네트워크</td><td rowspan="2">지능형 홈서비스 보편화를 통하여 안전, 편리, 즐거운 Green u-Home 실현</td><td>2011</td><td>2015</td></tr>
<tr><td>마스터가전 플랫폼 (표준 아키텍처 기반)</td><td>심감·감성·그린 지능형 홈</td></tr>
<tr><td rowspan="2">차세대 이동통신</td><td rowspan="2">모바일 세계 최강국 달성</td><td>2011</td><td>2015</td></tr>
<tr><td>4세대 이동통신 국제표준</td><td>4세대 이동통신 상용시스템</td></tr>
<tr><td rowspan="2">차세대 컴퓨팅</td><td rowspan="2">2015년 세계 3대 컴퓨팅 기술 강국 실현</td><td>2011</td><td>2015</td></tr>
<tr><td>클라우드 컴퓨팅</td><td>모듈형 그린 IDC</td></tr>
<tr><td rowspan="2">디지털 TV/방송</td><td rowspan="2">방통융합 디지털방송 서비스 및 산업 선도국가 실현</td><td>2011</td><td>2015</td></tr>
<tr><td>모바일 IPTV</td><td>다시점 3DTV</td></tr>
<tr><td rowspan="2">지식정보 보안</td><td rowspan="2">안전하고 안심할 수 있는 지시 정보보안 사회 구현</td><td>2011</td><td>2015</td></tr>
<tr><td>40G L3/L7 DDoS 공격대응 기술</td><td>원거리(50m 이내) 휴먼 식별기반 통합보안 기술</td></tr>
</table>

여기 11개 IT 기술분야와 환경분야를 접목해 보면 당연 그린 IT가 부각되는데, '그린 IT 전략'의 핵심내용을 정리하면 다음과 같다.

- IT의 녹색화
- IT의 활용을 통한 녹색성장
- 그린 IT 기반 조성과 인력양성

〈표 1-2〉 우리나라 그린 IT 전략

정책방향	주요과제
IT의 녹색화	– PC, 서버, 가전 등 IT 기기의 고효율화 – IT와 가전제품용 친환경 소재 등 개발 – 그린 반도체 및 그린 디스플레이 개발 – LED, OLED 핵심 기술 개발 – 그린 에너지 등 신 성장동력 자원 기술 개발
IT의 활용을 통한 녹색성정 기반구축	– U-산업단지 조성 – RFID 활용을 통한 자원 및 에너지 효율성 제고 – 실시간 에너지 절감기술 (AMI) 상용화 – 산업분야 에너지 관리 시스템 (EMS) 구축 및 확산
기반 조성, 제도 개선, 인력양성 등	– 그린 IT 포럼, 인력양성 추진 – 에너지 효율 등급제 개선 – 고효율, 친환경 기기 보급 및 사용 확대 – 국민 참여 확대

출처: 지식경제부

지식경제부가 발표한 '그린IT 전략'은 IT산업 부문의 에너지와 환경 이슈를 해결하는 동시에 녹색성장의 기회로 활용하기 위한 것으로 풀이된다.

이는 세계적인 IT기기 보급 확산에 따라 IT가 에너지 소비, 즉 온실가스 배출에서 차지하는 비중이 날로 높아가고 있고, IT기기 유해물질에 관한 세계 각국의 규제강도가 갈수록 거세지고 있는 데 따른 것이다.

이는 IT산업 전반에서 에너지 절약형 IT기술과 친환경 IT부품소재를 개발하고, 유비쿼터스 기술로 기존 에너지 다소비형(온실가스 다배출형) 인프라 체계를 탄소 제로형으로 혁신하자는 것으로 분석되며 이것이 녹색성장, 즉 제르성장이다. 제로 성장이라고 해서 말이 이상하게 들릴지 모르나, 영어로 풀어보자면 Green Development가 아닌 Green Growth로 자연을 훼손시키지 않고 보존하는 것이다.

다시 정리하면 다음 4가지 항목으로 정리된다.

- IT산업의 에너지·환경 문제
- 에너지절약형, 친환경IT 개발
- u-IT로 녹색사회 인프라 구축
- 그린IT 인력양성 및 제도정비

물론 다른 나라에서 진행하는 프로젝트에서도 그린 IT 기술전략이 내포되어 있다. 결론적으로 얘기하면 저탄소, 저전력의 자원의 효율화가 전 세계 이슈라 해도 과언이 아니다. 우리나라 세부 핵심 그린 IT 프로젝트는 다음과 같다.

〈표 1-3〉 우리나라 그린 IT 핵심 프로젝트

핵심 프로젝트	연계 사업	설명
녹색 교통망 구축	환승시설, 간선급행버스체계 및 전국 자전거도로 네트워크 구축	자전거, 철도 등 저탄소 교통수단에 대한 투자확대와 대중교통과 다중이용시설을 연계·발전시켜 대중교통의 이용 활성화
녹색국가 정보인프라 구축	국가 건물에너지통합관리시스템 구축, 전자문서 이용 활성화, 도로기반지하시설물 전산화 사업	미래 녹색국가 실현의 근간을 이루는 국토·에너지·수자원·건물 등 각종 기본정보를 체계적으로 일원화하는 DB를 구축
대체 수자원 확보 및 친환경 중소댐 건설	댐 건설업 해외진출, 해수담수화 기술개발, 하수처리수 재이용	대체수자원을 우선 확보하고, 지역별 특성을 고려한 친환경 중소댐 건설 등을 통해 기상이변과 물부족 시디에 선제적 대비
그린카, 청정에너지 보급	플러그인 하이브리드차 독자기술력 조기확보, 바이오에탄올 기술개발 및 시범보급	저탄소·에너지 고효율화 사업을 선도적으로 추진함으로써 자동차 및 에너지 산업의 경쟁력 확보
자원재활용 확대	바이오매스, 가축분뇨 자원화, 매립지 정비·개발	기후변화, 자원위기에 대응하기 위하여 폐기물자원, 바이오매스, 가축분뇨 등 폐자원의 에너지화 투자를 확대
산림 바이오매스 이용 활성화	산림바이오매스 활용, 산림재해예방 및 훼손산림 복원, 농어촌 테마공원 조성	탄소 흡수원 확대 조성을 통하여 기후변화에 대응하면서 녹색 일자리 창출 및 산림가치 증진 도모
에너지 절약형 그린 홈·오피스 및 그린스쿨 확산	공공부문 LED 교체, 그린 IT 기술 테스트베드 구축 및 그린홈 닥터 양성	공공부문을 중심으로 에너지 고효율·친환경 건물 확대 보급
쾌적한 녹색 생활공간의 조성	건물 녹화, eco-road 조성, 유휴시설 재활용	국토·도시 공간구조를 탄소저감형으로 개편하고, 개발 및 운영비용을 절감할 수 있는 도심 재생사업 등 중장기사업 발굴

이 정책의 영향을 받는 관련 기업들의 주가가 상승세를 타고 있다. 또한 IT 사업에 대해서는 전력 소비형 구조에서 이른바 '그린 IT' 기술 개발을 위해 2009년부터 5년간 5천억 원을 투자하며, 밴처 기업들도 관심을 보이고 있다. 한편, 대한민국 행정안전부 및 국토해양부도 IT 분야의 이른바 '디지털 뉴딜'을 추진하기로 하기로 했다.

'Green by IT' 전략에 따라 정부는 교통체계를 지능화해 교통 정체와 차량 공회전을 최소화하고 자전거와 IT기술간 융합을 통해 대중교통 활성화를 이끌 예정이다. 또 물류 인프라에 첨단 IT기술을 적용해 저탄소 녹색 교통과 물류 환경을 조성할 방침이다.

이와 함께 발전·송전·배전 등 전력기술에 IT 기술을 접목한 지능형 전력망 인프라를 구축할 계획이다. 그린 IT 전력망 인프라를 통해 국가 전기 에너지를 저감하고 세계 스마트 그리드 시장을 선점하겠다는 전략이다.

아울러 종합적·체계적인 실시간 환경감시를 통해 기후변화와 재난에 대응할 수 있는 체계를 구축할 전망이다. 이를 통해 생태적으로 건강한 하천과 유해물질로부터 안전한 자연환경을 조성할 방침이다.

(1) 교통 · 물류 체계 그린화

우리나라는 교통정보의 수집·제공을 위해 고속도로와 일반국도, 시가지도로 등에서 지능형교통정보시스템(ITS)을 구축·운영 중이다.

ITS 운영을 통해 교통 상황이 어느 정도 개선됐지만 지난 2006년 총 교통혼잡비용은 24조6000억원(GDP 대비 2.9%)으로 나타났다. 이는 선진국(GDP 대비 1.0%) 보다 여전히 높은 수준이다.

또 녹색교통수단으로 지난 2007년부터 자전거 이용을 활성화하고 공용 자전거 시스템을 구축해 운영 중이다. 하지만 자전거 보급률은 17%에 그치고 자전거 교통수송 분담율도 1.2%에 불과해 선진국에 비해 미흡한 실정이다.

물류부문에서는 항만·공항·철도 등 거점 별로 전자태그(RFID), 유비쿼터스센서 네트워크(USN), 실시간 위치추적시스템(RTLS) 등 첨단 IT 기술을 시범 도입해 물류 생산성 향상과 탄소배출 감축을 추진 중이다. 하지만 일부 거점과 업무에만 한정 적용돼 고비용·저효율의 물류 구조로 국가물류비는 매년 지속적으로 증가하는 추세다.

이에 따라 정부는 교통체계 지능화와 자전거 공용시스템 보완 운영을 통해 대중교통 활성화를 도모할 예정이다. 또 물류 시스템을 통합해 저탄소 녹색 교통과 물류 환경을 만들어 나갈 계획이다.

우선 정부는 유비쿼터스 기반 교통기술을 기존 시스템에 융합하고 교통정보의 연계와 통합으로 교통정체 및 차량 공회전을 줄일 방침이다.

이와 같은 지능형 교통서비스 구현으로 오는 2013년에는 시내 도로 평균통행속도를 21kph에서 35kph로 향상시키고 2020년에는 교통정체 및 차량 공회전 감소로 1조 2000억원 상당의 에너지를 절감할 것으로 보인다.

또 자전거의 RFID 태그인식과 자전거 전용 버스정류장 운영 등 자전거와 첨단 IT 기술을 융합해 대중 교통 간 연계를 강화하기로 했다. 즉 대중교통이용을 활성화한다는 것. 자전거 보급률은 2013년까지 현재 17%에서 50%까지 늘려 녹색 교통 환경을 조성할 방침을 냈었다.

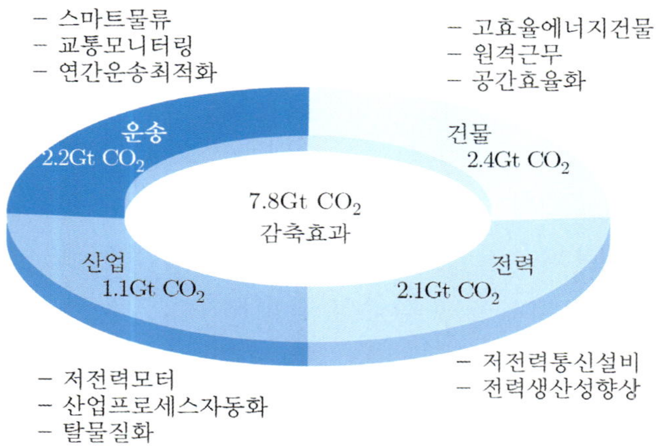

〈자료 : GeSi, 스마트 2020보고서〉

[그림 1-2] IT 활용을 통한 CO_2 배출 감축 효과

(2) 지능형 전력망 인프라 구축

GeSI(Global e-sustainable initiative)는 IT기술을 활용해 오는 2020년에는 전 세계 이산화탄소 배출량의 15%인 78억t 가량 저감이 가능할 것으로 전망했다. 이 가운데 지능형 전력망을 통한 저감은 21억t을 차지할 정도로 비중이 매우 크다.

이에 따라 정부는 2020년까지 단계적 기술 개발을 통해 지능형 전력망 인프라를 구축할 계획이다. 전력 IT 요소 기술 및 상용화 기술 개발로 기본 전력망 인프라를 완성하고 상용화 및 수출산업화를 위해 2013년까지 810억원 규모의 '지능형 전력망 통합실증단지(Test Bed)'를 세웠다.

또 초고속인터넷과 홈네트워크 연동 기술 개발 및 표준화로 지능형 전력망의 조기 상용화를 추진한다.

이와함께 지능형 전력망의 글로벌 표준화 추진과 관련 법·제도 제정 및 개선을 통한 산업 시장 환경도 마련한다. 정부는 이 같은 전력망의 산업화·활성화를 위한 기반 조성에도 힘을 쏟을 예정이다.

세계 최초 국가단위의 IT 기반 지능형 전력망 인프라 구축을 통해 정부는 2030년까지 국가 전기에너지를 6% 저감하고 세계 스마트 그리드 시장 선점을 목표로 하고 있다. 또 피크타임 전력수요 수준을 낮추고 설비 이용효율을 높여 연간 3조1000억 원의 신규 건설 비용 절감을 기대하고 있다.

(3) 실시간 환경감시 및 재난 조기대응체계 구축

정부는 종합적이고 체계적인 실시간 환경감시를 통한 기후변화 예측과 이산화탄소를 유발하는 재난에 대한 조기 대응 체계를 강화하기로 했다. 이에 따라 생태적으로 건강한 하천과 유해물질로부터 안전한 자연환경 조성으로 녹색성장을 구현한다는 것. 2013년에는 4대강 및 주요 하천 유역에서 기후변화와 홍수, 가뭄 등 기상정보와 연계한 IP-USN 기반의 실시간 모니터링 및 예측시스템이 구축되었다.

산업단지의 환경오염물질 및 악취 등에 대한 USN망 확충과 통합 관제시스템 구축으로 환경오염도 실시간 모니터링하고 제어할 방침이다.

이와 함께 전국 수돗물의 생산에서 공급까지 전 과정에 대한 수질·수량을 실시간으로 모니터링하고 수질 정보를 공개하는 시스템을 구축하여 범국가적 지능형 실시간 환경 감시체계를 조성할 전망이다.

아울러 한반도에 적합한 기후변화 시나리오 및 모델 개발을 통해 기후변화 예측력을 높이고 통합 예측 시스템을 구축·운영할 계획이다.

신속한 재난대응을 위해서는 센서기반 자동신고 대응이 가능한 u-119 신고체계를 구축하고 전국으로 확산할 예정이다. 또 화재대응력 강화를 위해 3D 시뮬레이션 시스템을 만들어 화재 상황 가상체험을 이용, 화재대응 훈련효과를 극대화한다는 방침이다.

산림자원 보호를 위한 통합형 산불관리시스템과 진화관리체계를 구축하고 유해 위험물 저장소 및 운송차량에 안전관리체계를 적용할 계획이다.

2 다른 국가들의 IT 프로젝트

다른 국가들의 그린 IT프로젝트를 살펴보자.

여기서의 가장 강력한 동력은 전 세계 시장에서 불어오는 제품에 대한 환경규제, 기후변화 협약, 자원 부족 현상 등이다. 특히 EU에서 시작된 RoHS(유해물질 제한조치), WEEE(재활용), EUP(에코디자인)는 IT 제품 자체의 그린화를 촉구하게 된다. 즉 제품내의 납, 카드뮴, 크롬 등 6대 유해성분 제거, 폐제품에 대한 생산자 의무, 사용단계의 에너지 효율성 등을 직접 규제하기 시작한 것이다.

기후변화협약에 대한 대응도 그린 IT를 촉진하고 있다. IT 산업계가 지구온난화에 직접적으로 기여하는 정도에 대한 문제도 중요하지만 지구온난화의 직접적인 영향권하에 있는 에너지 집약적인 산업이 온실가스 배출량 저감을 위해 반드시 필요한 것이 IT 기술이라는 점이 더욱 중요하다. 기후변화협약과 관련된 각종 글로벌 이니셔티브(Global Initiative)[1]도 그린 IT를 촉진하고 있다.

미국과 일본을 중심으로 지속 가능성을 고려하여 제품을 구매하는 소비자 계층(LOHAS족)[2]이 2009년 3월 기준,6300만 명으로 성인인구에서 차지하는 비중이 23%정도이며 매년 증가 추세에 있다.

---

1) 환경에 관한 국제 연합의 활동을 조정하는 기구로 국제 연합 환경 계획(United Nations Environment Programme, 약칭 UNEP)이 있다.
UNEP는 1972년 스웨덴의 스톡홀름에서 열린 「유엔인간환경회의」의 결정에 따라 1973년에 설립되었으며, 케냐의 나이로비에 본부를 두고 있다. 환경과 관련된 다른 국제기구나 국가에 경비와 기술 인력을 지원해 환경보전 활동에 도움을 주는 것을 목적으로 한다.
국제 연합 환경 계획, 국제 연합 기관으로 환경에 관한 제반 활동을 종합적으로 조정, 지휘하고, 새로운 문제에 대한 국제 협력을 추진하는 것을 목적으로 하고 있다. 또한 많은 국제 환경 협약의 협상을 개최하여 성립시켜왔다. 「몬트리올 의정서」의 사무국을 맡고 있으며, 「워싱턴 조약」, 「본 협약」, 「바젤 협약」, 생물 다양성 협약 등의 협약의 관리도 하고 있다.
「천연 자원부」, 「지속 가능한 생산과 소비부」, 「세계화부」 등 5 부서로 나뉘며, 본부는 케냐의 나이로비에 두고 있다. 개발도상국에 본부를 둔 최초의 유엔기구이다. 기반으로 세계 자연 보존 모니터링 센터가 위치해 있다.

2) 로하스족(LOHAS)은 Lifestyles Of Health And Sustainability의 줄임말로 개인의 웰빙을 넘어서 모두의 웰빙을 추구하는 사람들을 말한다. 건강, 환경에 있어서 자신의 가치관에 맞는 제품을 찾을 뿐만 아니라 에너지 절약이나 친환경쪽으로 사회적 책임까지 고려한다. 친환경적이고 인간중심적인 인테리어와 전원주택 등 에너지 절약에 많은 관심을 갖고 친환경적인 제품을 선호하는 생활패턴을 보인다.

해외 그린 IT 추진 사례는 다음과 같다.

1) 미국의 프로젝트

미국은 새로운 전력 발전소 건설이 제한되면서 IT 장비의 전력 소비 증가에 대한 우려가 증대되고 있다. 일찍이 에너지 문제를 인식한 미국은 1992년 에너지 효율 증대 방안으로 에너지 스타(Energy Star) 프로그램을 도입하였고, 아울러 보다 안정적이고 저렴하게 전력을 공급하기 위한 방안으로 2003년부터 전력과 IT를 결합한 스마트 전력망인 인텔리그리드(IntelliGrid) 프로젝트[3]를 추진하고 있다.

---

3) 미국의 스마트그리드 관련 프로젝트 중 가장 대표적으로 추진 중에 있다. 2003년 미 에너지부(DOE)의 지원 아래 EPRI에 의해 시작됐으며, EPRI의 주도로 세계 수많은 기업 및 연구소, 대학 등이 참여하여 R&D가 진행되고 있다. 현재 우리나라도 한국전력연구원이 연구비를 출연하고 연구프로그램에 참여 중에 있다. 인텔리그리드의 R&D의 4대 영역을 살펴보면 다음과 같다.

1. 인텔리그리드 아키텍처
2. DER/ADA
3. 컨슈머 포털
4. FSM

위 의 4가지 영역을 중점적으로 개발하고 있다.

한편 미 의회는 2006년 12월 환경보호국에게 데이터센터와 서버의 에너지 사용을 검토하는 보고서 제출을 요청하였으며, 이에 대해 환경보호청(EPA)은 2007년 8월 데이터 센터들의 에너지 효율성 개선의 필요성을 강조하는 보고서를 의회에 제출하였다.

환경보호청 보고서에 따르면 미국의 서버와 데이터 센터들은 2006년 614억 kwh의 에너지를 소비한 것으로 조사되었다.

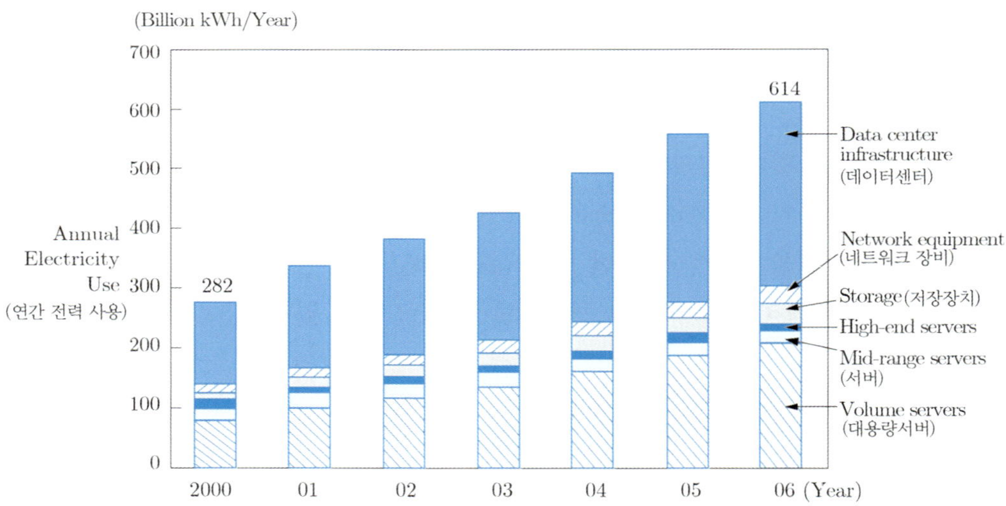

자료: Takao SHIINO, Global Warming Initiatives by the Information Services Industry No.128

[그림 1-3] 미국 데이터 센터의 전력사용량 증가 추이

상기 결과를 바탕으로 환경보호국은 데이터 센터의 전력 소비 증가를 경고하고 구체적 원인을 제시하였으며 환경보호청은 연구결과에 기초하여 데이터 센터 에너지 효율성 시나리오를 작성하고 관련 대책을 강구중에 있다.

아울러 환경보호청은 데이터센터의 효율성 측정을 위한 벤치마크 지수 개발 등 미국 데이터 센터들의 에너지 효율성을 높이기 위해 다각적으로 노력하고 있으며 모범사례에 관한 정보를 널리 알리고 미국 데이터센터들이 에너지 효율적인 장비를 채택하도록 촉진하고 있다.

하지만 2012년 9월 22일 뉴욕타임즈에 보도를 보면, 데이터 센터 단의 전력 소모가 100억 kwh로 줄었지만 아직도 에너지를 낭비하는 것으로 보도하였다. 그 이유는 온라인 기업들이 수요에 관계없이 최대 가동치에서 설비를 구동하여 90% 정도의 전력을 낭비하고 있기 때문이다.

2) 일본

일본은 에너지 절감 기술에 있어 기술 강국으로 꼽힌다. 석유 파동 이후로 꾸준히 에너지 절감 연구개발에 투자를 지속해 온 것이 현재 이 분야에 있어 경쟁우위를 차지할 수 있도록 기여한 바 크다. 일본은 지난 2007년 에너지 절감형 IT 제품 개발을 촉진하고 효율적인 공급망 관리를 통해 에너지 절감형 시스템 개발을 경제산업성 주도로 추진하고 있으며, 이를 통해 '그린 IT 이니셔티브'를 발족한 바 있다.

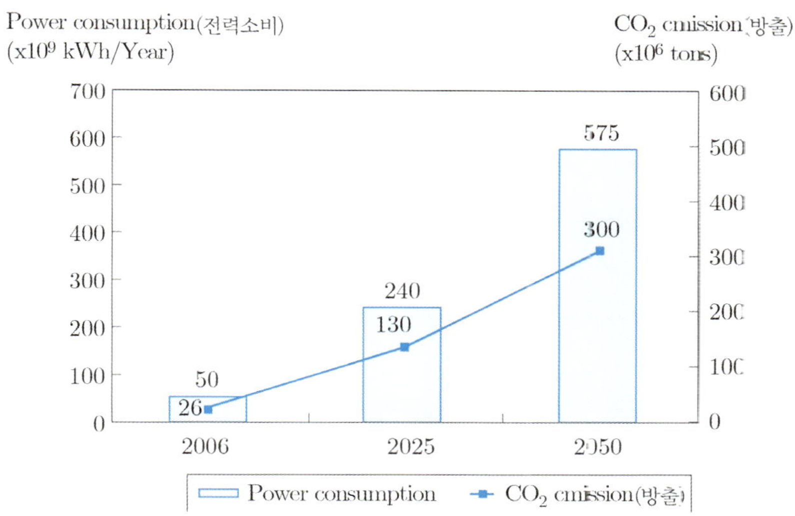

자료: METI(경제산업성), Expectation for innovative energy-saving technologies of IT equipments, 논자 재인용, 2010

[그림 1-4] 일본의 에너지 소비 및 IT 장비로부터의 CO_2 배출 예상 규모

뿐만 아니라 국가적 차원의 그린IT 프로젝트들이 제안되었고, 대표적인 일본의 IT 기업들이 적극적으로 그린IT 비즈니스를 수행하고 있어 민관 공동으로 그린 IT 산업을 성장시키고 있다. 특히 지난해 초에는 '그린 IT 추진위원회(Green IT Promotion Council)'가 설립되면서 관련분야의 국제 표준을 마련하는 등 국제적 공조를 확대하고 에너지 효율성을 달성한 성공사례를 발굴하여 공유한다는 방침이다.

3) 유럽

범유럽연구개발프로그램인 7차 Framework Program(FP7)[4)]에서 IT를 통한 에너지 효율화 과제가 포함되면서 공론화가 시작되었다. 에너지 디자인, 에너지 생산·보존·유통, 에너지 소비 등의 부문으로 나누어 IT 기술를 적용한 연구가 착수되었고, 전력 네트워크를 효율적으로 관리하기 위한 IT 기반의 분산 인텔리전스를 연구하기 위해 BUSMOD 프로젝트와 CRISP(CRitical Infrastructure for Sustainable Power) 프로젝트가 수행중에 있다.

2020년까지 전력생산의 20%를 신재생에너지로 충당한다는 'Triple Twenty' 계획을 선언하였다.

영국 정부는 에너지와 주요 자원의 대형 소비자로서 중앙정부 차원의 그린 IT 비전을 제시하고 있다. 또한, 영국의 방송통신 규제기관인 오프콤(Ofcom)은 CO_2 배출총량을 줄이기 위해 'Project Footprint' 이니셔티브를 수립한 바 있으며 2006년 실시한 '탄소 감사(Carbon Audit)' 결과에 따라 IT에 초점을 맞춘 오프콤의 CO_2 배출 감축을 계획중에 있다. 'Project Footprint' 이니셔티브는 향후 4년 동안 오프콤의 CO_2 배출 총량을 25% 감소, 2020년까지 절반으로 줄이는 것이 목표이며 향후 2009년과 2010년에 CO_2 감시 모니터링을 실시할하고 있다.

4) 연구 및 기술 개발을 위한 가장 거대한 규모의 유럽 공동체 재정지원 프로그램인 '제7차 EU Framework Programme(FP7)'이 2007년부터 시작되어 7년간 진행되고 있으며 정보통신(ICT)분야가 투자 비중이 가장 크다. 총 505.21억 유로의 예산을 배정받았다. 여기에 27억 유로의 추가 예산이 원자력 연구를 위하여 5년으로 제한된 Euratom 프로그램도 있다. 7차 기본 프로그램은 4개의 특수 프로그램을 통해서 기초 연구를 지원하고 있다.
1. 협력 – 여러 핵심 주제 영역에서의 공동 연구 지원
2. 아이디어 – 기초 연구 지원
3. 인력 – 전문 경력 개발 지원
4. 역량 – 연구 인프라의 연계 및 발전, 지역 연구 클러스터, 국제 협력 등 과학과사회 간의 관계 강화

2014년 가트너가 선정한 전략기술은

- 다양한 모바일 기기 관리
- 모바일 앱과 애플리케이션
- 만물인터넷
- 하이브리드 클라우드와 서비스 브로커로서의 IT
- 클라우드/클라이언트 아키텍처
- 퍼스널 클라우드의 시대
- 소프트웨어 정의
- 웹스케일 IT
- 스마트 머신
- 3D 프린팅 등이다.

2011년부터 2014년까지 가트너가 선정한 10대 전략기술을 정리해 보면 다음과 같다.

	2011년	2012년	2013년	2014년
1	클라우드 컴퓨팅	미디어 태블릿 그 이후	모바일 대전	다양한 모바일 기기 관리
2	모바일 앱과 미디어 태블릿	모바일 중심 애플리케이션과 인터페이스	모바일 앱&HTML5	모바일 앱과 애플리케이션
3	소셜 커뮤니케이션 및 협업	상황인식과 소셜이 결합된 사용자 경험	퍼스널 클라우드	만물인터넷
4	비디오	사물인터넷	사물인터넷	하이브리드 클라우드와 서비스 브로커로서의 IT
5	차세대 분석	앱스토어와 마켓 플레이스	하이브리드IT&클라우드 컴퓨팅	클라우드/클라이언트 아키텍처
6	소셜 분석	차세대 분석	전략적 빅데이터	퍼스널 클라우드의 시대
7	상황인식 컴퓨팅	빅데이터	실용분석	소프트웨어 정의
8	스토리지급 메모리	인메모리 컴퓨팅	인메모리 컴퓨팅	웹스케일 IT
9	유비쿼터스 컴퓨팅	저전력 서버	통합 생태계	스마트 머신
10	패브릭 기반 컴퓨팅 및 인프라스트럭처	클라우드 컴퓨팅	엔터프라이즈 앱스토어	3D 프린팅

겉보기엔 모바일, 빅데이터, 클라우드를 강조했던 2013년과 크게 다르지 않아 보인다. 빅데이터 분야 내용이 빠지고 소프트웨어 정의와 3D 프린팅이 새로이 이름을 올렸다. 사물인터넷은 만물인터넷으로 '인터넷에 연결된 기기'에서 '인터넷에 연결된 플랫폼'으로 개념을 확장했다.

모바일과 클라우드는 2년 연속 주목해야 할 10대 전략기술로 선정됐다. 퍼스널 클라우드와 하이브리드 클라우드, 퍼블릭 클라우드, 모바일 다양성, 모바일 관리, 모바일 애플리케이션 등으로 개념을 구체화했다.

3 주목할 만한 플랫폼(구글, 애플, 페이스북, 아마존)

IT 기술의 핵심은 플랫폼이다. 말 그대로 기반 기술이기 때문이다. 시스템의 기본이 되는 특정 프로세서를 운영하기 위한 기반 기술은 운영체제이며 웹에서 운영되는 시스템의 플랫폼은 웹이다.

플랫폼에 필요한 성질은 다음과 같다.

- 규모 확장성
- 동적 안정성
- 변화 강인성
- 그리고 데이터

여기서 우리가 주목할 만한 플랫폼 4가지를 살펴보자.

1) 구글

구글의 플랫폼 구축 방식은 지리 정보 기반의 툴과 전문 검색 기반으로 시작해서 현재는 미디어, 모바일, 로봇, 웨어러블 컴퓨터 등 실로 다양하게 안정적으로 확장하고 있다. 플랫폼이 갖추어야 할 성질을 다 가졌다.

여기에 혁신이 가미가 되는데, 20% 규칙은 누구나 다 아는 내용으로 기존 제품과 호환할 수 있는 다양한 보완 제품을 만들기 위해 구글의 경영진이 소프트웨어 개발 엔지니어들에게 업무 시간의 20%를 일상적인 업무가 아닌 개인적으로 관심 있는 제품에 쓰도록 한 제도이다.

일단 구글도 정답은 아니지만 세계의 관심을 받는 것은 사실일 것이다.

구글 플랫폼의 미래의 과제로서는 다른 플랫폼인 애플이나 페이스북과 협업하고 보조를 맞추는 일이 아닐까 싶다. 또, 개인 정보 보호 문제와 관련해서의 실수는 다시 범하지 않았으면 하는 바램이다.

2) 애플

애플하면 떠오르는 것이 디자인 혁명으로 전 세계를 새로운 세계인 도바일 세계로 이끈 점을 들 수 있다. 그런데 이런 저력은 단기간의 즉흥적인 생각에서 나왔다고 생각하지 않는다. 실제로 애플은 1980년대 중반부터 일반 컴퓨터에서 첨단 기기로 관심을 돌렸다고 한다.

애플의 플랫폼 구축 방식은 직관성과 사용 편의성이라고 본다.

뿐만 아니라 애플과 그 플랫폼은 하드웨어 회사에서 이제는 전 세계에서 가장 가치 있는 컨텐츠를 만드는 기업으로 변모했기 때문에 미래의 애플과 그 플랫폼이 가장 기대된다.

3) 페이스북

페이스북의 위력을 보면 6가지 관점으로 살펴 볼 수 있다.

- 영향력

  페이스북은 2013년 봄 월 사용자 수가 11억1,000만 명, 매일 6억6,500만 명이 사용하고 있다.

- 자본력

  900억 달러의 시가 총액을 가지고 있다.

- 수익성

  2013년 2분기에만 18억 달러의 매출과 3억 3,300만 달러의 순이익을 기록했다.

- 모바일

  페이스북 모바일 앱이 있다.

- 개발자

  해커 문화로 최고 인재들을 유지하고 있다.

- 사용자의 투자

  몇 년 전 타임라인 기록도 모두 남아있어 실로 진정한 빅 데이터를 소유하고 있어 다양한 미래 예측 분석이 가능하다.

하지만 페이스북의 성장은 사람들간의 관계가 점차 복잡해지면서 사용자들의 SNS 피로도가 점차 쌓이는 상황이고, 양적인 인맥 확장이 중심이었던 개방형 SNS에서 벗어나 인맥과 정보를 선택·활용하고 가까운 사람들과 소통하려는 폐쇄형 SNS가 업계의 새 트렌드로 자리 잡고 있다.

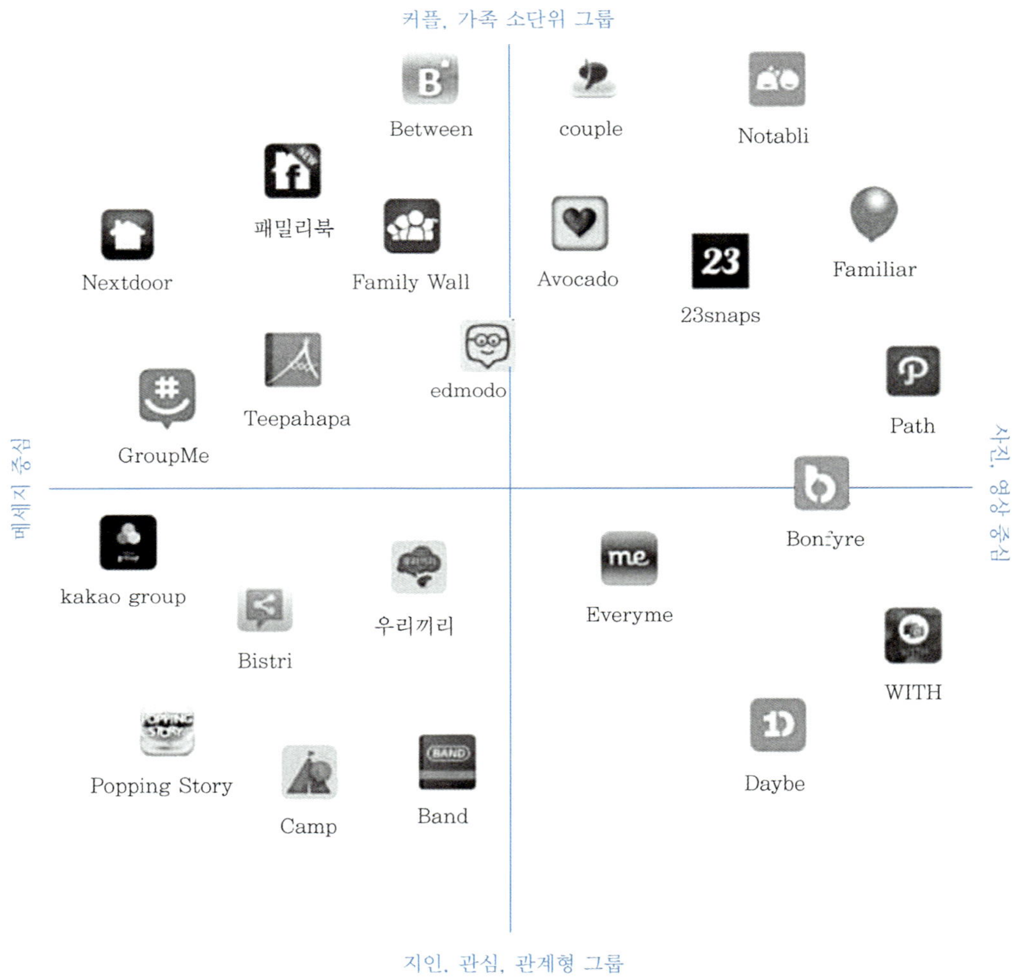

[그림 1-5] 폐쇄형 SNS

4) 아마존

마지막으로 살펴 볼 플랫폼은 아마존이다. 아마존의 시작은 온라인 서점에서 시작했다.

지금까지 얘기한 플랫폼 중에서 가장 빨리 사업의 규모를 키운 곳이 아마존이다. 하지만 아마존이 처음부터 승승장구했던 것은 아니다. 2001년 초에는 14억 달러에 달라는 적자에 시달렸다. 이것은 연간 실적 가운데 최악의 실적이였지만 아마존 설립자인 제프 베조스는 'Get Big Fast'라는 만트라불교에서 기도나 명상할 때 외우는 주문를 만들어 최대한 빨리 회사를 성장시키려고 노력했다고 한다. 그 결과 2002년 1월, 아마존은 흑자를 기록하는 최초의 온라인 쇼핑몰이 되었고, 그 탄력과 탁월한 사용자 경험 분석으로 세계 정상에서 탄탄한 네트워크 플랫폼을 형성하게 되었다.

아마존에도 따라 다니는 키워드가 많다.

하드웨어 시장을 개척했고, 출판과 중개인 역할을 탈피하는 혁신이 대표적이라고 할 수 있다.

아마존 플랫폼의 매래를 보면 애플, 구글과의 경쟁 상황에서 우리가 예상하지 못하는 방향으로 계속해서 사업을 확장, 다각화 하고 있어 이 또한 귀추가 주목된다.

테크는 수다

플랫폼: 인프라스트럭처와 플랫폼의 차이

플랫폼의 구성요소는 다음과 같다.

1. 규모 확장성
2. 동적 안정성
3. 변화 강인성
4. 그리고 데이터

그리고 플랫폼의 혁신과 대중화는 오픈 스택으로 정리되지만 정착 핵심 기술은 대외비로 보안이 철저한 것 같다.

플랫폼을 경제용어인 New normal로 표현할 수도 있다.

뉴 노멀은 시대 변화에 따라 새롭게 부상하는 표준으로, 위기 이후 5~10년 간 세계 경제를 특징 짓는 현상을 얘기하는 데, 과거를 반성하고 새로운 질서를 모색하는 시점에 등장한다. 저성장, 저소비, 높은 실업률, 고위험, 규제 강화, 미 경제 역할 축소 등이 글로벌 경제 위기 이후 세계 경제에 나타날 뉴노멀로 논의되고 있다.

또, 플랫폼을 재즈와 접목해서 생각해 본다.

재즈는 미국 흑인 민속음악이지만 백인의 유럽음악인 클래식과 결합하여 창조된 음악이다.

연주자의 개성이 묻어 나오는 사운드와 프레이징이 특징인데, 프레이징하면 이음줄이 있는 동안 끊지 않고, 이음줄이 끝나는 부분에서 쉼표가 없더라고 일단 쉬었다가 가게 된다. 마치 플랫폼을 이용하여 사용자의 패턴과도 같다.

따라서 개방과 협업이 핵심 이슈라 볼 수 있다.

제2장 반도체

I 학습개요 구글, 애플 등은 자체의 강한 SW플랫폼 기술력과 강결합된 HW 등과의 수직계열화+수평적 생태계 전략을 기반으로 하는 모바일 플랫폼 대전을 시작하고 있어서, 이에 따른 HW기술에 대해 알아야 하는데, 먼저 반도체 부분을 살펴본다.

I 학습목표

1. 반도체 개요
2. 반도체 시장
3. 반도체 기술
4. 반도체 기술과 융합 IT

핵심 이슈	
2012	• 휴대폰·자동차·DTV 분야가 시스템반도체 시장 확대 • 핵심 제품 - LTE모뎀/AP 통합 SoC
2014	• 고신뢰성 자동차용 핵심 시스템반도체의 상용화 기반이 마련 • 핵심 제품 - 고신뢰성 자동차용 핵심 반도체
2018	• 에너지·환경문제 해결을 위해 그린에너지 및 스마트그리드용 반도체의 핵심 기술 확보를 통한 시장선점 기반 마련 • 핵심 제품 - 그린에너지 반도체

1 반도체의 개요

반도체는 고성능/저전력, 경박단소를 기반으로 모바일 기기, 자동차, 디지털가전 등에 사용되는 능동 형 전자소자로서, 시스템 산업 및 서비스 산업의 고부가가치화를 견인할 수 있는 기술이다. 반도체 기술은 시스템 구현에 필요한 다기능 집적 반도체 기술인 시스템 반도체, 고주파소자, 이차전지, 전력반도체 등을 포함하는 특화 디바이스, 정보기억 능력이 구현되는 메모리 및 반도체를 생산하기 위한 공정 / 장비/ 소재 / 패키지 / PCB 기술 등을 포함한다.

그 기술을 분류하면 다음과 같다.

– 시스템 반도체	– 특화 디바이스
– 메모리	– 반도체 공정

4가지 영역으로 분류된다.

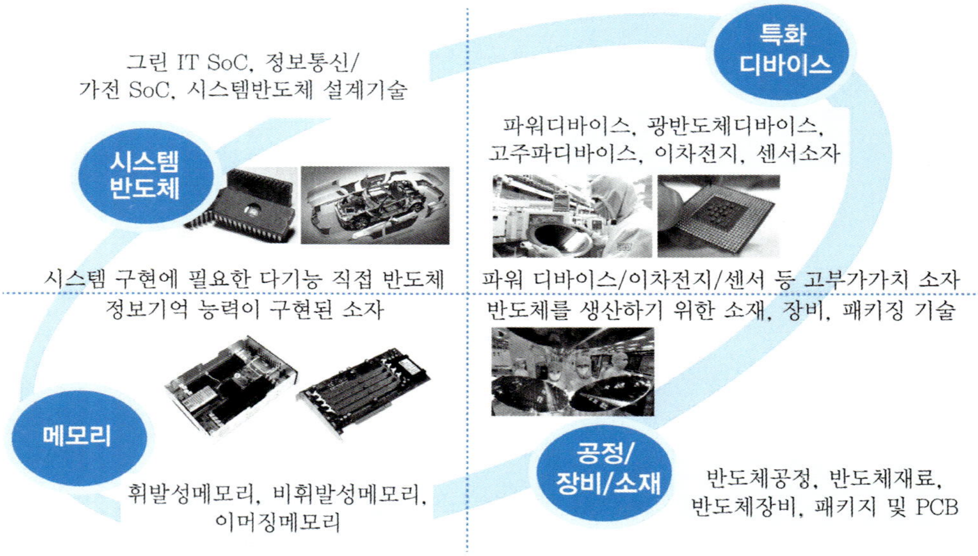

[그림 2-1] 반도체 기술 분류

〈표 2-1〉 반도체 분야 기술 범위

분야	중점
시스템 반도체 - IT SoC (Sustem on Chip)	• PM (Power Management) SoC 기술 • EM (Energy Management) SoC 기술 • BM (Battery Management) SoC 기술 • 마이크로 에너지 SoC 기술 • AMI (Advanced Metering Infrastructure) SoC 기술

분야	중점
특화 디바이스	• SI 기반 고용량 / 고속 스위칭 파워 디바이스 • 초소형 고 내압 정전기 보호 디바이스 • 초고에너지 형 이차전지
메모리	• DRAM • SRAM • Phase Change RAM (PRAM) • STT-RAM • ReRAM (Resistance Random Access Memory)
공정 / 장비 / 소재 / 패키지	• 패키지 및 PCB • 반도체 공정 기술

1) 시스템 반도체

시스템의 핵심 기능을 하나의 칩에 집약한 시스템 반도체로 휴대폰, 가전, 자동차 등 우리 일상 생활 속에 편재하며 삶의 변화를 혁신하는 핵심 기술이다.

시스템 반도체는 '개별 소자'에서 시스템 통합과 서비스 가치를 창출하는 '융 복합 반도체'로 발전하며 시스템 산업과 서비스 산업의 고부가 가치화에 대한 중추적인 역할을 수행한다.

시스템 반도체 개념도는 다음과 같다.

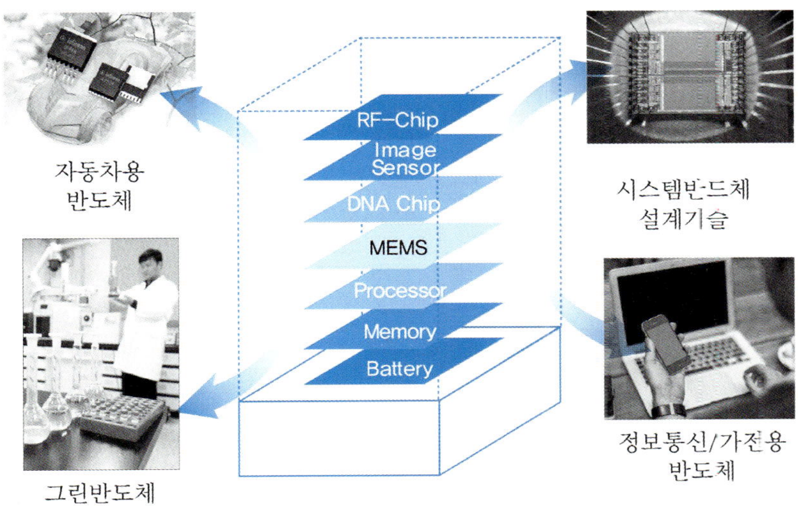

[그림 2-2] 시스템 반도체 개념도

특히 미래형 자동차를 위한 핵심 반도체 부품은 고효율, 고지능형, 통합형, 연결성을 강화하는 형태로 발전될 것으로 전망되며, 스마트폰의 대중화로 자기만의 고유한 서비스를 만들어 사용할 수 있는 사회가 도래할 전망이다.

2) 특화 디바이스

시스템 및 메모리 디바이스를 제외한 반도체 소자로 파워 디바이스, 이차전지, 고주파 소자, 센서소자, 광 반도체 소자를 포함하는 핵심 기술이다.

특화 디바이스는 비 메모리 분야의 핵심 고부가가치 소자로서 고효율, 고용량, 고신뢰성 및 절전형소자 특성을 바탕으로 미래 친환경 절전형 그린 IT 제품 개발에 필연적인 부품이라 할 수 있다.

특화 디바이스의 분류는 다음과 같다.

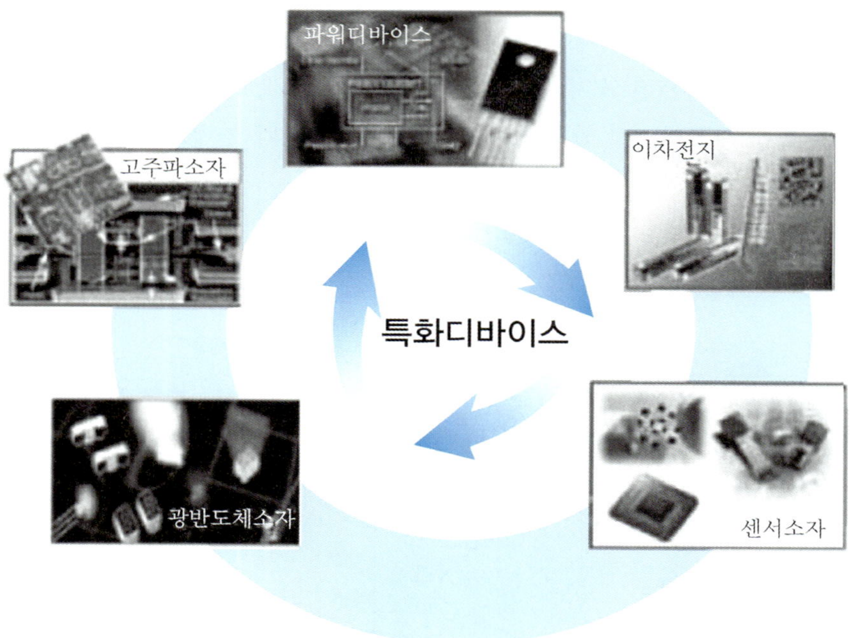

[그림 2-3] 특화 디바이스 종류

여기서 이차전지는 한번 쓰고 버리는 일차전지와는 달리, 반복사용이 가능한 전지를 말한다.

3) 메모리

30nm 급 이하 차세대 저전력 초고속 휘발성 메모리(DRAM)와 20nm 급 이하 'One size fits All'개념의 차세대 비 휘발성메모리(Flash, PCRAM, STT-RAM, ReRAM 등)의 원천 기술을 확보한 대용량 급 차세대 메모리이다.

메모리 반도체의 집적도는 매년 1.4배씩 증가하고 저전력화와 고속화가 가속될 것으로 전망한다.

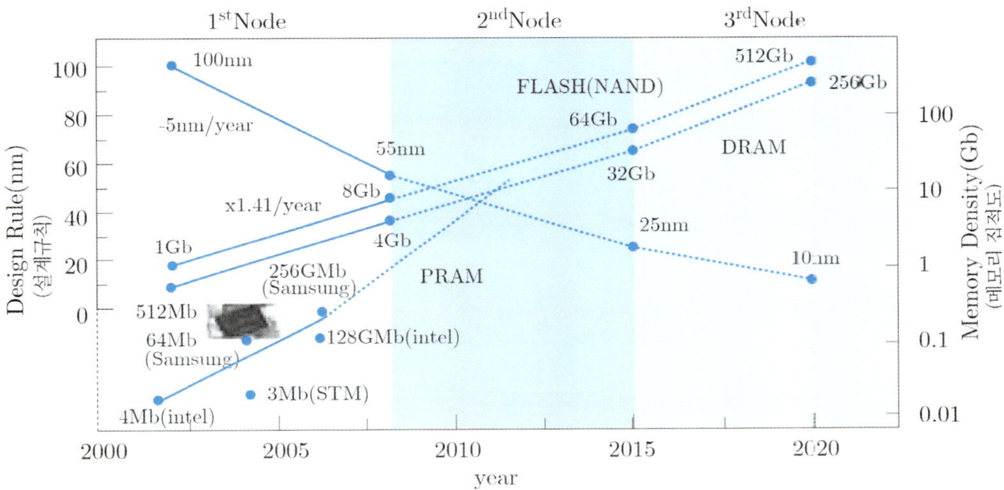

[그림 2-4] 반도체 기술 로드맵

DRAM은 그래픽용과 모바일용 분야에 응용이 되며, 초고속 구현을 위한 DDR4로 기술 발전이 되고 있고, 집적도를 높이기 위하여 20나노 소자 기술, 3D 공정 기술 및 4F2Cell 소자기술로 발전될 전망이다.

〈표 2-2〉 DRAM과 NAND 플래시 메모리의 응용분야와 현재 기술 수준

구분	Application	현재 기술수준
DRAM	Desktop, Notebook PC, Server	• 20nm 급 공정 • 2Gbps 처리속도 • 1.2V 동작전압 • 2Gbyte 용량
NAND 플래시	Cellular Phone, Digital Camera, Tablet PC	• 20nm 급 공정 • 400Mbps 처리속도 • 8Gbyte 용량

플래시 메모리는 대용량 구현을 위하여, 현재의 폴리실리콘플로팅 바디 소자 구조에서 10나노미터 집적도 실현을 위하여 3D 셀 기술 및 3D 터널링 플래시 메모리 기술로 발전될 전망이다.

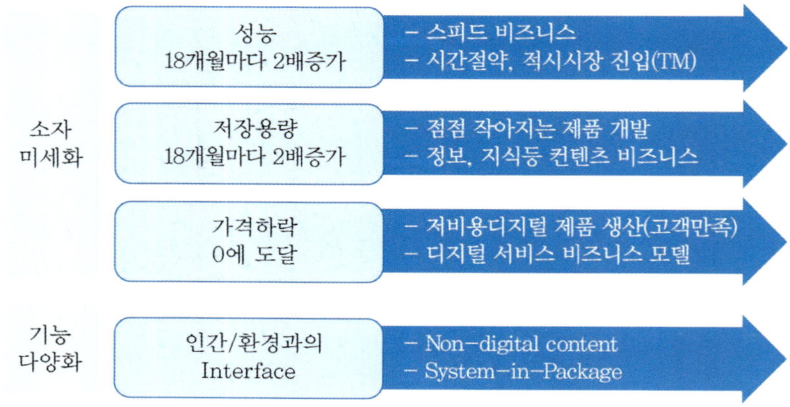

〈정보통신 산업원천 R&D전략 보고서 2013〉

[그림 2-5] 반도체 기술 추구방향

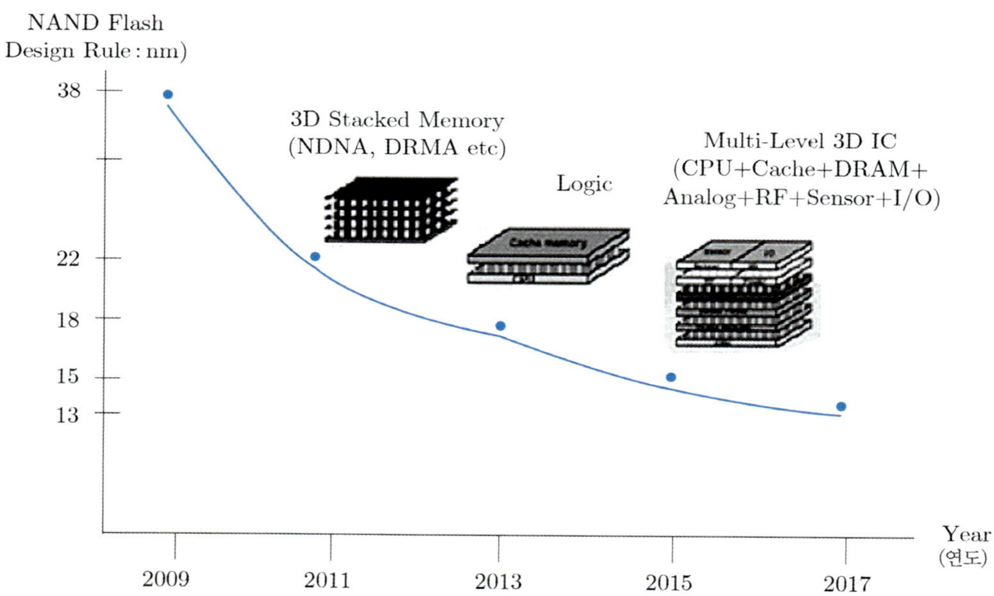

〈정보통신 산업원천 R&D전략 보고서 2013〉

[그림 2-6] 반도체 미세화 및 3D PKG 예측

2012년 20nm 선폭의 반도체 메모리가 출시되어 2016년에는 14nm까지 제조될 전망이다.

4) 나노공정, 장비, 소재 및 패키지 /PCB

시스템 IC 및 메모리 등 반도체 제품 생산에 사용되는 전공정 / 후공정 기술과 나노 제조 장치 기술, 그리고 반도체 기판과 같이 반도체 제조에 사용되는 소재를 포함한 친환경 반도체 제조기술 및 부품 연결을 위한 패키지 / PCB 기술이다.

이미 나노시대에 접어든 반도체 제조 기술은 나노 일렉트로닉스 산업을 선도하며 바이오, 광반도체, 태양광 등 응용산업 군의 기반 산업으로서 역할을 확대하고 있다.

나노 공정 / 장비 / 소재 개념도는 다음과 같다.

[그림 2-7] 나노공정 / 장비 / 소재 개념도

아주 기본적인 용어들을 정리해 보자

• **반도체 칩**

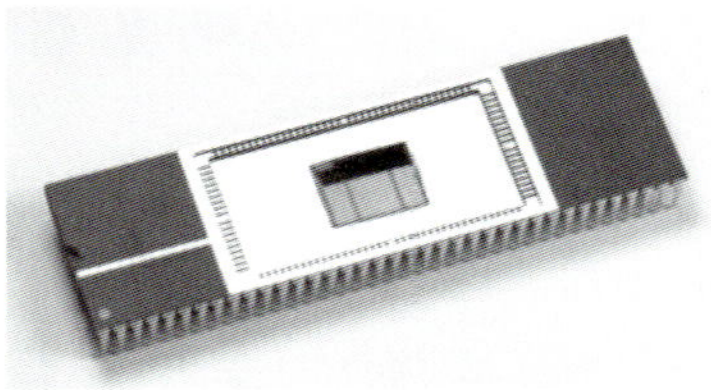

오늘날 대부분의 디지털 회로는 각각의 부품을 대량으로 생산하는 제조사로부터 구입할 수 있는 칩이라고 불리는 반도체 부품으로 구성된다. 반도체는 작고, 얇고, 정사각형 또는 직사각형 모양의 플라스틱이나 세라믹으로 된 검은 패키지 안에 들어 있다. 이 반도체를 회로에 연결시키기 위해서 각각의 패키지는 옆으로 튀어나온 형태의 금속 다리로 된 핀들을 가지고 있다. 종류에 따라 8개부터 500개의 핀들을 가진 다양한 칩들이 있다.

• **PCB(Printed Circuit Board)**

칩과 칩을 연결하는 가장 일반적인 방법은 유리섬유 소재 바탕 위에 연결하고 싶은 곳을 구리 선으로 구성하는 얇은 PCB 기판을 이용하는 것이다. 칩은 제조된 PCB 위의 정확한 자리에 납땜으로 고정된다.

• **회로도**

하드웨어 엔지니어들은 전자 회로에 필요한 각각의 부품들과 부품들 간의 연결을 그림으로 그려놓은 것이다.

• **Low, High**

대부분의 디지털 회로는 두 종류의 전압을 사용한다. 0볼트인 경우, 그라운드(GND), 접지 또는 Low로 불리고, 3볼트 또는 5볼트는 VCC(Voltage Connected to Collector) 또는 High로 불린다. 전체 회로의 동작은 각각의 부품의 신호 선이 Low에서 High로, High에서 Low로 바뀌는 것이다.

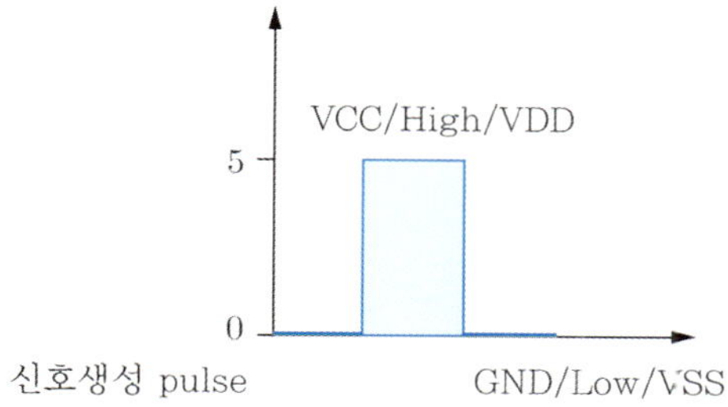

[그림 2-8] Low, High 시그널

- **Low Enable, Low Active**

  대부분의 하드웨어 엔지니어는 회로에서 각각의 신호 선에 이름을 정해준다.
  데이터 신호 선들은 D0, D1, D2 등의 이름을 지어주고, 주소 신호 선들은 A0, A1, A2 등의 이름을 지어준다. '메모리 칩에서 지금부터 데이터를 읽음'을 나타내는 신호 선은 MEMREAD라고 이름을 지어준다. 많은 엔지니어들이 Low에서 활성화되는 신호 선의 이름은 특별히 아스테리스크(*)를 앞에 또는 끝에 붙이거나, 슬래시(/)를 끝에 붙이거나 이름 위에 줄을 긋는다. 예를 들면, MEMREAD/ 또는 *MEMREAD의 이름을 갖는 신호 선은 Low전압이 되었을 때, 메모리에서 데이터를 읽는 것을 의미한다. 이러한 신호를 Low Enable 또는 Low Active라고 부른다.

- **출력 단자**

  칩들은 붙어 있는 신호 선의 전압을 원하는 값으로 만드는 기능을 갖는 단자이다.

- **입력단자**

  붙어있는 신호 선의 전압을 감지하는 기능을 갖는 단자이다. 대부분의 선들은 한 쪽은 어떤 칩의 입력 단자에, 한 쪽은 어떤 칩의 출력 단자에 연결되어 있다.

- **Floating**

  출력 단자가 어떤 신호 선의 전압을 조정해서 원하는 값으로 만드는 것을 플로팅(floating)되어 있다고 표현한다. 이러한 신호 선의 값은 고정되지 않아서 매시간 값이 변한다. 또는 여러 개로 구동되는 신호를 뜻하기도 한다. 이때, 회로의 동작이 이 신호 선의 값을 다른 장치가 읽어야만 정해진다면, 전체 회로의 동작은 예측할 수 없게 되는 문제가 발생될 수 있다. 또, 선택 신호 선 중에 하나 이상이 활성화된 경우도 발생될 수 있다. 이런 문제점을 해결하기 위해서는 소프트웨어나 하드웨어 제어로 해결을 해야 한다.

- **트라이 스테이트 출력**

  출력의 형태로 신호 선을 High, Low, 플로팅 세 가지 상태로 구동되며 트라이 스테이트 출력은 하나의 신호 선으로 여러 가지 장치를 구동시켜야 할 때 특히 유용하다.

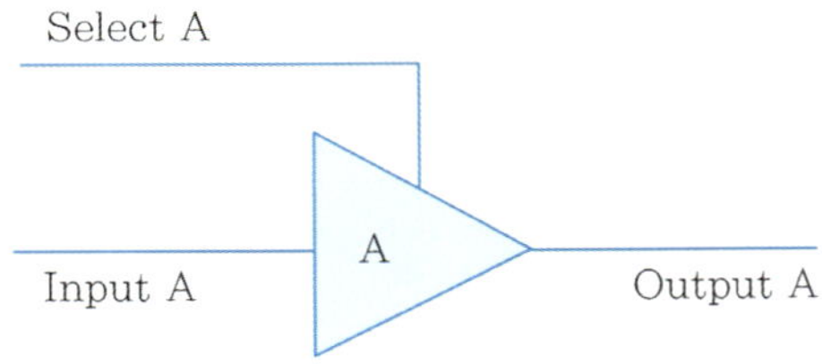

[그림 2-9] 트라이 스테이트 드라이버 기호

• **버스 쟁탈**
두 칩이 동시에 같은 신호 선을 구동시키는 경우, 둘 다 High 또는 Low 같은 상태로 구동시킨다면 아무런 문제없이 동작하나 한 쪽은 High로 한 쪽은 Low르 동시에 구동 시킨다면 칩이 파괴되는 현상이다. 여기서, 버스란 공통된 데이터 또는 어드레스 신호 선들의 묶음을 말한다.

2 반도체 기술

1) 시스템 반도체 기술 정의

시스템 반도체 기술에는 PM, EM, BM, 마이크로 에너지, 그리고, AMI SoC 기술이 있는데, 그 정의는 다음과 같이 내릴 수 있다.

• PM SoC 기술: 고효율 전력 변환 기능과 저전력 제어 기능이 내장된 전력 관리 기술
• EM SoC 기술: 에너지를 전력 혹은 전력을 에너지로 효율적으로 변환하고 저장하는 에너지 변환/저장 기술
• BM SoC 기술: 여러 개의 배터리 모듈간의 운영 및 밸런싱을 제어하는 배터리 모듈 기술
• 마이크로 에너지 SoC 기술: 주변에 산재된 에너지원으로부터 에너지를 지속 가능하게 수확, 저장 및 제어하는 마이크로 에너지 관리 제어 기술
• AMI SoC 기술: 공급자가 수용자들의 실시간 전력 모니터링/미터링, 수용자간 실시간 분배/거래 하는 전력 거래를 위한 양방향 통신 기술

2) IT SoC

(1) IT SoC의 정의

IT SoC (System-on-a-Chip)는 사용자가 요구하는 IT 시스템 솔루션을 반도체 수준에서 제공하는 기술을 지칭한다. 이를 위해 IT SoC에는 신호를 제어, 가공, 처리하는 CPU / DSP, 논리 모듈, 메모리, 내장형 소프트웨어 등이 포함되고 있으며, 통신이나 방송단말의 저전력, 고성능화를 위해 RF 송수신, 영상센서, MEMS 등과 같은 기능도 점진적으로 탑재될 것으로 전망된다.

또한 디지털 정보화 시대를 주도하는 핵심 기술로 21세기 디지털 기간 산업으로서 메모리, 시스템 반도체, 융합 반도체, 그린 반도체 기술로 발전될 전망이다.

(2) IT SoC의 기술동향

반도체 공정기술은 18개월에 2배의 집적도 향상을 이룩하여 왔으며, 최근부터는 0.13μm의 공정이 SoC 개발에 활용되고 있다. 공정기술이 진보하면 소자의 크기가 줄어들게 되어 집적도와 소비전력 절감효과를 얻을 수 있다. 그러나 소자의 크기가 작아지면 게이트와 채널에서 발생하는 누설전류가 증가하여 전체 소비전력과 단위 면적당 에너지 밀도는 증가하게 된다. 특히 소자의 크기가 수십 나노급 수준으로 줄어들게 되면 누설전류의 영향에 의해 칩에서 소모되는 전력은 상당한 수준으로 증가할 것으로 예상된다. 또한 인터커넥션에 의한 신호간섭 등이 회로 동작에 심각한 영향을 초래할 수도 있다. 일반적으로 메모리 반도체는 제조 중심의 공정 및 장비기술에 의해 발전하지만 IT SoC는 설계기술의 혁신을 바탕으로 고성능, 저전력을 추구하는 형태로 발전하고 있다. 설계기술의 혁신은 크게 설계 재사용 기술, SoC자체를 재사용 기술 등의 두 가지로 구분할 수 있다.

- **설계 재사용 기술**: 설계 재사용 기술은 표준화된 설계 모듈(Intellectual Property)이나 IP의 통합을 원활하게 하는 플랫폼의 개발에 의해서 설계에 소요되는 비용이나 기간을 줄이는 것을 목표로 한다. 집적도가 증가할수록 많은 기능을 칩 내에 탑재시키는 것이 가능하지만 설계기간은 점차 줄어들고 있다. 설계기간 단축은 제품수명의 축소에 따라 일어나는 현상으로서, 단일 기관이 SoC에 집적하는 모든 기능을 주어진 시간 내에 설계하기 어렵게 한다. 제삼자의 설계를 활용하

기 위한 IP 기술 개발에 많은 노력이 집중되고 있으나 모든 응용 분야에 자유롭게 이식(Porting)될 수 있도록 IP를 설계하는 것은 쉽지 않다.

최근 효과적인 설계 재사용 기술로서 인식되는 방안은 적용분야에 맞는 SoC 플랫폼을 미리 정의하고 그에 맞도록 IP를 개발하는 것이다. 선호하는 SoC 내부 구조나 인터페이스를 하나의 통일된 규격으로 정의하고 운용하면 IP Provider 들이 솔루션을 제공하거나 IP의 DB화가 원활하게 이루어질 수 있다는 장점이 있다.

- **SoC 재사용 기술**: SoC 재사용 기술은 기존 FPGA와 유사하게 사용자에 의해 재구성(Reconfigurable) 가능하도록 SoC를 제작함으로써 하나의 칩이 다양한 목적으로 활용되게 하는 것을 목표로 한다. SoC 기능의 복합화 및 NRE(Non Recurring Engineering) 비용증가 등의 이유로 세계적으로 SoC의 신규 설계 수량은 점진적으로 줄어들고 있다. 특히 IT경기가 부진하였던 2001년에는 전년 대비 36% 정도의 신규 수량의 감소가 발생하였다. SoC 재사용 기술 또는 재구성 형 SoC 기술은 NRE 비용증가에 효과적으로 대응하는 차세대기술로서 활발히 연구되고 있다.

3) MEMS

(1) MEMS (Micro Electro Mechanical System)의 정의

MEMS란 마이크로 미세 기술로 마이크로 머신, 마이크로 메카트로닉스 등의 동의어로서 혼용되고 있으며 번역하면 초소형 시스템이나 초소형 기계를 의미한다.

크기는 수 mm에서 수 nm까지에 이르며 수 cm 크기라 해도 마이크로 머신이라고 불리는 경우도 있다.

(2) MEMS의 역사

- **1960년대 초**: MEMS는 실리콘 가공기술에서 시작되었으므로 최초의 연구는 실리콘 기판상에서 미세 기계요소, 즉 밸브, 모터, 펌프, 기어 등의 부품을 2차원 평면으로 제작한 것이 시초였다. 이의 발전은 마이크로 센서의 수요 확대에 힘입어 실리콘 기판 위에 압력 센서, 가속도 센서 등과 신호처리용 집적회로, 그리고 센서에 의해서 제어가 가능한 마이크로 액추에이터를 집접화하여 인텔리전트 시스템을 구현하려는 의도가 있었다.
- **1970년대**: 이방성 에칭을 이용한 여러 가지 디바이스가 연구되었고, 이를 이용한 3차원 구조를 가진 광학 디바이스, 잉크젯, 홀로그래피 등이 연구되었다. 이처럼

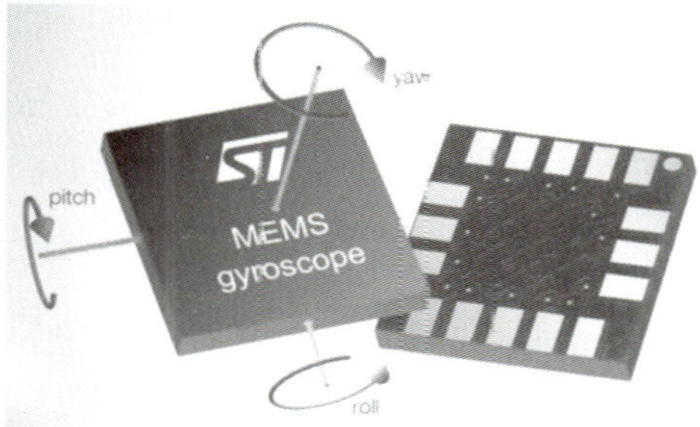

반도체 기판 자체를 에칭하여 3차원 구조를 만드는 것을 마이크로 머시닝이라 하고 Bulk Machining 이라고 부른다.

- **1980년대 이후:** Surface Micro Machining 기술로 기판을 손대지 않고 기판 위에 장착된 희생박막을 에칭하여 박막으로 된 3차원 구조물을 만들게 되었다. MEMS에서 말하는 3차원 구조란 반도체에 비해 두께가 훨씬 크다.
- **현재:** LIGA, LASER, 전기방전 등등의 여러 제작기술이 개발되고 있고, 이에 따라 계속해서 MEMS의 연구가 발전하고 있다.

(3) MEMS의 역할

이제 21세기 유비쿼터스 시대를 주도할 핵심기술 중 하나로 인식되고 있는 MEMS 기술은 이미 우리가 흔히 접할 수 있는 정보기기 관련 시스템의 센서나 프린터 헤드와 같은 중요한 부분에 이용되고 있으며 생명공학, 미세 유체 및 화학분석, 운송 및 항공, 광학, 그리고 로봇 등과 같이 거의 모든 산업분야에서 구조, 부품 및 시스템 제조를 위한 핵심기술로 활용되고 있다.

4) 메모리

(1) DRAM

PC나 워크스테이션에 사용되는 가장 일반적인 종류의 램이다. 메모리는 컴퓨터가 데이터를 빠르게 액세스할 수 있게 0과 1의 형태로 저장할 수 있도록 전기적으로 충전된 점들의 네트워크이다. 랜덤 액세스라는 말은 프로세서가 어떤 시작 위치로부터 차례로 진행해야 하는 것이 아니라, 메모리 또는 데이터 저장공간의 어떤 부분이라도 직접 액세스 할 수 있다는 의미를 갖는다. DRAM은 SRAM과는 달리 주기적으로 수 딜리 초 마다 한번씩 새로운 전하를 가함으로써 메모리 셀을 재생시켜 주어야 한다. SRAM은 메모리 셀이 전하를 제자리에 붙잡고 있는 대신에 전류가 둘 중 하나의 방향으로 전환되며 움직이는 원리로 동작하기 때문에 재생회로가 필요치 않다. SRAM은 일반적으로 DRAM보다 더 빨리 액세스할 수 있는 캐시 메모리에 사용된다.

DRAM은 한 개의 캐패서터와 한 개의 트랜지스터로 구성되는 메모리 셀 한 개에 한 비트를 저장한다. 캐패서터는 자신의 전하를 보다 빨리 상실하는 경향이 있어서 재생이 필요한 것이다. 현존하는 컴퓨터에 적용되는 램의 다른 변형들로는 EDO RAM과 SDRAM 등이 있다.

(2) SRAM

반도체 기억 장치의 한 종류이다. 주기적으로 내용을 갱신해 주어야 하는 DRAM(동적 램)과는 달리 기억 장치에 전원이 공급되는 한 그 내용이 계속 보존된다. SRAM은 임의 접근 기억 장치(램, Random Access Memory)이므로 데이터의 쓰고 읽기가 이루어지는 주소와 관계없이 입출력에 걸리는 시간이 일정하다. SRAM은 DRAM의 일종인 SDRAM과는 전혀 다른 기억 소자이므로 서로 구별되어야 한다.

SRAM에서 각각의 비트들은 네 개의 트랜지스터로 이루어진 두 쌍의 인버터에 저장된다. 두 쌍의 인버터가 0과 1의 값을 안정된 상태로 유지하고 두 개의 접근 트랜지스터가 읽기와 쓰기 기능을 수행한다. 따라서 한 개의 비트를 저장하기 위해 일반적으로 여섯 개의 트랜지스터를 필요로 한다.

(3) PRAM

DRAM처럼 전원을 끄면 데이터가 사라지는 휘발성 메모리가 아니라 플래시메모리처럼 전원을 꺼도 데이터가 지워지지 않는 비 휘발성 메모리이면서도 DRAM과 같은 빠른 데이터 처리속도를 갖고 있다. '게르마늄 안티몬 텔룰라이드' 등의 특정물질에 전류를 가했을 때 저항이 약하면 고체의 결정상태가 되고, 강하면 액체의 비 결정 상태가 되는데, 이 상태에 따라 0과 1의 디지털시그널로 표시해 데이터를 저장하는 방식이다. 일반 낸드 플래시 메모리에 비해 수십에서 수백 배 빠른 데이터 액세스 속도를 지니고 있다.

(4) STT-RAM

Spin Transfer Torque RAM. 스핀주입 자화반전 메모리는 자기터널접합(MTJ)이라는 2층의 자성물질구조를 트랜지스터로 활용, 전류를 흘려주었을 때 2개 층의 자화방향이 일치하냐, 일치하지 않느냐에 따라 0과 1로 데이터를 저장한다.

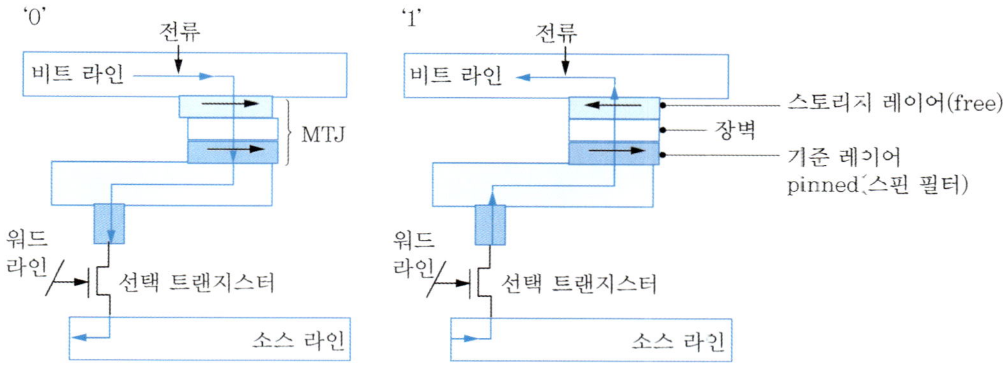

[그림 2-10] STT-RAM 구조

플래시메모리처럼 전원을 꺼도 데이터가 사라지지 않는 비 휘발성이면서도 S램 급 고속 동작이 가능하며, 기존 D램의 미세공정 한계로 간주되는 30나노급 이하의 초미세 공정이 가능해 테라비트 (Tb)급까지 집적 도를 올릴 수 있는 차세대 메모리이다.

3 반도체에서의 융합 IT

1) 시스템 반도체에서의 융합 IT

"메모리 + 시스템 반도체 + 센서"

형태로서 공정 및 패키징 등 신기술로 융 복합 가속화, 소형화, 고집적 및 고성능화가 급속히 진행될 것이며 다양한 서비스를 제공하기 위한 융 복합 반도체 시장이 창출될 것으로 전망한다.

시스템 반도체 기술 발전은 다음과 같은 구조로 전개될 것이다.

그린 IT SoC는 전력을 이용한 에너지 SoC로 융합이 되고, 지능형 자동차는 친환경 자동차로 변화하고, 정보통신이나 가전 기기들은 좀 더 가볍고, 아주 작은 디바이스에 더 많은 용량을 저장할 수 있는 칩으로 변경될 것이다.

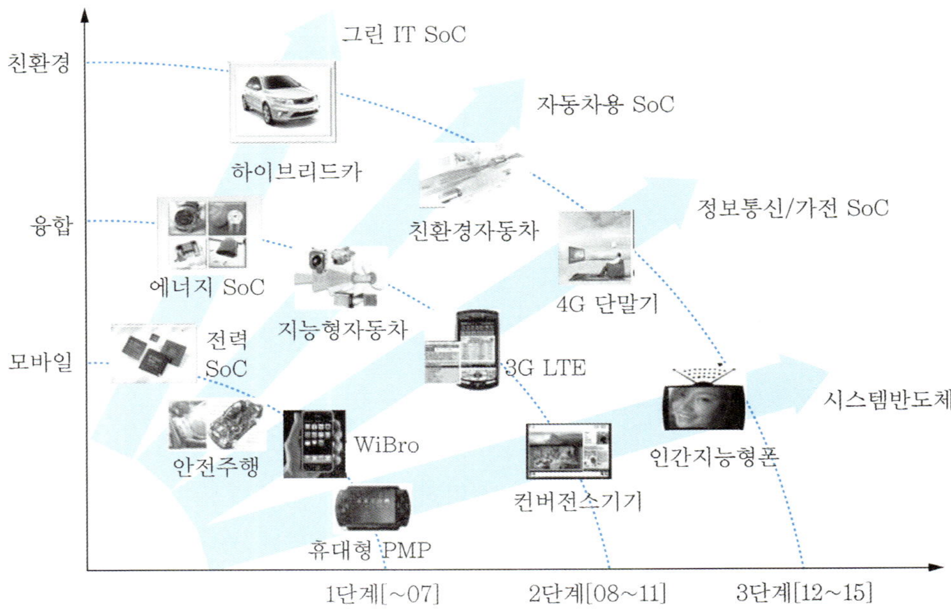

[그림 2-11] 시스템 반도체 기술발전 전망

종합해 보면, 시스템 반도체는 통신, 가전을 포함하는 시스템에서의 컨버전스 고도화, 자동차와 로봇, 그리고 방송과 통신 융합으로 인한 신규 수요처가 확대되고 있고, IT와 의료 기술의 융합이 저렴한 의료 혜택과 친환경 고효율화의 신 에너지를 사용하는 새로운 기술이 출현할 것으로 전망한다.

2) 특화 디바이스에서의 융합 IT

특화 디바이스에서는 기존의 RF 특화 디바이스에서, 이차전지, 파워 디바이스, 광반도체 소자, 센서소자, 고주파소자 등으로 다양화 될 전망이다.

파워 디바이스 기술은 고 용량, 고속 스위칭 방향으로 개발되고 있으며 IC의 고 신뢰성 구현을 위해 고 내압 정전기 보호 기술에 대한 연구도 활발하게 진행되고 있다. 이 특화 디바이스 기술발전에 대한 전망 도는 다음과 같다.

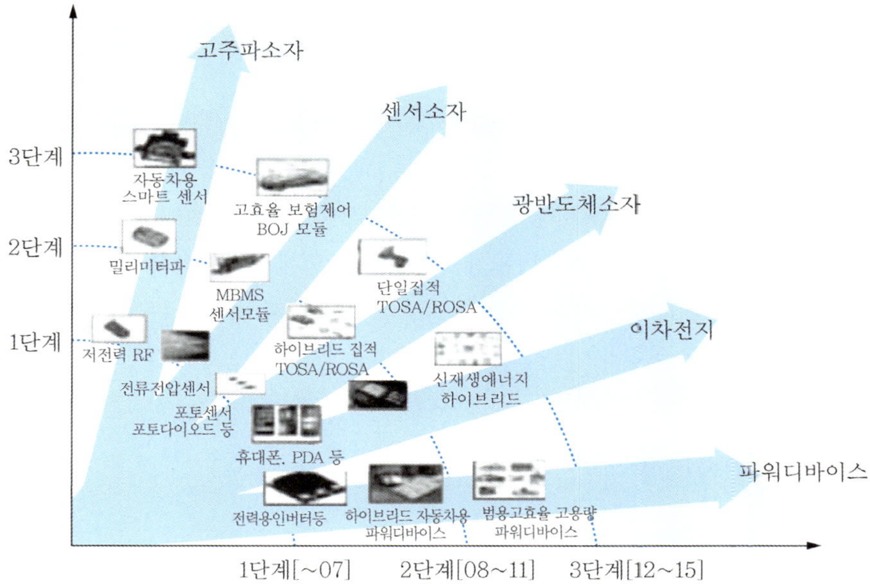

[그림 2-12] 특화 디바이스 기술발전 전망

3) 차세대 메모리 기술에서의 융합 IT

메모리 발전은 제품군별로 DRAM과 NAND Flash, 차세대 메모리의 3가지 축으로 그린 IT 기술이 발전될 전망이다. 2단계까지는 DRAM과 NAND Flash 기술이 주도할 것으로 전망되며 3단계에서는 차세대 메모리가 모습을 나타낼 전망이다. 그 전망 도는 다음과 같다.

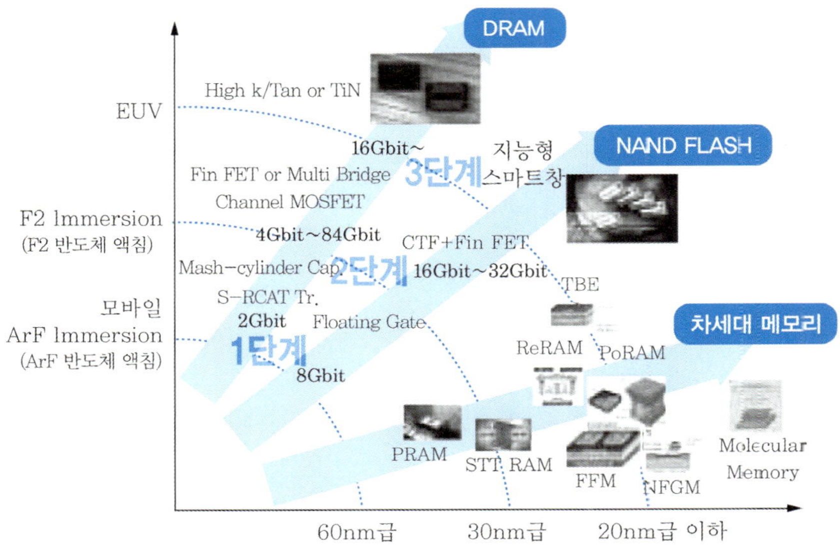

[그림 2-13] 차세대 메모리 기술발전 전망

특히, 정부에서는 세부과제로 PC용 고효율 전원공급장치 개발, 전력소모율을 획기적으로 줄여주는 낸드 플래시 기반의 SSD(Solid State Drive)[1]를 사용한 서버 개발, 현 전력 다소비 형 인터넷데이터센터(IDC) 문제 해결을 위한 서버 가상화 솔루션 등 그린 컴퓨팅 소프트웨어 개발, 저전력 네트워크 칩셋, 휴대IT기기용 차세대 박막형 냉각기술, 배터리관리시스템(BMS) 등을 들었다. 또 에너지 고효율 시스템 반도체를 비롯해 전력반도체, 친환경 차량용 반도체, 태양광 반도체 등 저전력 그린 반도체 등을 개발하여 2020년까지 IT제품의 재활용 가능률을 90%까지 올린다는 계획이다.

4) 반도체 제조 및 관련 기술

반도체 제조 기술 전망 도는 다음과 같다.

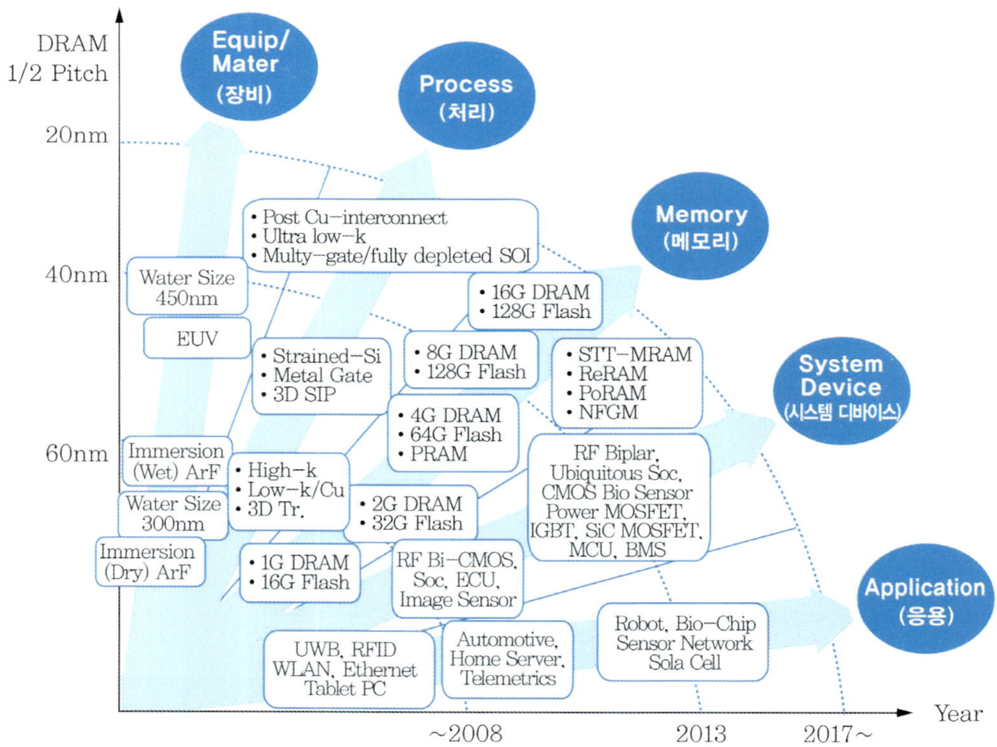

[그림 2-14] 반도체 제조 기술 전망

1) 하드웨어 기술 발전에 따라 최근에 출시된 플래시 기반의 SSD (Solid-State Drive)를 사용할 경우 동일용량의 HDD에 비해 38%의 전력 사용량이 감소한다. 또한, 계층적 스토리지를 통해 스토리지를 정책적으로 분류해 전력사용량을 줄이는 한편, 물리적인 서버 / 스토리지 통합으로 장비의 대수를 줄임으로써 결과적으로 에너지 소비량을 감소시킨다.

2012년에는 32nm 선폭의 반도체 메모리가 출시될 것으로 전망하고 현재 개념의 반도체 소자 제조 기술은 약 20nm[2)]까지 개발될 전망이다.

무어의 법칙

무어의 법칙(영어: Moore's law)은 반도체 집적회로의 성능이 18개월마다 2배로 증가한다는 법칙이다. 경험적인 관찰에 바탕을 두며 인텔의 공동 설립자인 고든 무어가 1965년에 내 놓은 것이다.

Moore's Law

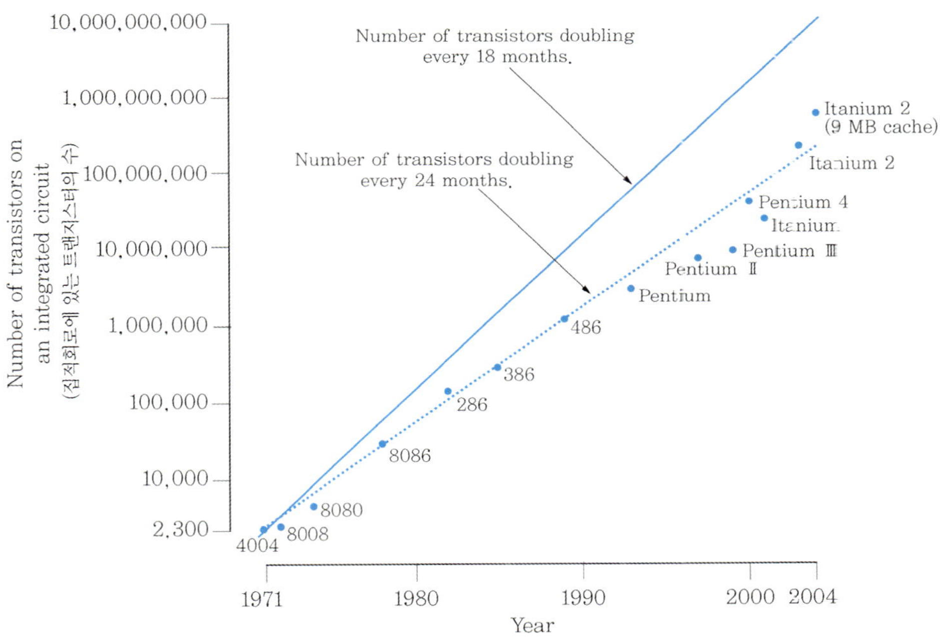

2) 나노미터(nm)는 원자와 같은 아주 작은 크기를 나타내는 단위로서 $1nm = 10^{-9}m$이다. 10억분의 1m로 고체 내부에 있는 원자들의 배열 간격은 대략 0.2nm이고, 원자 중 가장 작은 수소 원자의 크기는 0.05nm이다. 수소 원자의 반지름은 약 $0.3 * 10^{-10}m$로 지금까지 측정할 수 없는 작은 크기라고 여겨왔지만, 원자 현미경 또는 주사형 전자 터널 통과 현미경(STM Scanning Tuneling Microscope)이 만들어지면서 분자나 고체 물질의 구조를 눈으로 직접 관측이 가능해졌고, 원자 크기를 다루는 나노 기술도 나오게 된 것이다.

'부품 제조 비용이 최소가 되는 복잡함은 해마다 대략 2배의 비율로 증가해 왔다. 단기적으로는 이 증가율이 올라가지 않아도, 현상을 유지하는 것은 확실하다. 적어도 앞으로 10년 동안 거의 일정한 비율을 유지할 수 없다고 믿을 이유는 없으나 보다 장기적으로는 증가율은 조금 불확실하다. 이 말은 1975년까지는 최소 비용으로 얻을 수 있는 집적회로의 부품 수는 65,000개에 이를 것이다. 나는 그 만큼에도 대규모 회로가 1 개의 회로판 위에 구축할 수 있을 거라고 믿는다.'라고 1965년 4월 19일, 일렉트로닉스(잡지)에 실린 논문 'Cramming more components onto integrated circuits'의 내용이다.

고든 무어의 의견은 무어 자신이 '법칙'이라고 이름을 붙인 것이 아니라 캘리포니아 공과대학의 교수와 대규모LSI의 파이오니아 실업가의 카버 미드에 따른 것이다.

황의 법칙

황창규 삼성전자 반도체 총괄사장이 2002년 2월 미국 샌프란시스코 매리어트호텔에서 열린 국제반도체회로학술 회의 (ISSCC) 총회 기조연설에서 '반도체 집적도는 1년에 2배씩 증가하며 그 성장을 주도하는 것은 모바일 (mobile) 기기와 디지털 가전 등 이른바 비(非)PC'라고 주장한 것을 말한다.

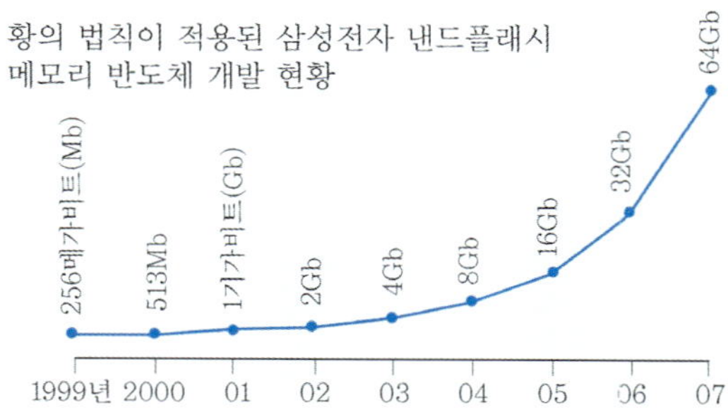

'황의 법칙'은 인텔의 창업자인 고든 무어가 주장한 기존의 '무어의 법칙'을 대체하는 반도체업계의 새 정설로 인정받고 있다.

삼성전자는 1999년에 256M 낸드 플래시메모리를 개발하고, 2000년 512M, 2001년 1Gb, 2002년 2Gb, 2003년 4Gb, 2004년 8Gb, 2005년 16Gb, 2006년 32Gb, 2007년 64Gb 제품을 개발하여 그 이론을 실증하였다.

삼성전자가 업계 최소 선폭 최대 용량의 30나노미터 64기가비트(Gb) 낸드 플래시메모리 개발에 성공했다. 30나노 기술은 머리카락 두께를 4천 개로 나눈 것 중의 한 가닥 정도에 해당하는 초 미세 기술로 64Gb 용량은 세계 인구 65억 명의 약 10배에 해당하는 640억 개의 메모리 저장 장소가 손톱만한 크기에 집적돼, 한 치의 오차 없이 작동되고 있음을 의미한다.

테크놀 수다

최고의 IT제품

월스트리트저널의 유명 IT 저널리스트인 월트 모스버그가 회사를 떠나며 마지막 칼럼으로 '20년간 리뷰한 제품 중 최고의 IT제품 · 서비스 12개'를 선정했다고 한다. 20년 전이면 1993년부터인데, 어떤게 기억 속에 있을까?

모스버그는 애플의 첫 태블릿 PC인 '뉴턴 메시지 패드'를 제일 먼저 얘기했다. 1993년에 미국에 출시가 되었지만 실패작이였다. 하지만 손글씨를 그대로 텍스트로 변환해주는 기능이 눈에 띈 제품이다.

1. 애플의 태블릿 PC, '뉴턴 메시지패드'
2. 넷스케이프의 웹브라우저, '내비게이터'
3. 마이크로소프트의 '윈도우 95'
4. 미래의 컴퓨팅 디바이스로 불린 개인휴대단말기(PDA), '팜 파일럿'
5. 구글의 '검색엔진'
6. 소셜네트워크서비스(SNS)의 대표주자 '페이스 북'
7. 140자로 신속하게 정보를 알릴 수 있는 '트위터'
8. 애플의 아이팟
9. 애플의 아이폰
10. 애플의 아이패드
11. 애플의 SSD 탑재한 최초의 컴퓨터 '맥북에어'
12. 구글의 OS '안드로이드'

월트 모스버그가 꼽은 최고의 IT제품 중 5개가 애플의 제품인데, 실제 수익은 삼성전자가 애플보다 많지만 시가 총액으로 따져보면 애플이 삼성전자의 시가 총액의 3배가 된다고 한다.

이렇다 보니 얼마나 새롭고 창의적인 제품이 나올지 20년 후의 제품과 서비스가 궁금하다.

제3장 소프트웨어

학습개요 구글, 애플 등은 자체의 강한 SW 플랫폼 기술력과 강결합 된 HW 등과의 수직계열화+수평적 생태계 전략을 기반으로 하는 모바일 플랫폼 대전을 시작하고 있어서, 이에 따른 SW 기술에 대해 살펴본다.

학습목표

1. 소프트웨어 개요
2. 소프트웨어 시장
3. 소프트웨어 기술
4. 소프트웨어와 융합 IT

핵심 이슈	
2012	• 구글, 애플 등은 자체의 강한 SW플랫폼 기술력과 강결합된 HW등과의 수직계열화+수평적 생태계 전략을 기반으로 하는 모바일 플랫폼 대전을 시작하고 있어서, HW대비 SW기술력 약세로 국내 기업의 생존이 공격 받음. • 핵심 제품 - 음성검색 및 음성 SMS 서비스
2014	• 증강 인류, 빅데이터, IBM 슈퍼컴 퀴즈왕 왓슨, 클라우드 기반 SW의 온라인 종량제 서비스(SaaS) 등이 기술이 이슈로 부상 됨. • 핵심 제품 - 웹OS기반 스마트 단말
2018	• 공개SW의 위상은 SW분야의 사실표준(De Facto Standard) 성격으로 발전함에 따라, 리눅스 등 주요 기반SW에 대한 공개SW 기술 확보경쟁이 가속화 될 전망. • 핵심 제품 - 지능형 혼합현실 슈퍼컴퓨팅

1 소프트웨어의 개요

1) 소프트웨어의 정의

소프트웨어는 무엇인가? 소프트웨어는 시스템 내의 마이크로프로서서 및 비휘발성 메모리(ROM, Flash 메모리 등)에 내장되어 동작하는 운영체제, 미들웨어 및 응용 프로그램을 총칭할 수 있다.

소프트웨어의 적용분야를 살펴보면 다음과 같다.

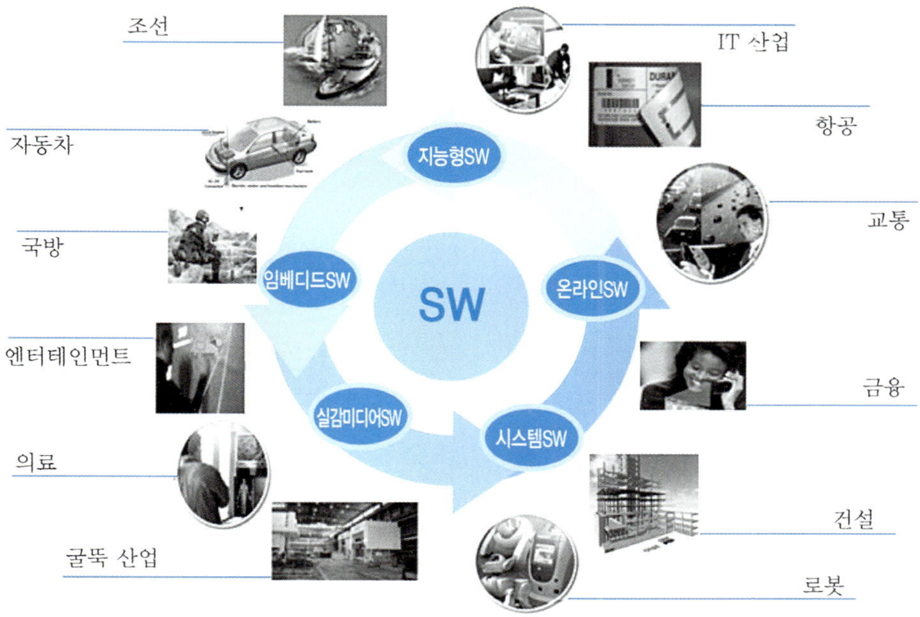

[그림 3-1] 소프트웨어 적용 분야

- 시스템 소프트웨어
- 임베디드 소프트웨어
- 지능형 소프트웨어
- 실감미디어 소프트웨어
- 온라인 소프트웨어

이렇게 5가지로 구분해 볼 수 있다.

아주 작은 칩에서부터 대형 시스템까지 모든 시스템에 소프트웨어는 운영되고 있으며 하드웨어를 제어하고 사용자의 편의성을 제공하는 목적을 가지고 있다.

2) 임베디드 소프트웨어의 개요

휴대폰, 디지털 TV, 자동차, 첨단무기 등 다양한 산업분야의 디지털 제품에 내장되어, HW를 제어하고 사용자에게 서비스 기능을 제공하는 SW로 운영체제, 미들웨어, 가상화, 개발환경, 응용서비스 등으로 구성한다.

다음은 임베디드 소프트웨어 개념도이다.

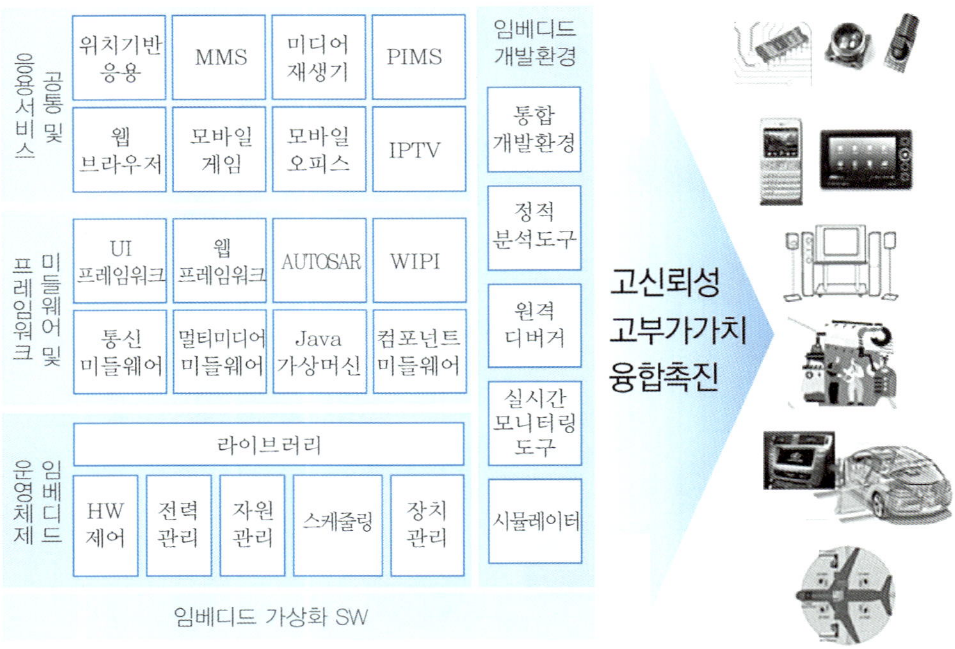

[그림 3-2] 임베디드 소프트웨어 개념도

임베디드 소프트웨어의 특징은 다음과 같다.

- 크기

  시스템의 특성상 전용 시스템은 소형화와 경량화 되어 다른 시스템과의 연동이 필수적인 항목이다. 따라서 하드웨어의 크기가 작아지는데 이에 따라 상대적으로 적은 메모리 용량으로 인해 소프트웨어의 크기는 최대한 작게 만들어야 한다.

- 특수성

  범용이 목적이 아닌 특수용도로 사용하기 때문에 그 목적에 맞는 작은 사이즈의 소프트웨어만 작성하면 된다.

- 실시간성[1)]

  센서나 기계를 다루는 특히 인명이나 돈에 관련된 장비의 실시간성이 깨지면 엄청난 손해가 나기 때문에 설계단계에서 충분한 테스트와 검증을 거쳐야 한다.

- 오류처리

  전용 시스템은 사용자의 개입이 적을뿐더러 인명피해나 엄청난 재산피해를 입힐 수 있는 실시간 시스템의 오류발생 시 대처방안을 철저히 마련해두어야 한다. 이러한 오류를 처리하기 위한 오류처리루틴 작성은 복잡성과 정밀성요구로 인하여 상당히 어려운 작업이다.

최근에는 모바일 기기 및 정보가전기기의 발전과 디지털 컨버전스 경향으로 연산 기능과 네트워크 통신 기능 또는 중앙처리장치와 디지털신호처리 가속연산장치가 결합된 형태의 다중 코어 시스템[2)] 온 칩 (SoC)이 차세대 반도체 시장에서 주류로 부상함에 따라 멀티 프로세싱을 실시간으로 지원할 수 있는 임베디드 소프트웨어의 중요성이 부각되고 있다.

3) 시스템 소프트웨어의 개요

데스크탑 PC, 서버 등에 탑재되는 다양한 응용 SW 개발과 응용 SW가 운영되는 환경을 제공하는 인프라 SW이며 운영체제, 저장시스템 SW, 데이터관리 SW, 시스템관리 SW, 분산처리 SW 등으로 구성한다.

1) 실시간 시스템은 연성 실시간 시스템과 경성 실시간 시스템으로 나누는데, 연성 실시간 시스템은 제한 시간 (Deadline)동안 테스크를 처리를 못마쳤을 때, 단순한 오류정도 발생하는 시스템이고, 경성 실시간 시스템은 제한 시간동안 테스크를 못 마쳤을 때 치명적인 오류가 발생하거나, 때에 따라서는 엄청난 경제적 손실까지 가져올 수 있는 시스템을 말한다. 무인 항공기용 비행 제어 시스템이나 항법 시스템과 같이 내장된 다양한 센서로부터 데이터를 입력 받아 그 값에 따라 항공기의 제어 작업을 주어진 제한 시간 내에 반드시 처리해야 하는 시스템이 경성 실시간 시스템에 속한다.

2) 프로세서 하나에 계산엔진 역할을 하는 코어를 두 개 이상 심어 CPU 성능을 향상시키는 기술로 코어 타입이 동일한 Homogeneous Type과 코어 타입이 다른 Hetrogemeous Type으로 나뉜다. 아래의 시스템은 코어 타입이 동일한 Homogeneous Type이다.

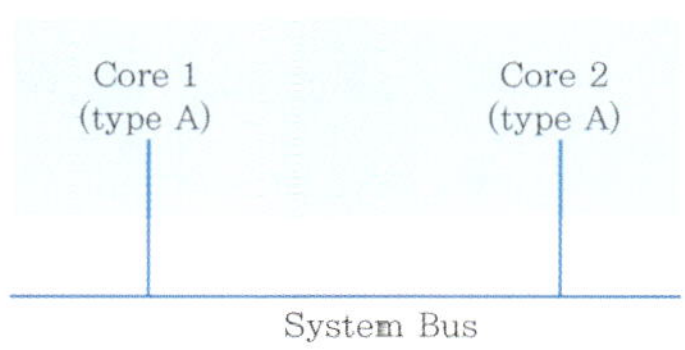

다음은 시스템 소프트웨어 개념도이다.

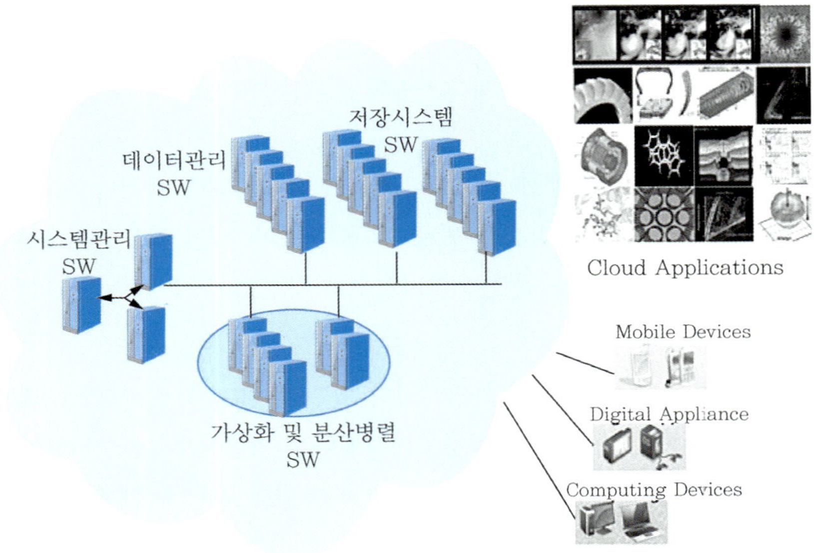

[그림 3-3] 시스템 소프트웨어 개념도

시스템 소프트웨어는 주로 실시간 커널 또는 실시간 운영 체제(RTOS: Real-Time Operating System)이다.

데스크톱 컴퓨터 운영체제는 전원이 켜질 때 시스템 제어를 하고 나서 사용자의응용 프로그램을 실행하도록 한다. 사용자는 운영체제와는 별도로 응용 프로그램을 컴파일하고 링크할 수 있다.

대부분의 RTOS들은 응용 프로그램과 결합되기 전에 사용자가 설정을 변경해서 사용하지 않는 기능을 제거하여 경량화 시키거나 특정 목적에 맞는 시스템 소프트웨어로 변형시키는 것이 일반적이다.

지원 기능은 다음과 같다.

- task scheduling (태스크 스케줄링)
- task communication (태스크 간 통신)
- task synchronization (태스크 동기화)
- memory management (메모리 관리)
- interrupt service (인터럽트 서비스)

- I/O driver
- timer

등의 기능을 하며 이러한 것은 일반적인 OS에서도 필요한 기능이다.

일반 운영체제와 다른 점은 다음과 같다.

- 효율성

  일반적인 OS에서는 자원(예를 들어, 메모리, 하드 디스크 등등)을 얼마나 효율적으로 낭비 없이 쓸 것인가에 초점이 맞춰져 있다. 그러나 real-time OS에서는 효율적인 것도 중요하지만 그 속도에 좀 더 신경을 쓴다.

- 시간 제약

  real-time OS에서는 약간의 메모리 낭비를 감수하고서라도 시간 제약을 맞추려는 의도가 내재되어 있다.

- 공평성(fairness)

  UNIX와 같이 여러 명의 사용자가 쓰는 경우에는 각 사용자들이 실행하는 프로그램이 task로서 수행이 되고 대개의 경우에는 우선순위에 많은 차이를 두지 않는다. 이것은 그 task들 사이에 공평성을 유지하려 하기 때문이다. 그러나 real-time OS에서 task는 대개 우선순위가 차이가 있도록 하며 이때 task사이의 공평성은 고려하지 않는 것이다.

결론적으로 원래 real-time system과 일반 시스템의 차이가 해야 할 기능은 같지만 주어진 시간 안에 처리할 수 있는가 아닌가라고 할 수 있듯이 OS에서도 역시 결국 하는 작업은 같지만 어떻게 처리하는 가가 차이라고 할 수 있을 것이다.

4) 온라인 소프트웨어의 개요

SW의 개발, 설치, 배포 및 사용 등 SW의 전 생명주기와 관련된 일련의 과정들이 온라인을 기반으로 수행되는 기술이며 SaaS[3], 기업용 SW 그리고 오픈 마켓 SW로 구성되며 개념도는 다음과 같다.

---

3) SaaS(Software as a Service)는 전자상거래 관점의 사업적인 반면에 ASP는 전산 외주(아웃소싱)의 Coasian Economics에 기초하며 불특정 다수를 대상으로 전산서비스의 제공에 중점을 두어 확장성과 고객요구사항 커스터마이즈에 중점을 둔다. 즉 소프트웨어를 구입하여 사용하는 개념에서 빌려사용하는 렌트의 개념은 점점 더 확산되고 중소기업뿐만 아니라 대기업에서도 적극적인 도입을 검토 중이며 많이 사용되고 있다.

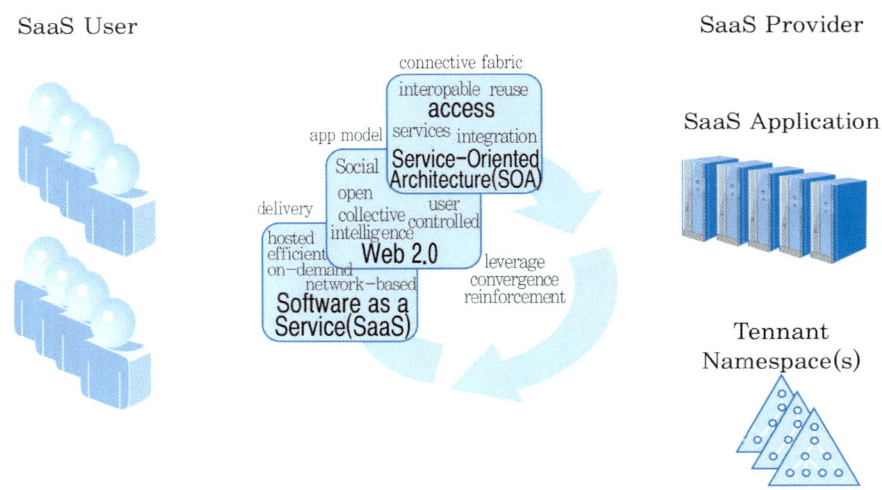

[그림 3-4] 온라인 소프트웨어 개념도

5) 지능형 소프트웨어의 개요

유비쿼터스 환경에서 인간의 지적 능력을 갖춘 SW가 사용자와 서비스를 편리하게 이어 주는 인프라의 역할을 수행하며, 그 개념도를 보면 다음과 같다.

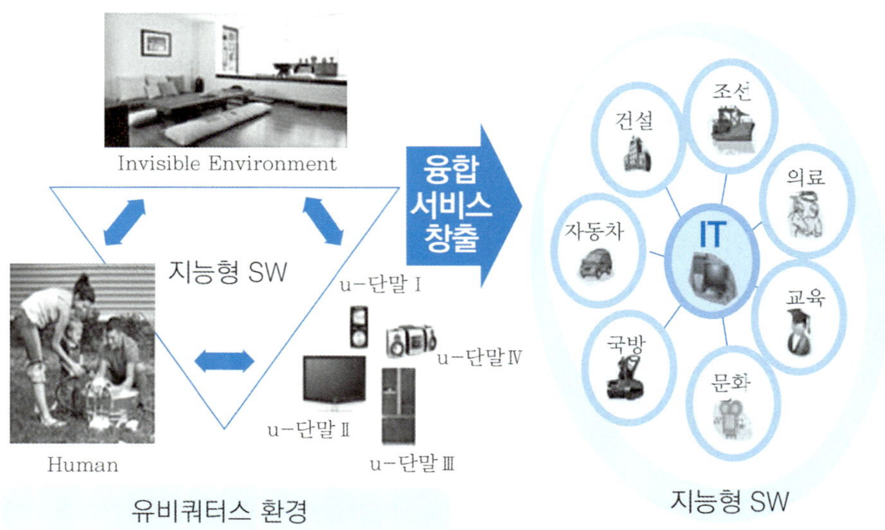

[그림 3-5] 지능형 소프트웨어 개념도

6) 실감 미디어 소프트웨어의 개요

전통 제조·의료·국방 산업 등과 융합한 다양한 구동 플랫폼 상에서 고품질 영상 처리 및 실감 상호작용을 통하여 미디어를 사실적으로 표현하기 위한 핵심기반 SW 및 운용 미들웨어로 구성되면 그 개념도를 보면 다음과 같다.

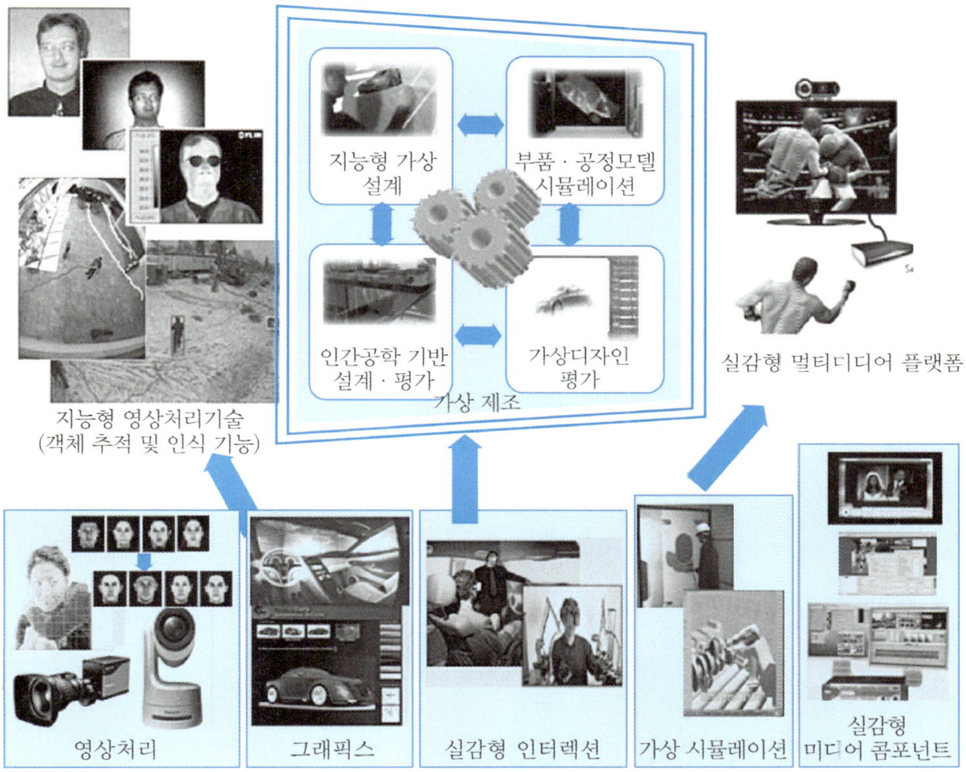

[그림 3-6] 실감 미디어 소프트웨어 개념도

2 소프트웨어 기술

1) 초소형 운영체제 기술

주로 센서 노드의 운영체제로 사용되며 사용 자원의 한계로 인하여 개발에는 다음과 같은 제약 사항이 있다.

- 운영체제가 10KB 정도로 작은 커널

- 적은 건전지로 몇 년의 기간 동안 사용할 수 있는 저전력을 제공
- 효율적인 자원 관리 및 저전력을 구현하는 통신 프로토콜 제공

기능은 다음과 같다.

- 태스크 스케줄링
- 메모리 관리, 장치 드라이버, 네트워크 스택, 응용 제작을 위한 API 등을 포함
- 센서 노드에 적합하도록 설계, 구현
- 전력 관리, 다양한 하드웨어에 대한 적응 기법, 분산 협력 수행에 대한 지원 등이 추가적으로 필요한 기능

2) 그래픽 시스템 기술

그래픽 시스템은 임베디드 시스템 상에서 그래픽 기반 사용자 인터페이스 제공을 위한 2D 및 3D 그래픽 라이브러리와 그래픽 기반 응용 프로그램 윈도우 처리를 담당하는 윈도우 시스템으로 구성된다.

임베디드 시스템상의 다양한 사용자 인터페이스 개발 및 그래픽 기반 사용자 인터페이스 개발의 편이성을 위해 아래와 같은 특징이 요구된다.

- 2D, 3D, 벡터 그래픽 등 다양한 형태의 사용자 인터페이스를 제공하기 위한 그래픽 라이브러리 제공
- 임베디드 시스템을 위한 그래픽 라이브러리의 경량화
- 응용 프로그램의 고속 실행을 위한 그래픽 고속화 기술
- 그래픽 기반 사용자 인터페이스 개발을 위한 GUI 개발도구

3) 플래시 메모리 지원 소프트웨어 기술

다양한 플래시 메모리 기반 저장 장치를 지원하기 위한 표준화된 플래시 메모리 지원 소프트웨어 계층이 필요하다.(FTL: Flash Translation Layer과 파일 시스템 등)

플래시 메모리 지원 소프트웨어 계층 중 운영체제 수준의 기반 소프트웨어 기술은 플래시 메모리 시장 자체의 확대를 유도할 수 있는 핵심 기술로서 우선적으로 개발되어야 한다.

플래시 메모리를 위한 다양한 응용 중 비교적 비중이 큰 DBMS를 위해 플래시 메모리에 최적화된 DBMS 등이 필요하다.

대용량 플래시 메모리를 장착한 휴대용 임베디드 시스템에서 고품질의 멀티미디어 콘텐츠를 관리하기 위한 메타 데이터의 자동 추출 기능 및 이를 관리하기 위한 플래시 메모리 기반 DBMS가 필요하다.

4) 이기종 망간 서비스 연동 지원 기술

IP 기반 무선 망 환경에서 접속 망 환경 변화 시 주변 요소 값 (신호세기 등)에 따라 자동적으로 적절한 망 환경으로 전환하여 주며, 망 전환 시 사용자에게 끊김 없는 데이터 서비스를 지원하기 위한 기술이다.

기술의 구성은 다음과 같다.

- 상위 계층에 단일 네트워크 인터페이스를 제공하는 공통접속기술
- 망 접속 기술
- 모바일 IP 기반의 이동성 지원 기술
- 망 접속 판단 및 전환 제어 기술
- 그래픽 기반 사용자 인터페이스 개발을 위한 GUI 개발도구

5) 멀티 칩 지원 기술

다양한 임베디드 장치들을 구현함에 있어 각각의 장치에 특화되는 기능들을 별도의 칩으로 구현하는 방식이 증가하고 있으며, 특히 멀티미디어, 통신 모듈을 전담하는 칩들이 증가하고 있다. 이와 같은 특화된 칩을 제어하고 동기화시키는 운영체제 기술 필요하다.

CPU의 성능 향상을 위하여 단일 CPU의 클럭 속도를 높이는 것은 반도체 공정의 어려움 및 소모 전력 증가 등의 이유로 힘들어지고 있으며, 임베디드 프로세서도 같은 종류의 CPU를 하나의 칩에 패키징하는 멀티 코어 형태로 진행될 것이며, 이에 따른 여러 CPU를 효율적으로 관리하며 성능을 개선시키는 운영체제 기술 필요하다.

6) 멀티 모달 인터페이스 기술

멀티 모달 인터페이스 기술은 사람과 임베디드 시스템간의 통신을 위해 키보드, 마우스뿐만 아니라 음성인식, 음성합성, 영상인식, 생체인식, 펜 인식, 제스춰 등 인간친화적인 방식을 이용하여 인터페이스를 하는 기술이다.

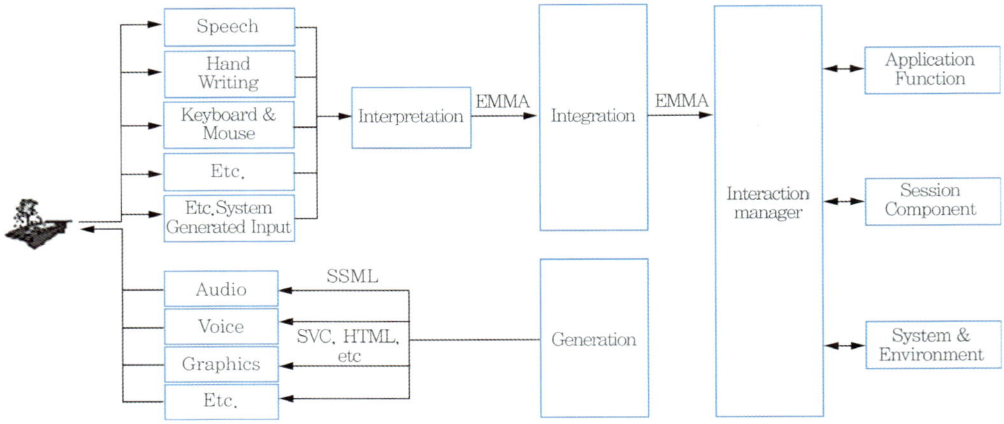

(출처: 멀티 모달 상황인지 인터페이스의 최신 기술동향)

[그림 3-7] 멀티 모달 인터페이스 프레임워크

월드 와이드 웹 컨소시엄(W3C)의 멀티 모달 인터랙션 워킹 그룹에서 멀티 모달 인터랙션 프레임워크(multimodal interaction framework), EMMA(Extensible Multimodal Annotation) 및 잉크 마크업 언어(Ink Markup Language) 등의 표준화를 진행하고 있다.

오감형 인지 인터페이스 기술을 정리하면 다음과 같다.

〈표 3-1〉 인지 인터페이스 기술

인터페이스	기본 기능
음성 / 청각	자연스러운 발성에 대한 음성 인식 기술과 풍부한 감정 표현이 가능한 음성 합성 기술
영상 / 시각	홍채 인식을 통한 개인 인증뿐만 아니라 동작 인식, 안구 추적 기능을 이용한 인터페이스
제스처 / 모션	제스처의 의미를 인지하며 이에 대한 감정을 해석
촉각	터치 방식의 입력 및 감촉을 느끼는 신경 자극에 의한 인터페이스 구현
후각	발향 기술 구현 및 디스플레이 방식에 대한 연구를 통해 실감형 인터페이스를 구현
미각	미각 처리 기술을 이용하여 감별처리 및 디스플레이 기술 연구로 실감 인터페이스를 구현
오감 융합	여러 가지 오감 인식 및 자극을 통하여 실감형 인터페이스 구현
생체 신호	생체 신호를 뇌파를 이용한 인터페이스 구현

임베디드 시스템이 소형화, 지능화되고 사용자가 보다 편리하고 쉽게 사용할 수 있는 입력 방법에 대한 요구가 증가함에 따라 멀티 모달 인터페이스에 대한 중요도도 증가하고 있다.

임베디드 기술 엔지니어가 갖추어야 할 필수적인 능력

먼저, 임베디드 시스템이 처리해야 할 데이터가 더 많아져서 발생하는 문제와 좀 더 프로그램을 빨리 수행하기 위해서 발생하는 문제는 근본적으로 같다. 따라서, 담당 엔지니어는 이런 문제에 대해서 현명하게 프로그램을 작성하는 방법으로 문제를 해결할 수 있어야 한다. 좀 더 나은 검색과 정렬, 효율적인 산수 연산, 더 빠르게 처리될 수 있는 자료 구조 등을 이용할 수 있다. 또한, 시스템 응답성에 대한 문제도 제기될 수 있는데, 이는 '속도'라는 단어와 종종 혼동하여 사용한다. 하지만, 임베디드 시스템 설계자는 작업 처리 속도와 응답 속도를 다른 관점에서 다룰 줄 알아야 한다. 또한, 사용 가능성과 신뢰도가 높은 시스템을 만들려면, 임베디드 시스템의 소프트웨어를 디버깅하는 테크닉인 오류 수정 능력도 있어야 한다. 마지막으로 임베디드 시스템은 어느 시스템에 내장이 되는 시스템으로서 제한된 메모리를 가질 수 밖에 없다. 따라서, 소프트웨어를 사용할 수 있는 메모리 크기에 맞춰서 프로그램을 작성할 수 있는 능력은 모든 임베디드 시스템 소프트웨어 엔지니어에게 필수적으로 요구되는 능력이라 생각한다.

3 소프트웨어에서의 융합 IT

1) 임베디드 소프트웨어에서의 융합 IT

RTOS(Real Time Operating System) 기반에서 스마트 폰, 모바일TV 및 센서 네트워크 및 다양한 형태의 융합 SW 플랫폼 기술로 발전할 것이다.

이런 임베디드 소프트웨어는 시스템의 기능에 따라 연성 혹은 경성 실시간 시스템으로 분류되어 왔으나, 예측 가능한 실시간성 제공이 필수 기능으로 대두되고 있고, 국가 재난 방재 시스템, 전력 제어 시스템, 실시간 교통관제 시스템 등의 대규모 네트워크 기반 국가 인프라 구축 가속화 될 것이다.

2) 시스템 소프트웨어에서의 융합 IT

서버 및 단말 가상화, 클러스터 파일 시스템, 가상 자원 관리 기술, 클라우드 기반의 대규모 데이터를 처리하는 고성능 데이터 처리 기술을 중심으로 기술이 발전할 것이다.

시스템 소프트웨어의 하이퍼사이클은 다음과 같다.

현재 연간 서버 운용/관리 비용이 구축비용의 5~6배에 이르는 상황에서 시스템 자원 가상화를 통한 비용절감이 필수적이며, 서비스의 안정성을 지원하는 고 가용성 지원 서버 가상화 기술로 발전하고 있다. 이 가상화 기술은 그린 IT 핵심기술 이여서 뒷부분에서 자세히 다루도록 하겠다.

3) 지능형 소프트웨어에서의 융합 IT

자연어 음성인식 및 정보검색 기술, 자동번역 기술, 모바일 웹 서비스에 적용되는 지능형 소프트웨어의 하이퍼 사이클은 다음과 같다.

산업체의 글로벌화가 활발히 진행됨에 따라 다국어 언어처리 기술은 글로벌 비즈니스의 인프라 SW가 될 것으로 예측되고, 웹에서도 자동 번역할 수 있는 소프트웨어가 제공될 날이 그리 멀지 않았다.

전체 독립 기술의 생명주기를 살펴보면 다음과 같다.

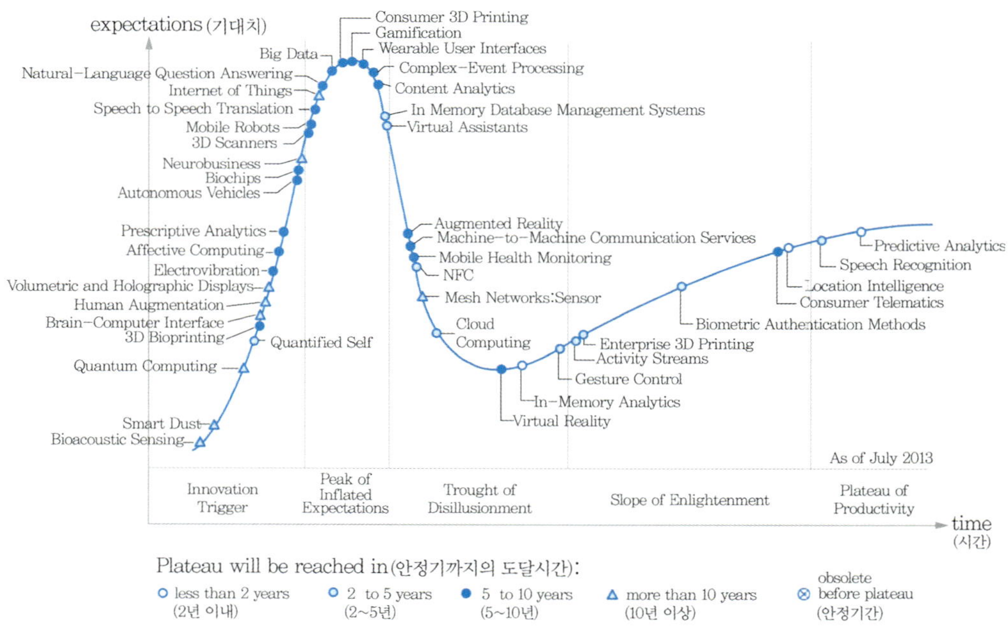

출처: 가트너 2013

[그림 3-8] 독립 기술의 생명주기

요즘 떠오르는 화두는 당연 크라우드소싱, 롱테일, 그리고 오픈 소식이다

크라우드소싱(crowd-sourcing)이란 대중(crowd)과 아웃소싱(outsorucing)의 합성어다. 생산과 서비스 과정에 대중을 참여시켜 생산 단가를 낮추고, 발생한 수익의 일부를 다시 대중에게 보상한다는 의미다. 포털 사이트 네이버의 지식검색이나 온라인 백과사전 위키피디아가 대표적인 사례라고 할 수 있다.

롱테일(long-tail) 비즈니스란 말 그대로 긴 꼬리에서 비즈니스의 기회를 찾는다는 말이다. 롱테일 법칙은 상위 20%가 80%의 가치를 차지한다는 전통적인 파레토 법칙을 뒤집는 의미로 역 파레토 법칙이라고도 한다. 이를테면 인터넷 서점 아마존에서는 잘 안 팔리는 80%의 책들이 잘 팔리는 20%의 책들의 매출을 능가한다.

오픈 소스(open-source)란 다수의 개발자들이 공동으로 개발하는 소프트웨어를 말한다. 웹을 통해 소스 코드를 공유하고 웹의 진화에 따라 참여가 더욱 확산되는 추세다. 수정과 배포가 자유로운만큼 비영리적인 목적에 활용되는 경우가 많지만 상용 소프트웨어 못지않고 다양한 기능과 빠른 업그레이드가 경쟁력이다.

크라우드소싱과 롱테일비즈니스, 오픈소스의 주목할 만한 사례 40가지를 소개한다.

1. 단돈 25달러로 한 사람의 일생을 바꿀 수 있다.

키바.kiva.org

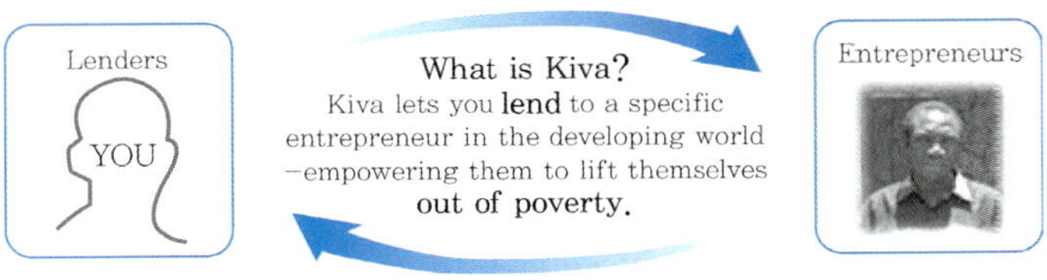

키바(kiva)는 스와힐리어로 단합, 동의라는 뜻이다. 이 사이트는 온라인 마이크로크레딧 서비스를 제공한다. 쉽게 풀어 말하면 소액 대출 서비스다. 아프리카부터 중앙아시아, 동남아시아와 남미에 이르기까지 세계 39개국의 가난한 사람들에게 가난을 벗어날 기회를 준다. 지난해 노벨상 수상자인 무하마드 유누스의 그라민은행을 온라인으로 옮겨왔다고 생각하면 쉽다. 여러 사람에게 푼돈을 모아 목돈을 만들고 이를 낮은 이자로 빌려주는 방식이다.

방글라데시의 구두닦이는 돈을 벌면 절반은 쌀을 사고 절반은 구두통 주인에게 준다. 그에게 필요한 돈은 단 돈 50달러. 그는 50달러가 없어서 창업을 하지 못하고 평생 구두통 주인의 노예가 된다. 그런데 고리대금업자들은 일주일에 10%씩 이자를 받는다. 돈을 빌렸다가는 더 끔찍한 수렁으로 빠져든다. 만약 누군가가 그에게 50달러를 아주 싼 이자로, 이를테면 연 20%의 이자로 빌려준다면 그는 일주일에 0.2달러씩 갚아나가면서 1년 2개월만 지나면 완전히 자립할 수 있다.

키바의 회원이 되면 온라인에 올라있는 도움이 필요한 사람들 가운데 한 사람을 골라 회원이 원할 때 25달러씩(한 번 지원할 때 최소금액) 지원하게 된다. 도움이 필요한 사람은 300

달러에서 많게는 5천달러 정도의 돈을 빌려 이 돈으로 창업을 하고 돈을 조금씩 갚아나가게 된다. 회원들은 사업계획을 살펴보고 누구에게 돈을 빌려줄 것인지 결정할 수 있다.
이를테면 당신은 캄보디아의 소녀 가장에게 새끼 돼지를 사줄 수도 있고 보츠와나의 신혼부부가 신발 가게를 창업하는데 필요한 자금을 지원할 수도 있다. 1천달러면 우간다에서는 근사한 식당을 하나 차릴 수도 있다. 그가 돈을 다 갚으면 그에게 돈을 빌려준 회원들은 원금을 돌려받는다. 빌리는 사람이나 빌려주는 사람이나 이자는 없다. 빌려주는 사람은 운영비를 내지 않으며, 다만 키바 운영에 기부를 할 수 있는데 그 금액은 회원이 마음대로 정한다.
키바는 2005년 매트 플래너리와 제시카 플래너리 부부가 만든 사이트다. 184만 명의 회원 중 123만 명의 자금지원자를 통해 6억 3953만 달러를 빌려주었고, 이들에게 돈을 빌려 사업을 하고 있는 사람은 184만 명. 원금 상환율은 98.8%에 이른다. 놀랍지 않은가. 세상의 그 어느 상업적인 은행도 이 정도 높은 원금 상환율을 보이는 곳은 없다. 가난한 사람들이 돈을 더 잘 갚는다는 이야기다.

2. 1만 3천원으로 사막에 나무 한 그루씩 심자.

나무나라. tree-nation.com

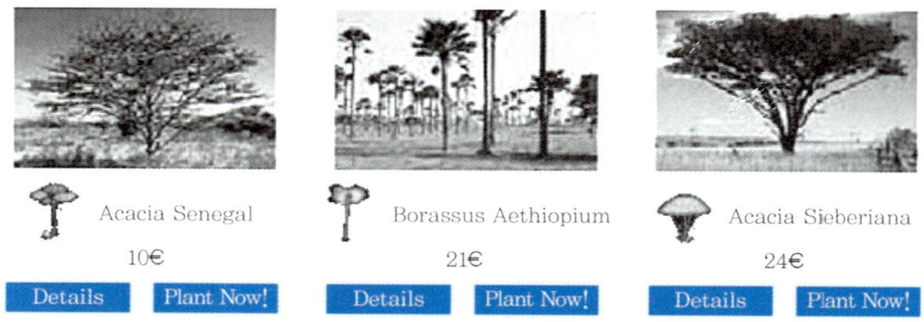

나이지리아의 사막에 나무를 심는 프로젝트다. 지구 온난화로 갈수록 넓어지는 사막의 확장을 막기 위해서다. 나무 한 그루를 심는데 드는 비용은 아라비아 고무나무처럼 10유로 밖에 안 하는 것부터 75유로나 하는 바오밥 나무까지 다양하다. 바오밥 나무는 소설 어린왕자에 나오는 높이 20미터, 둘레 10미터에 이르는 거대한 나무다.
이 사이트에 접속하면 직접 지도를 보면서 나무를 심고 싶은 곳을 지정할 수 있다. 나무를 누군가에게 선물할 것인지 내 이름으로 할 것인지도 지정할 수 있고 메시지를 적어둘 수도 있다. 아라비아 고무나무라면 한 그루에 우리 돈으로 1만3천원, 바오밥 나무라면 9만7천원 정도면 충분하다.
아프리카 사막 한 구석에서 내가 심은 나무가 커다란 숲의 한 부분을 이룬다고 상상해보자. 새로 태어난 아기의 이름을 붙여둘 수도 있고 연인끼리 영원한 사랑의 징표로 삼을 수도 있다. 나중에 오랜 시간이 흐르고 기회가 된다면 직접 찾아가 볼 수도 있다. GPS 좌표가 주어지기 때문에 구글 어스를 통해 위성사진으로 숲이 우거지는 모습을 확인할 수도 있다.
이 사이트를 운영하는 단체는 스페인 바르셀로나에 있다. 20대 젊은이들이 모여서 만든 사이트로 알려져 있다. 나이지리아를 비롯해 사하라 이남 지역에 8백만 그루의 나무를 심는 게 이들의 목표다. 우리가 나무를 사면 이들은 직접 나이지리아에 가서 그 지역 주민들과 함께 나무를 심는다. 놀랍지 않은가. 단돈 1만3천원이면 지구 온난화와 사막화를 저지하는데 의미있는 동참을 할 수 있다는 이야기다.

3. 날고 기는 최고의 펀드매니저들을 모아보자.

마케토크라시.makrerocracy.com

Finding the best investors in the world…

… the m100 Index delivers higher return with less risk.

세상에는 밤하늘의 별만큼 많은 주식이 있다. 우리나라도 벌써 2천개가 넘었지만 미국은 뉴욕증권거래소와 나스닥을 합치면 5천개가 넘는다. 문제는 누구도 그 모든 업종과 종목을 제대로 알지 못한다는데 있다. 아무리 잘 나가는 펀드매니저라고 해도 마찬가지다. 주식투자에 집단지성을 활용하자는 아이디어는 이런 고민에서 나왔다.

마케토크라시는 최고의 종목을 찾기 위한 정보를 교환하는 사이트다. 단순히 투자정보를 교환하는데 그치지 않고 직접 뮤추얼 펀드를 운용하기도 하는데 수익률이 놀랄만한 수준이다. 마케토크라시는 8만명에 이르는 회원들의 펀드를 분석하고 그 가운데 가장 수익률 높은 펀드의 포트폴리오를 참고해 새로운 포트폴리오를 만든다.

회원이 되면 100만달러의 가상계좌를 개설하고 직접 포트폴리오를 운용할 수 있다. 회원가입은 무료다. 마케토크라시는 한 달에 한 번 가장 수익률 높은 100개의 펀드를 골라내고 이들의 포트폴리오를 공개한다. 만약 당신이 운용하는 펀드가 100위 안에 들면 당신은 수수료를 받게 된다. 당신을 마케토크라시 뮤추얼 펀드의 펀드매니저로 인정한다는 이야기다.

마케토크라시는 이들 정보를 바탕으로 직접 뮤추얼 펀드를 운용한다. 핵심은 어쩌다 운이 좋아서 높은 수익률을 낸 펀드를 걸러내고 진짜 실력 있는 펀드매니저를 골라내는데 있다. 100개의 포트폴리오를 결합해 하나의 포트폴리오를 만들어 내는데 그 구체적인 알고리듬은 알려져 있지 않다. 다만 놀라운 것은 이런 기계적인 알고리듬이 꽤나 효과적이라는 사실이다.

달마다 바뀌는 100명의 펀드매니저들은 대부분 아마추어들이지만 이들이 모여서 만든 포트폴리오는 그 어느 프로패셔널 펀드매니저들보다 더 높은 수익을 낸다. 마케토크라시 뮤추얼펀드는 2001년 11월 결성 이래 5년 동안 80%의 수익을 냈다. S&P500지수와 비교해 11.4%의 초과 수익을 달성했다. 펀드 규모는 5500만달러까지 불어났다. 1년에 180달러를 내고 유료회원으로 가입하면 이 펀드의 포트폴리오와 매매내역을 받아볼 수 있다.

회원들의 아이디어를 훔치는 것 아니냐는 질문에 이 사이트의 공동 창업자 캔 켐은 말한다. "우리는 훌륭한 펀드매니저를 고용하고 싶지만 누가 훌륭한 펀드매니저인지 정보가 부족하다. 그래서 우리는 가장 성과가 높은 펀드를 운용하는 회원들을 펀드매니저로 고용한다. 그리고 우리는 충분히 성과를 지급한다. 회원들은 우리의 아이디어에 흥미를 느끼고 기꺼이 동참하고 있다. 뭐가 문제인가."

4. 공무원보다 똑똑한 시민들에게 아이디어를 얻자.

천만상상 오아시스.seouloasis.net

‘천만상상 오아시스’는 서울시에서 만든 시민 제안 접수창구다. 1천만 서울 인구의 상상력을 모은다는 의미다. 지난해 10월 오픈한 이 사이트는 올해 6월까지 6900건의 시민 제안을 접수했다. 이명박 전 시장의 청계천 복원 사업에 버금가는 성과를 내야 하는 오세훈 시장의 발상이다. 아직까지 주목할 만한 히트작은 없지만 참신한 아이디어들이 넘쳐난다. 제안이 채택돼 창의상을 받으면 300만원의 상금을 받게 된다.

단돈 1천원으로 공연을 즐길 수 있도록 하자는 ‘천원의 행복’이 대표적이다. 초과하는 공연 경비는 시 예산을 지원받아 운영되고, 불우 계층을 초청하기도 한다. 다분히 전시행정이라는 비판을 받을 수 있지만 다른 전시행정보다는 차라리 생산적이라는 평가가 많다. 공연장이 쉬는 월요일을 골라 한 달에 한 번 공연이 진행된다.

이밖에도 수도요금 고지서를 알기 쉽고 산뜻하게 바꾸자는 아이디어도 나왔고 체납 가산금을 분할납부할 수 있도록 하자는 아이디어도 나왔다. 교통카드를 활용한 기부 시스템이나 횡단보도 신호등 숫자 표시 등의 아이디어도 모두 이 사이트에서 나왔다. 난지도 하늘공원 하늘다리의 바닥을 투명하게 만든다거나 남산 위에 인공 달을 띄우자는 다소 황당무계한 아이디어도 많다.

시민들의 흥미와 참여를 얼마나 끌어내고 얼마나 지속적으로 이어갈 수 있느냐가 관건이다. 단순히 외부에서 아이디어를 얻는데 그치기보다는 행정 관료들의 복지부동을 일깨우는 외부적 충격과 자극이 더 필요하다는 지적도 있다.

5. 도저히 못 풀겠다. 이 수수께끼 풀면 상금 준다.

이노센티브 innocentive.com

이노센티브는 온라인 연구개발(R&D) 공동체를 표방하는 사이트다. 상업적인 사이트지만 언뜻 커뮤니티 사이트의 성격을 띤다. 기업들이 풀리지 않는 연구 과제를 올리면 회원들이 해법을 제시하고 1만달러에서 최고 10만달러까지 상금을 받는 시스템이다. 기초과학은 물론이고 제약과 생명과학, 농업, 식품, 디자인, 나노테크놀로지 등 광범위한 영역에 걸쳐 세계 175개국 9만여명의 과학자들이 회원으로 가입해 있다.

이노센티브는 과학자들을 문제를 푸는 사람이라는 의미에서 '솔버(solver)'라고 부르고 해답을 찾는 기업을 '시커(seeker)'라고 부른다. 이노센티브는 시커와 솔버를 연결해주고 수수료를 받는다. 200여개의 과제가 올라와 있는데 이 가운데 58개가 이미 해답을 찾았다. 기업의 입장에서는 비용 절감과 효율성이란 측면에서 매력적인 시스템이라고 할 수 있다. 기업들은 풀리지 않는 골칫거리 문제들을 이곳에 익명으로 올리고 해답을 찾는다.

이노센티브는 또 솔버들의 네트워크를 활용, 컨설팅 서비스도 제공한다. 시커가 안고 있는 문제를 해결할 최적의 솔버를 찾아 비용을 협상하고 문제를 해결할 수 있도록 돕는다. 솔버들 입장에서도 이노센티브는 단순히 아르바이트 이상의 의미가 있다. 도전과 경쟁을 자극하고 성취감도 준다. 다른 사람들의 아이디어를 참고하기도 하고 새로운 정보를 교환하기도 한다.

제약회사인 엘리릴리도 익명으로 이노센티브를 자주 활용하는 것으로 알려졌다. 새로운 약품을 개발하는 일은 시간과 돈의 싸움이다. 최대 15년의 개발기간과 8억달러 이상의 비용을 쏟아 부어야 한다. 만약 이노센티브를 적절히 활용한다면 시행착오를 크게 줄일 수 있고 당연히 비용도 절감된다. 개발기간도 크게 앞당길 수 있다. 크라우드소싱을 전문적인 영역에 확장한 성공사례라고 할 수 있다.

비슷한 사이트로 나인시그마(ninesigma.com)이나 유어앙코어(yourencore.com), 대그로사이언스(agroscience.com) 등이 있다. 유어앙코어는 경험이 많은 은퇴 과학자들이 활동하는 것으로 유명하다. 비영리 사이트로는 이노베이션 익스체인지 네트워크(ixc.com.au)가 있고 의학 전문 사이트로 유레카 메디컬(eurekamed.com)이라는 사이트도 있다. 옛투닷컴도 비슷한 사이트지만 따로 다루기로 한다.

6. 돈 되는 아이디어? 자본금은 우리가 댄다.

캠브리안 하우스.combrianhouse.com

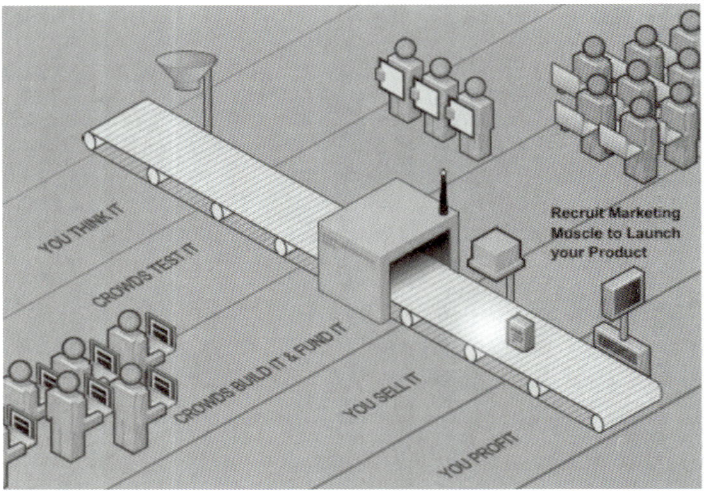

캠브리안 하우스는 소프트웨어 개발과 관련, 돈 될 만한 아이디어를 모아 상업화하는 사이트다. 아이디어를 내면 여러 회원들이 이를 평가하고 그 가운데 가장 괜찮은 아이디어를 골라 상금을 준다. 그리고 그 가운데 정말 괜찮은 아이디어는 직접 상업화한다. 그리고 그 이익을 처음 아이디어를 낸 사람과 이 사이트의 회원들이 나눠 갖는 시스템이다. 괜찮은 아이디어를 골라내는 과정이 흥미롭다. 당신이 아이디어를 올리면 다른 회원들이 이를 별점으로 평가한다. 5점 만점에 1점이나 2점을 받으면 점수가 깎이고 3점부터는 점수가 올라간다. 얼마나 창의적이고 독특하고 무엇보다도 상업화할 가능성이 어느 정도 되느냐가 평가의 핵심이다. 주마다 가장 높은 점수를 받은 사람은 100캐나다달러를 받게 된다. 우리 돈으로 9만7천원 정도다.

분기마다 한번씩 12명의 우승자들을 모아 토너먼트 방식으로 챔피언 대회를 연다. 회원들이 두 가지 아이디어를 놓고 점수를 매겨서 낮은 점수를 받으면 탈락된다. 챔피언 대회에서 1등을 하면 이 아이디어는 바로 상업화 단계에 들어간다. 투자자금을 유치하고 개발자들을 붙여 개발에 들어간다. 만약 이 소프트웨어가 실제로 돈을 벌게 되면 아이디어를 낸 사람과 개발과정에 참여한 사람들은 지분을 나눠갖게 된다.

이 사이트 입장에서는 수많은 아이디어를 공짜로 모아 시장에 내놓기 전에 여러 사람들에게 사전 검증을 받고 상업화를 해서 이익이 나면 그때 로열티를 주면 되기 때문에 위험 부담이 크게 줄어든다. 회원들 입장에서도 아이디어를 검증 받는 과정에서 시행착오를 통해 더 발전된 아이디어를 계발할 수 있고 무엇보다도 비용 부담 없이 상업화할 수 있다는 매력이 있다. 상업화에 성공하면 매출의 최대 50%를 로열티로 받을 수 있다.

7. 컴퓨터가 못하는 귀찮은 일, 사람에게 시킨다.

아마존 미케니컬 터크.www.mturk.com

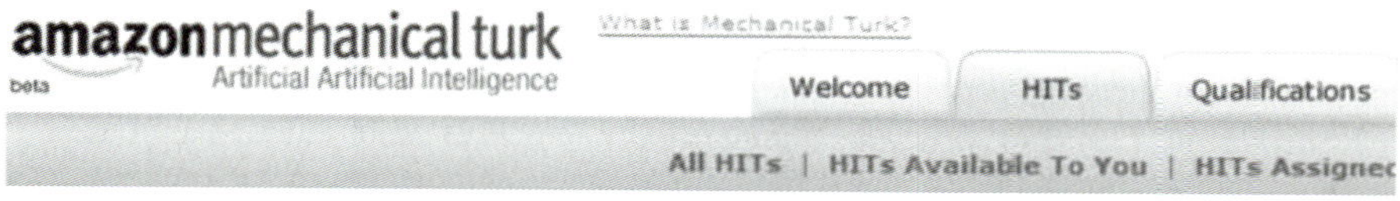

컴퓨터보다 사람이 훨씬 더 잘하는 일은 여전히 많다. 체스는 컴퓨터가 사람을 이겼지만 바둑은 여전히 사람을 따라올 수 없다. 미케니컬 터크에서 주목할 부분은 이런 복잡하고 어려운 일이 아니라 하찮고 귀찮은 일이다. 이를테면 인공위성 사진으로 사람 찾기 같은 것들이다. 수많은 의미 없는 작은 점 가운데 사람 비슷한 걸 찾기는 결코 쉬운 일이 아니다. 컴퓨터는 절대 이런 일을 할 수 없다.

사람이 훨씬 더 잘하는 일이라는 의미에서 HIT(Human Intelligence Task)라고도 한다. 우리말로 풀어 설명하자면 인간 지능 업무 정도의 의미다. 인공 지능(artificial intelligence)의 대비되는 개념이라고 생각하면 된다. “사진 속에 피자가게가 있느냐” 또는 “사진 속의 동물은 고양이인가 개인가” 같은 질문은 사람에게는 너무나도 쉽지만 컴퓨터에게는 어려운 작업이다.

미국에서 짐 그레이라는 사람이 바다에서 실종됐을 때의 일이다. 그는 데이터베이스와 컴퓨터 과학의 권위자다. 그의 친구들이 바다의 기류를 측정해 그의 배가 움직였을 것 같은 곳을 예측했고 그 인근 지역의 인공위성 사진을 받아왔다. 면적이 3500평방마일, 조각을 내보니 모두 56만장이나 됐다. 친구들은 이 사진을 아마존 미케니컬 터크에 올려놓고 짐 그레이 찾기 이벤트를 시작했다.

수많은 사람들이 달려들어 사진을 한 장 한 장 들여다보면서 뒤집어진 요트와 비슷한 모양의 점이 있는지 확인했고 5일 만에 56만장의 사진을 모두 뒤졌지만 결국 짐 그레이를 찾는데는 실패했다. 짐 그레이는 결국 행방불명으로 처리됐다. 올해 1월의 일이다. 이 경우는 머리를 많이 쓰는 일이 아니기 때문에 집단지성이라기 보다는 협업이라고 하는 게 맞다. 실패하긴 했지만 온라인을 통한 협업의 가능성을 보여주는 사례라고 할 수 있다.

미케니컬 터크란 터키 자동인형이라는 의미다. 자동으로 체스를 두는 것 같지만 사실은 사람이 안에서 조종했던 1769년 헝가리의 한 발명가의 이야기에서 따온 이름이다. 아마존 미케니컬 터크는 풀어 말하면 잉여 노동력 마켓 플레이스라고 할 수 있다. 심심풀이 단순노동으로 푼돈을 벌게 해준다는 이야기다. 짐 그레이 찾기는 자원봉사 형태로 진행

됐지만 사진 한 장을 확인하는데 10원 정도를 지급할 수도 있다.

애초에 아마존이 미케니컬 터크를 만든 것도 아마존의 제품 페이지 가운데 중복된 것을 골라내기 위해서였다. 컴퓨터로 작업을 하긴 하지만 한계가 있었기 때문이다. 그러나 결국 단순 노동이고 보수도 많지 않았다. 다만 심심풀이로 하고 푼돈을 벌기에는 적당한 일이다. 용돈이 필요한 중학생들이나 제3세계 노동자들에게는 유용한 돈벌이 수단이 될 수 있다. 컴퓨터가 사람을 돕는 게 아니라 사람이 컴퓨터를 돕게 되는 경우도 많다.

미케니컬 터크의 활용 가능성은 무궁무진하다. 이를테면 어떤 사진에 피자 가게가 찍혀 있는지 안 찍혀 있는지를 컴퓨터가 판단하기는 힘들지만 사람은 쉽게 판단할 수 있다. 질문 하나에 100원씩 주면서 간단한 설문조사를 진행할 수도 있다. 영화 줄거리를 요약하도록 할 수도 있고 재미있는 글과 재미없는 글을 골라내도록 할 수도 있다. 사소한 일이지만 컴퓨터가 하지 못하는 일이다.

커뮤니티 사이트라면 게시판에 오른 글 가운데 광고나 음란소지가 있는 글을 삭제하도록 할 수도 있다. 관리자가 하려면 꽤나 성가시겠지만 한 건 지울 때마다 10원씩 주기로 하면 회원들이 자발적으로 나설 것이다. 비용은 회비에서 갹출하면 된다. 하찮은 일이지만 푼돈이라도 보수를 주는 것과 주지 않는 것은 다르다.

아마존 미케니컬 터크는 API를 공개하고 있기 때문에 누구나 소스코드를 가져다가 필요한 곳에 심으면 다양한 미케니컬 터크를 구현할 수 있다. API는 응용 프로그램 인터페이스의 줄임말이다. 아마존에 수수료만 내면 누구나 아마존의 서비스를 아마존 바깥에서도 이용할 수 있다는 이야기다. 아마존은 입금액의 10%를 수수료로 사전 징수한다.

폰켐펠렌(vonkempelen.com)이란 곳에서는 텍스트를 올리면 음성으로 녹음을 해주기도 하고 다른 나라 언어로 번역해주기도 한다. 재미있는 건 녹음을 하거나 번역하는 사람들이 이 회사 직원이 아니라 모두 아마존 미케니컬 터크를 통해 들어온 알바라는 사실. 참고로 폰 켐펠렌은 터키 자동인형을 처음 만들었던 헝가리 발명가의 이름이기도 하다.

캐스팅워드(castingwords.com)란 곳에서는 거꾸로 음성 파일을 텍스트로 바꿔준다. 팟캐스팅 사이트를 운영하는 사람이라면 이곳에 텍스트 파일을 주문하는 것도 좋다. 직접 할 수도 있겠지만 말로 한 것을 다시 글로 옮기는 것은 상당히 귀찮은 일이다. 역시 이곳도 아마존 미케니컬 터크의 알바들이 텍스트 작업을 하고 이 회사는 거래 당사자들을 연결시켜주고 수수료만 챙길 뿐이다.

8. 게임인줄 알았지? 노가다였어.

이에스피게임 espgame.org

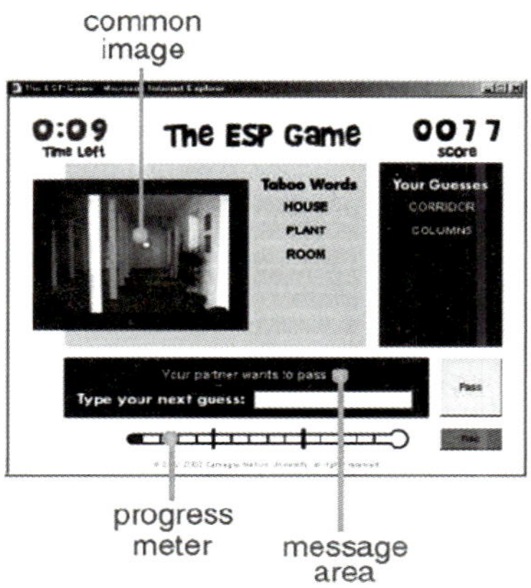

미국 카네기멜런대학 루이스 본 안 교수가 고안한 게임이다. 정확히 말하면 게임을 빙자한 잡일 떠맡기기라고 할 수 있다.

안 교수는 이미지를 자동으로 인식하는 프로그램을 개발하고 있었는데 기초 자료로 활용할 이미지에 제목을 붙이는 일을 할 사람이 필요했다. 안 교수는 고민 끝에 이를 게임으로 만들어 인터넷에 올리기로 했다. 컴퓨터는 이미지를 인식하는 능력이 아직 3살 어린이 수준에도 못 미치기 때문에 결국 사람이 할 수밖에 없다.

게임은 간단하다. 접속자 2명이 같은 그림을 보고 같은 키워드를 입력하면 점수를 받게 된다. 이 게임은 의외로 중독성이 있어서 한번 빠져들면 쉽게 자리를 뜨기 어려울 정도다. 일반적인 단어를 생각하되, 상대방의 생각을 읽어내는 것이 관건이다. 이를테면 잔디밭에서 남자가 농구공을 들고 서 있는 사진을 보고 한 단어를 생각한다면 뭐라고 말해야 할까.

안 교수는 이 게임을 활용해 13만장의 그림에 제목을 붙일 수 있었다. 사람들을 불러모아 게임을 하게 하고 공짜로 잡일을 처리하는 미케니컬 터크의 변종이라고 할 수 있다. 미케니컬 터크가 일을 시키는 대가로 푼돈을 준다면 이 게임은 재미를 준다는 점에서 다르다.

9. 1만마리의 양 그리기

양 시장. thesheepmarket.com

1만마리의 양 그리기 프로젝트는 크라우드소싱을 이해하는데 가장 효과적인 사이트다. 아마존 미케니컬 터크의 직원들이 시험삼아 만든 사이트다.
이 사이트에 접속해서 마우스나 태블릿을 이용해 양을 한 마리 그리면 2센트를 받을 수 있는데 몇가지 규칙이 있다. 머리를 왼쪽으로 하고 있어야 하고 누가 봐도 양이라는 걸 알아볼 수 있어야 한다. 1만마리의 양을 모두 채우기까지 걸린 시간은 40일. 한 시간에 11마리 꼴로 수집됐다는 이야기다. 한 마리 그리는데는 평균 1분45초가 걸린 것으로 집계됐다. 평균 임금을 따져보면 한 시간에 0.69달러 정도다. IP 주소 기준으로 모두 7599명이 이 프로젝트에 참여한 것으로 집계됐다. 규칙에 맞지 않아 탈락된 양도 662마리나 됐다.
1만마리의 모두 다른 양 그림을 모으는데 들어간 비용은 단돈 200달러. 이렇게 적은 비용으로 이렇게 짧은 시간에 수많은 사람들의 참여를 끌어낸 프로젝트는 거의 최초라고 할 수 있다. 온라인이라서 가능한 일이기도 했다. 이 1만마리의 양 그림은 UCLA의 뉴와이트 갤러리에 전시돼 있다.

10. 우리 함께 우주 지도 만들어 봅시다.

우주 동물원. galaxyzoo.org

밤하늘에는 셀 수 없이 많은 별이 있다. 천문학자들은 이 많은 별들의 사진을 놓고 이들의 진화 과정을 연구할 계획이다. 문제는 사진이 너무 많아서 웬만한 인건비로는 엄두도 내기 어렵다는 것. 그래서 천문학자들은 미케니컬 터크 방식을 활용하기로 했다.
은하계는 수십억개의 별로 이뤄져 있다. 은하계는 모두 모양이 다르고 은하계를 구성하는 별들의 크기나 밝기, 성분, 나이도 모두 제각각이다. 천문학자인 에드윈 허블은 은하계를 타원형 은하와 소용돌이형 은하로 나눈 바 있다. 허블 이후 80년이 지나도록 이 분류 방법은 그대로 사용되고 있다.
관심이 가는 부분은 타원형 은하와 소용돌이형 은하의 상관관계다. 소용돌이형 은하가 타원형 은하로 진화하는 것일까 아니면 그 반대일까? 천문학자들은 소용돌이형 은하가 결합해 타원형 은하로 바뀐다는 가설을 세우기도 했다. 그런데 그 반대의 가설도 있다. 가설을 검증하려면 실제로 어떤 은하가 더 많은지 통계적으로 확인해 보면 된다.
이 프로젝트를 진행하고 있는 슬론 디지털 천문연구소가 보유하고 있는 은하계 사진은 거의 100만장에 이른다. 연구소는 이 사진들을 한 장 한 장 사람들에게 보여주고 타원형인지 소용돌이형인지 말해달라고 하기로 했다. 연구소는 최소 2만명 이상의 자원봉사자들이 필요할 것으로 전망하고 있다. 우주 동물원이라는 사이트를 만든 것은 이런 이유에서다.
회원에 가입하면 3분 정도 간단한 온라인 교육을 받게 된다. 작업은 매우 간단하다. 그림을 보고 타원형인지 소용돌이형인지 결정하고 소용돌이형이라면 시계방향으로 도는지 반시계방향으로 도는지 한 번 더 결정하면 된다. 지루한 단순작업이지만 참여하는 사람이 워낙 많기 때문에 작업의 진척속도는 꽤나 빠른 편이다.
2만명이 50장씩만 봐도 100만장을 볼 수 있다는 이야기다. 보수가 없기 때문에 많은 시간을 들이기를 기대하기는 어렵다. 다만 세상 그 누구도 보지 못한 수십만 광년 떨어진 곳의 은하계를 맨 처음 보고 있다는 사실, 그리고 이 하찮은 작업이 거대한 우주를 이해하는데 조금이라도 도움이 된다는 사실이 의미를 부여한다.
비슷한 실험으로 스타더스트호의 캡슐에서 우주 먼지를 찾는 스타더스트@홈 프로젝트가 있다. stardustathome.ssl.berkeley.edu

11. 안 쓰는 기술, 돈 받고 파세요.

옛투닷컴. yet2.com

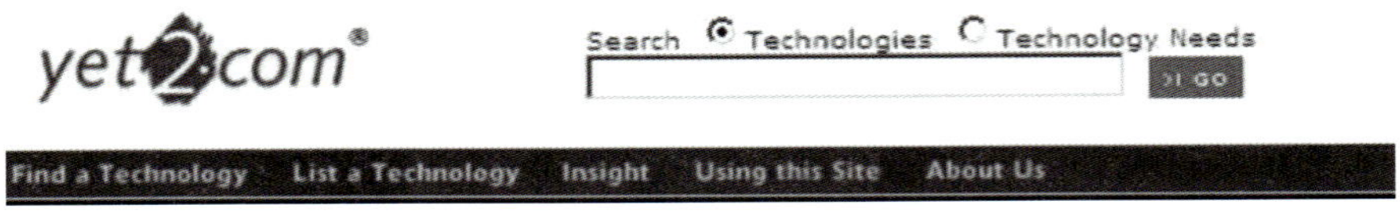

프록터앤갬블(P&G)은 연구개발(R&D) 비용으로 해마다 15억달러 이상을 지출하지만 이 가운데 제품으로 출시되는 비율은 10%도 채 안 된다. 과거에는 이들 연구성과를 그냥 묵혀두곤 했지만 이제는 옛투닷컴을 통해 판매하고 짭짤한 수익을 챙길 수 있게 됐다. 1999년에 미국 메사추세스에서 설립된 옛투닷컴은 세계에서 가장 큰 지적재산권 마켓플레이스다.

IBM은 2800여명의 기술진을 보유하고 있다. 연간 예산만 560억원에 이른다. IBM은 경쟁회사인 델컴퓨터와 EMC, 시스코 등에 기술을 팔아 지난 7년동안 300억달러를 벌어들였다. 기술판매는 IBM의 핵심 전략사업 가운데 하나가 됐다. 개발은 했는데 쓰지 않는 기술이나 공개해도 상관없는 기술을 옛투닷컴에 올려놓고 판매하는 것이다.

이를테면 캐논이 프린터 기술을 경쟁회사에 팔고 마쯔시타가 VHS 기술을 VCR 회사에 파는 등 서로 윈윈하는 방식이 될 수 있다. IBM과 애플은 윈텔의 독점에 맞서 핵심 기술을 공유하기도 했다. 과거에는 어떤 기술을 다른 회사에 판매하려면 전적으로 사적인 네트워크에 의존할 수밖에 없었다. 최소 12개월에서 18개월이 소요됐고 성사될 확률도 낮았다.

옛투닷컴은 "야후처럼 쉽다"는 컨셉을 들고 나왔다. 옛투닷컴의 메뉴는 직관적이고 쉽다. 검색창에 키워드를 입력하기만 하면 된다. 필요한 내용이 나타나면 관련 제품이나 특허를 사들이거나 투자를 제안하는 등의 협상을 시작할 수 있다. 모든 과정은 인터넷에서 이뤄진다. 구매나 투자 결정에 이르는 과정도 빠르고 간단하다.

옛투닷컴은 세계 R&D 투자의 10% 이상을 차지할 정도로 성장했다. 옛투닷컴이 보유하고 있는 기술 리스트의 가치는 100억달러에 이르는 것으로 알려졌다. 기술을 등록하는데 드는 비용은 무료지만 필요한 기술을 검색하는데 필요한 프리미엄 서비스는 2500달러의 회비를 받는다. 거래가 성사되면 10%의 수수료를 받지만 최대 5만달러를 넘지 않는다.

가장 대표적인 사례는 P&G가 2004년에 출시한 프링글스 프린트다. P&G는 감자칩 위에 글씨나 그림을 집어넣을 계획이었는데 생각만큼 쉬운 일이 아니었다. 수많은 시행착오를 거쳤지만 높은 온도에서 튀기고 나면 잉크가 모두 사라져 버렸다. 예전 같으면 R&D에 2년 이상이 걸렸겠지만 P&G는 옛투닷컴을 활용해 보기로 했다. 마침 볼로냐의 한 대학교수가 비슷한 기술에 성공했다는 사실을 알게 됐다. P&G는 이 교수와 제휴를 맺었고 프링글스 프린트는 1년도 안돼서 시장에 나왔다.

하버드 비즈니스 리뷰는 이를 R&D와 대비되는 개념으로 C&D라고 정의했다. Connect &

Development. 우리 말로 하면 연결개발 정도의 의미다. 외부의 기술과 아이디어를 내부의 R&D 역량과 연결시켜 신제품을 개발한다는 이야기다. 개발을 전적으로 외부업체에 맡기지 않는다는 점에서 아웃소싱과도 다르다.

P&G는 2000년까지만 해도 C&D 비중이 전체 R&D 대비 15% 수준이었지만 2002년에는 35%로 늘어났다. 장기적으로는 50%를 목표로 하고 있다. 하버드 비즈니스 리뷰는 기업들이 C&D에 관심을 갖는 이유를 "기술혁신 비용이 급상승하는 데 비해 연구개발 생산성은 제자리 걸음을 하고 있기 때문"이라고 분석했다.

피앤지는 C&D 도입을 늘린 덕분에 매출액 대비 R&D투자 비율이 2000년 4.8%에서 2006년 3.4%까지 낮아졌지만 기술혁신의 성공 비율은 오히려 두 배 이상 높아졌다. 미국에서 가장 많이 팔린 전동칫솔 크레스트 스핀브러시 등 100개 이상의 신제품을 지난 2년간 C&D 방식으로 개발했다.

12. 스팸도 잡고 문서 변환도 하고.

리캡차. recaptcha.net

스팸 게시물을 막기 위해 요즘은 인터넷 사이트에 가입할 때 튜링 테스트를 하는 경우가 많다. 튜링 테스트란 글씨를 기묘하게 비틀어 컴퓨터가 알아보지 못하도록 만들고 이를 입력하도록 하는 테스트를 말한다.

이를 캡차(CAPTCHA) 시스템이라고 한다. 'Completely Automated Public Turing test to tell Computers and Humans Apart'의 줄임말이다. 스팸을 막는 자동화된 오토 튜링 테스트라는 말이다. 복잡한 말로는 HIP(Human Interactive Proof), 인적 상호증명이라는 말을 쓰기도 한다.

리캡차는 이 캡차 시스템을 텍스트 변환에 활용하는 새로운 기법이다. 벤 마우러라는 카네기멜론대학의 학생이 개발한 시스템이다.
리캡차 시스템을 이해하려면 디지털 문서변환에 대해 설명이 필요하다. 도서관에 있는 출간된지 오래된 책들은 텍스트 파일이 남아있지 않거나 애초에 텍스트로 존재한 적이 없다. 이를 텍스트 파일로 변환하려면 스캐너로 이미지를 읽어들여 이를 다시 OCR이라는 광학문자인식기로 변환을 해야 한다. 문제는 인쇄 품질이 좋지 않거나 글씨가 흐릿할 경우 제대로 인식하지 못하는 경우가 흔하다는 것이다. 결국 사람이 하나하나 수작업으로 수정할 수밖에 없다는 이야기다. 리캡차 시스템은 이를 조각조각 내서 여러 사람에게 맡기자는 발상에서 출발했다.
리캡차 시스템에는 두 개의 이미지가 뜬다. 하나는 일반적인 캡차 시스팀에서 쓰는 이미지고 다른 하나는 문서를 변환하는 과정에서 컴퓨터가 제대로 인식하지 못한 부분의 조각 이미지다. 인증을 받으려면 두 개의 이미지를 모두 입력해야 한다. 하나의 이미지는 스팸 로봇을 걸러내는 역할을 하고 다른 하나의 이미지는 문서변환의 데이터로 활용한다는 이야기다.
카네기멜론대학에 따르면 세계적으로 하루 15만시간이 캡차 시스템에 소요된다. 리캡차 시스템이 소개된 뒤 150개 사이트가 이 시스템을 도입했고 하루 6천만개의 단어를 변환하고 있다. 리캡차를 도입하는 사이트가 늘어날수록 변환작업은 더 빨라질 것이다.

13. 모두가 함께 만드는 백과사전, 그러나 최고의 백과사전

위키피디아. wikipedia.org

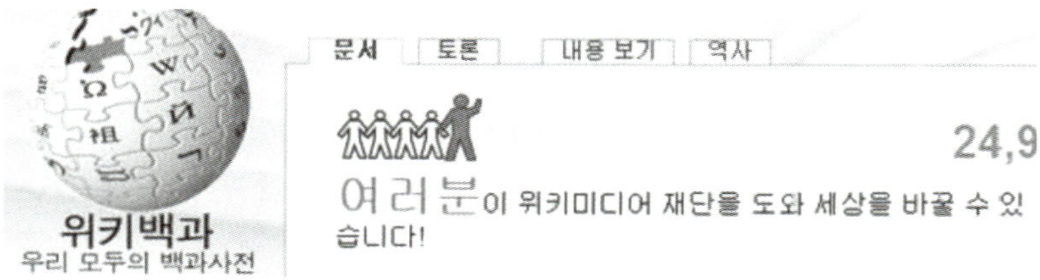

식상한 느낌이 들지만 웹의 진화를 이야기하면서 위키피디아를 빼놓을 수 없다. 위키피디아는 너무나도 유명한 온라인 백과사전이다. 창업자는 지미 웨일스와 래리 생거. 비영리 단체인 위키미디어 재단에서 운영하고 있는 이 백과사전은 2014년 기준으로 영어판 456만 여 개, 한국어판 29만 5천 여개를 비롯하여 합하면 1억 2598만 여개 페이지가 올라와 있다. 287개 언어판이 있다.

위키는 누구나 쓰고 고칠 수 있다. 마음만 먹으면 페이지를 통째로 날려버리는 것도 가능하다. 물론 원본은 백업돼 있고 자원봉사자들이 내용을 검토하고 변경 내용을 최종 승인하는 과정을 거친다. 위키피디아는 이 시대 지식의 보고라고 할 수 있다. 누구나 쓰고 고칠 수 있지만 퀄리티는 매우 높은 편이다. "개똥녀"나 "원더걸스", "안습" 같은 항목을 찾아보면 위키피디아의 경쟁력을 실감할 수 있다.

위키피디아는 집단 지성의 가장 효율적인 사례라고 할 수 있다 여러 사람이 함께 머리를 모으면 콘텐츠는 풍부해지고 퀄리티도 높아진다. 일부 위키피디아를 악용하려는 움직임도 있지만 자정 능력도 뛰어난 편이다. 네이버 지식검색이 무단복제와 광고로 뒤죽박죽이 되고 있다면 위키피디아는 양질의 콘텐츠를 확인할 수 있는 곳으로 주목받고 있다.

위키피디아가 아니라도 위키의 활용 범위는 무궁무진하다. 여러 종류의 공개 스프트웨어가 나와 있어 누구라도 마음만 먹으면 홈페이지에 위키 공동체를 구현할 수 있다. 위키는 게시판이나 블로그와도 다르다. 누구나 쉽게 링크를 생성할 수 있기 때문에 데이터베이스는 시간 순서대로 묻히는 게 아니라 수평적으로 나열된다. 언제라도 링크를 통해 불러올 수 있는 구조가 된다.

14. 독립영화, 우리가 직접 만들어보자.

한 무리의 천사들. aswarmofangels.com

Phase 2 closed

A groundbreaking project to create a £1 million film and give it away to over 1 million people using the Internet and a global community of members

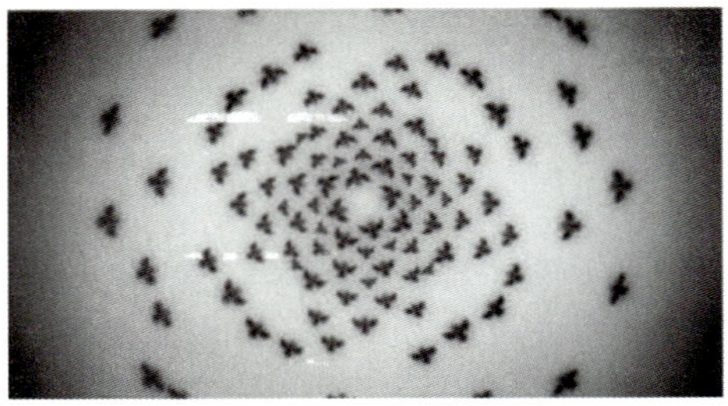

'한 무리의 천사들'은 오픈 소스 영화를 만드는 영국 사이트다. 스웜(swarm)은 곤충 등의 무리를 말한다. 'a swarm of angels'는 한 무리의 천사들 정도라고 해석할 수 있겠다.
이 사이트에서는 한 사람 앞에 50달러씩, 모두 5만 명의 투자자를 모아 영화를 만들 계획이다. 펀딩 목표는 250만 달러다. 한 회사의 주식을 사면 그 회사의 의사 결정에 참여할 수 있는 것처럼 영화에 투자하면 시나리오와 캐스팅, 촬영, 편집 등에 참여할 수 있어야 한다는 발상에서 만든 사이트다. 50달러만 내면 누구나 이 영화의 주주가 될 수 있다. 벌써 1만 명 이상의 투자자가 모였고 2개의 시나리오가 완성됐다. 시나리오는 회원이라면 누구나 자유롭게 고칠 수 있고 결말 역시 회원들의 투표로 결정된다. 공동으로 시나리오를 쓴다는 건 쉬운 일이 아니지만 오히려 더 좋은 결과를 낼 수도 있다. 회원들은 주주면서 동시에 영화의 1차 소비자이기도 하다. 그만큼 시장성을 인정받는다는 이야기도 된다. 물론 한 무리의 천사들은 시장성보다는 작품성을 추구한다.
사이트 운영자인 매트 핸슨은 "헐리우드에서 만드는 시나리오 역시 수없이 뜯어고쳐가면서 만들지만 끔찍한 결과를 내기도 한다"고 말한다. 그는 "이 프로젝트가 헐리우드와 다른 점이라면 투자자들이 모두 영화광이고 상업성보다는 작품성을 우선한다는 것"이라고 말한다. 완성된 영화는 인터넷에 무료로 공개 되고 누구나 내려 받아 자유롭게 편집하고 CCL에 따라 자유롭게 공유할 수 있도록 할 계획이다.

15. 운동화, 어디 네 맘대로 디자인 해봐.

나이키 아이디. nikeid.nike.com

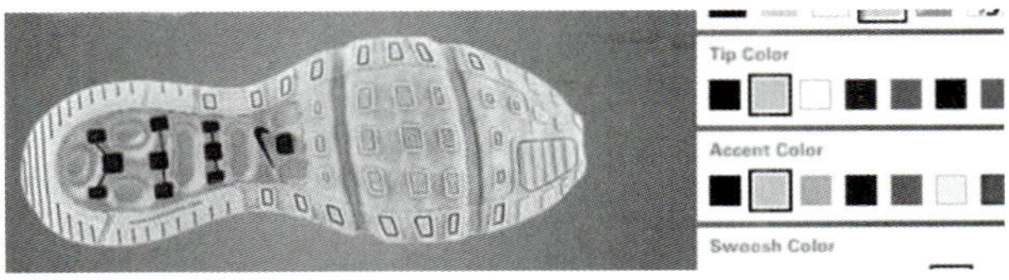

내 맘에 딱 맞는 운동화를 살 수는 없을까. 나이키 아이디는 주문형 운동화 제작 서비스다. 사이트에 접속하면 디자인은 물론이고 밑창과 신발 끈, 로고 색깔까지 하나하나 완벽하게 선택권이 주어진다. 화면에서 전후좌우로 뒤집어 보면서 꼼꼼하게 살펴볼 수 있고 발목 부분에 이름을 새겨 넣을 수도 있다.

같은 운동화라도 수백수천가지의 조합이 가능하다. 이렇게 만든 운동화는 세상에 단 한 켤레밖에 없는 특별한 운동화가 된다. 가격은 매장과 비교해서 거의 차이가 없다. 나이키프리5.0은 100달러, 에어줌RS+iD는 120달러, 에어맥스360IIiD는 170달러다. 주문에서 배달까지 걸리는 시간은 미국 기준으로 25일 정도다.

16. 1픽셀에 1달러씩 광고 받습니다.

백만 달러 홈페이지. milliondollarhomepage.com

1픽셀을 1달러에 팔아 100만개의 픽셀에 100만 달러를 벌겠다는 아이디어에서 출발한 사이트. 알렉스 튜라는 영국의 대학생이 만들었다. 보통 모니터 화면이 1024×768픽셀이라면 이 화면을 가득 채우는 것만으로도 78만6432달러를 벌 수 있다는 이야기다.

200×50 크기 배너광고 하나에 1만달러, 우리 돈으로 800만원이 넘는 셈인데 입소문을 타면서 꽤나 많은 돈을 번 것으로 알려졌다. 기업 입장에서는 페이지뷰가 충분하고 유효 클릭만 나온다면 비용을 들일 이유가 충분하다. 확인할 수는 없지만 100만 픽셀을 모두 팔았다는 이야기도 들린다. 마지막 남았다는 1천 픽셀을 이베이에 경매로 내놓았는데 3만8100달러에 팔리기도 했다.

백만 달러 홈페이지의 성공 이래 유사 사이트가 우후죽순처럼 생겨나긴 했지만 모두 큰 재미를 보지는 못했다.

17. 모든 게 궁금해 죽겠다는 당신에게.

하우스터프웍스. howstuffworks.com

에어컨은 어떻게 작동하는 것일까. 블루투스는 또 어떻게 작동하는 것일까. 아파트는 어떻게 짓는 것일까. 사랑은 어떻게 이뤄지는 것일까. 하우스터프웍스는 이처럼 누구나 궁금해 하지만 아무도 제대로 설명해 주지 않는 일반적인 주제들에 집중한다. How stuff works. 말 그대로 사물이 어떻게 굴러가는지 설명해주는 사이트다.

좀 더 구체적인 질문도 많다. 헬리콥터는 어떻게 옆으로 날 수 있을까. 왜 초콜릿과 카페인은 중독이 될까. 브레이크 페달을 밟으면 차가 멈추는 이유는 무엇일까. 전송 버튼을 누른 다음 전자 메일 메시지는 어디로 가는 것일까. GPS는 무엇이고 왜 필요한 것일까. 잠수함은 어떻게 바다 속을 항해하는 것일까. 등등.

하우스터프웍스의 매력은 무엇보다도 알기 쉬운 그림이 많고 설명이 쉽고 정확하다는 것. 마샬 브레인 미국 노스캐롤라이나주립대학 교수가 1998년에 취미로 만든 이 사이트는 이제 어엿한 상업 사이트로 자리잡았다. 이 사이트는 올해 10월, 디스커버리채널에 무려 2억5천만 달러에 팔려나가 관심을 집중시키기도 했다.

이 사이트의 수익모델은 출판이다. 질문은 주로 구글 등의 웹 사이트에서 사람들이 가장 많이 궁금해 하는 주제로 정한다. 사람들이 궁금해 하지만 해답을 찾기 어려운 주제에 대해 전문가들을 동원, 콘텐츠를 만들고 이를 출판해서 돈을 번다는 이야기다. 다른 어느 곳에서도 찾아볼 수 없는 차별화된 콘텐츠가 이 사이트의 경쟁력이다. 우리나라에도 출판돼 있다.

18. 인디밴드를 돕는 음악 판매 사이트.

굿스톰. goodstorm.com

인터넷 쇼핑몰을 구축하는 건 꽤나 많은 비용과 수고를 필요로 하지만 굿스톰에서 제공하는 소스코드를 가져다 심으면 한 시간 만에 쇼핑몰을 만들 수도 있다. 쇼핑몰 API를 공개하는 곳은 굳이 굿스톰이 아니라도 많지만 굿스톰의 이익배분구조는 독특하다. 애초에 영리목적이라기 보다는 자선활동을 위해 설립한 기업이었기 때문에 가능한 일이다.

굿스톰에는 270만개의 음악파일이 올라있다. 대부분 인디 밴드의 음악이다. 회원으로 가입하면 누구라도 이 사이트에 올라있는 음악파일을 가져다가 팔 수 있다. 듣는 건 공짜지만 다운로드할 때는 돈을 내야 한다. 파일 하나의 가격은 99센트. 이 가운데 65센트는 저작권자에게 가고 당신은 5센트를 수수료로 받게 된다. 나머지 29센트는 굿스톰의 몫이다.

이를테면 당신의 홈페이지에 굿스톰의 API를 심고 당신이 좋아하는 밴드의 음악을 팔 수 있다. 인디밴드 입장에서는 홍보도 되고 판매도 되고, 당신 역시 방문자들에게 음악도 들려주고 수수료 수입도 얻고. 굿스톰 입장에서는 당신 같은 사람들이 알아서 판매를 해주니 가만 앉아서 이익을 챙기게 된다.

굿스톰의 캐치프레이즈는 '올바른 자본주의의 실천(Capitalism Done Right)'이다. 창업자인 요비 벤자민과 앤디 라파포트는 수익을 많이 남기지 않는 것을 원칙으로 한다. 그리고 그 많지 않은 수익 가운데 일부를 자선단체 등에 기부하고 있다.

19. 디카로 찍은 사진 돈 받고 팔아보자.

아이스톡포토. istockphoto.com

병원 홈페이지를 만드는데 환자들 사진이 필요하다고 생각해 보자. 인터넷을 뒤져보면 사진을 판매하는 사이트가 많지만 문제는 가격이다. 한 장에 보통 500달러 이상, 아무리 싸게 해도 100달러가 넘었다. 전문 사진작가들이 찍은 사진이니 그 정도의 저작권료를 지불하는 것은 당연한 일이다. 그러나 홈페이지에 쓸 사진은 예술 작품이 아니라도 된다. 그렇다고 아무렇게나 찍은 사진을 쓸 수도 없고 따로 사진작가를 고용할 형편도 아니다. 아이스톡포토는 일반인들이 찍은 사진을 사고 팔 수 있는 사이트다. 처음에는 단순히 사진을 공유하는 사이트로 출발했는데 사진을 상업적으로 쓰려는 수요가 생겨나면서 마켓플레이스로 개편했다. 사진을 올리는 사람 입장에서도 푼돈이라도 수입이 생기는데 굳이 반대할 이유가 없다. 이제 누구나 자신의 저작권을 쉽게 팔 수 있는 시대가 됐다. 중요한 것은 퀄리티지 지명도나 경력이 아니다.

사진 가격은 한 장에 1달러에서 비싸봐야 15달러를 넘지 않는다. 가격은 사진크기에 따라 달라진다. 홈페이지에 들어갈 정도의 사진이면 1달러면 충분하다. 이 정도 가격이면 굳이 무단복제의 유혹을 느끼지 않고 정당하게 값을 치르고 합법적으로 사진을 활용하려는 수요도 생겨나게 된다. 일반인들이 찍은 사진이지만 전문가 못지않게 훌륭한 사진도 많다. 사진뿐만 아니라 비디오나 플래시 파일도 사고 팔 수 있다.

아이스톡포토는 지난해 2월 세계 최대의 이미지 판매회사인 게티스이미지에 5천만달러에 팔렸다. 조나단 클라인 게티스이미지 CEO는 와이어드와 인터뷰에서 "누군가가 당신 사업을 망칠려고 한다면 그 회사를 사들이는 것도 한 방법"이라고 말하기도 했다. 아이스톡포토는 지난해 6월 기준으로 회원이 2만2천명, 보유하고 있는 이미지가 1천만장이 넘었다. 모회사인 게티스이미지보다 훨씬 큰 규모다.

게티스이미지를 비롯해 사진 판매 사이트들 고객들 가운데 상당수가 아이스톡포토로 옮겨간 것은 당연한 결과다. 사진 저작권 판매 시장에 일대 혼란이 일어난 것은 당연한 일이다. 기존의 사진작가들도 가격 인하 압력이 부담스러울 수밖에 없다. 이제는 누구나 디지털카메라를 소유하고 있고 전문가들 못지않게 멋진 사진을 찍는 이른바 프로추어들도 늘어났다. 프로패셔널의 실력을 갖춘 아마추어를 일컫는 말이다.

프리랜서 사진작가 마크 하멜의 이야기를 들어보자. "나는 2000년에 100장의 사진을 팔아 6만 8천 달러를 벌어들였다. 그런데 지난해 아이스톡포토에 1천 장의 사진을 올린 뒤에는 5만 9천 달러를 벌어들였다. 한때 500달러를 받았던 사진을 이곳에서 1달러를 받고 팔고 있다. 수요가 훨씬 많기는 하지만 결국 일은 더 많이 하고 돈은 조금 더 적게 버는 셈이다."

20. 세계 최대의 온라인 벼룩시장

크레이그리스트. craigslist.org

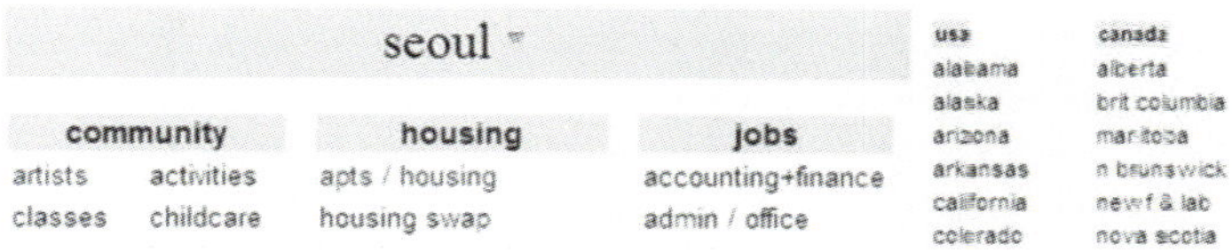

위키 방식으로 만든 온라인 벼룩시장이다. 이 사이트에 접속하면 자동으로 당신이 위치한 지역의 서브 페이지가 뜬다. 이를테면 서울이라면 seoul.craislist.org, 하와이라면 hcnolulu.craigslist.org가 뜨는 방식이다. 구인구직 광고나 부동산 매매정보, 중고물품 목록 등을 올리거나 찾아볼 수 있다. 대부분 항목을 등록하는 것이 무료다. 심지어 로그인을 할 필요도 없다.
비영리 사이트로 시작했지만 세계 120개 도시에서 서비스를 하고 있고 연간 매출이 1천만 달러에 이른다. 창업자인 크레이그 뉴마크는 타임이 선정한 영향력 있는 인물 100명 안에 들기도 했다. 100% 텍스트로만 구성된 썰렁한 사이트지만 월 방문자가 1천만 명, 구인구직 건수 50만 건을 비롯해 게시물 건수도 월 1천만 건 이상이다. 헤어진 친구나 애인을 찾아주는 게시판도 있다. 최근에는 성매매 정보들이 올라와 사회적으로 문제가 되기도 했다.

21. 누구나 셔츠 디자이너가 될 수 있다.

카페프레스. cafepress.com

무늬 없는 흰 셔츠에 그림이나 문구를 집어넣는 맞춤형 티셔츠는 이미 보편화됐지만 카페프레스에서는 이처럼 직접 디자인한 티셔츠를 쇼핑몰에 올려놓고 팔 수 있도록 한다. 티셔츠뿐만 아니다. 모자와 손수건, 명함지갑, 머그컵, 컵받침, 벽시계, 마우스패드 등등 취향에 따라 디자인할 수 있는 상품은 무궁무진하다.
디자인 작업도 매우 간단해서 상품을 고르고 미리 준비한 그림이나 문구를 업로드하면 끝이다. 80만 개의 쇼핑몰이 입점해 있고 준비된 상품도 3만 6천 개에 이른다. 자기가 직접 디자인할 수도 있지만 재기발랄하고 참신한 아이디어 상품을 고르는 재미도 있다. 정치적인 문구를 집어넣은 티셔츠가 특히 인기다.

22. 디바이스 마니아들 모여라.

크라우드스피릿. crowdspirit.com

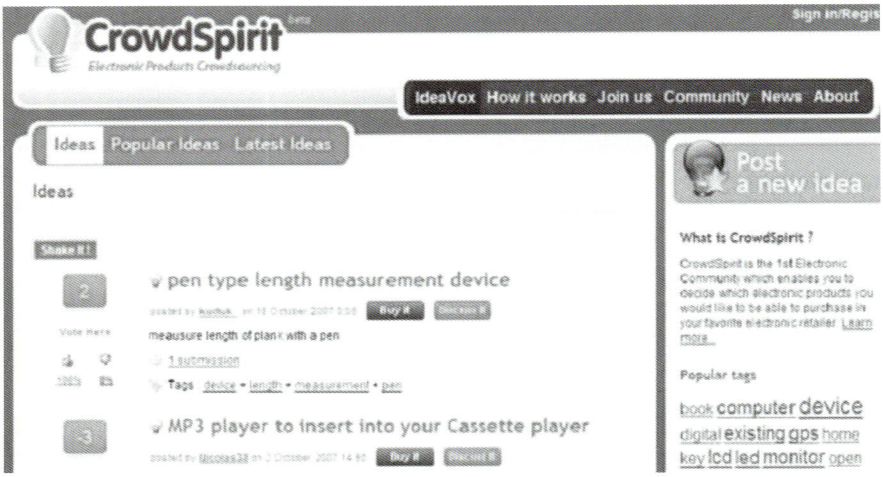

캠브리안 하우스가 소프트웨어를 개발하는 커뮤니티라면 크라우드스피릿은 전자제품이 주제다. CD플레이어나 조이스틱, 웹카메라 등 150유로 이하의 저가 전자제품이 대부분이다. 회원들은 아이디어 제안에서 시작해 제품의 설계와 디자인 전반에 참여하고 투표를 거쳐 최종적으로 살아남은 제품은 상업화 단계에 들어간다.

펀딩을 받아 프로토타입이 완성되면 회원들이 직접 테스트를 해보고 제조업체에 의견을 제시하기도 한다. 엘빈 토플러가 말한 프로슈머의 가장 적극적인 형태라고 할 수 있다. 이렇게 해서 직접 제품이 출시되면 이들이 1차 소비자가 된다.

회원들에 대한 보상 시스템이 없고 지적재산권에 대한 언급이 없다는 점은 향후 문제의 소지가 될 수 있다.

23. 음악, 공짜로 훔쳐 듣는다.

온뮤즈. onmuz.com

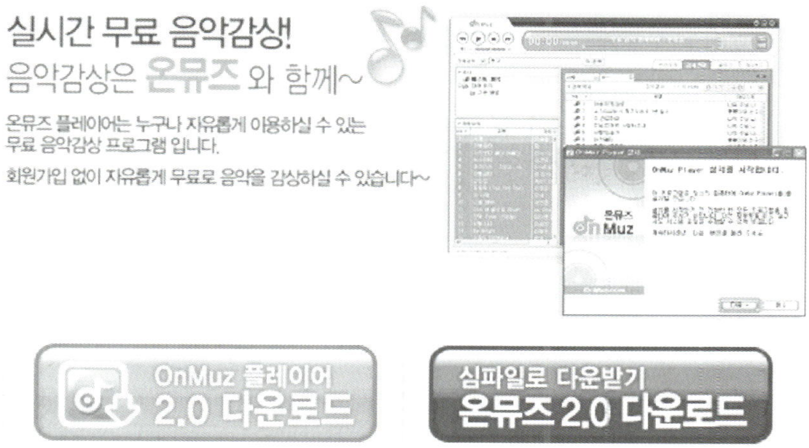

음악파일 불법복제가 갈수록 어려워지고 있다. 온뮤즈는 그 대안이 될 수 있을 것이다. 이 프로그램은 누군가의 싸이월드 미니홈피에 올라있는 배경음악을 찾아서 들려준다. 원더걸스의 텔미가 듣고 싶다면 이 노래를 올려놓은 미니홈피를 찾아가면 된다. 문제는 누구의 미니홈피에 무슨 음악이 있는지 알 수 있는 방법이 없다는 것. 이 프로그램은 그 번거로운 일을 대신해준다.

단순히 듣고 싶은 음악을 찾아주는 것뿐만 아니라 앨범을 설정해 두면 자주 듣는 장르나 가수 등 목록을 저장해두고 언제라도 듣고 싶은 음악을 들을 수 있다. 사용자들은 이 음악이 어디에서 오는 것인지 알 필요도 없다. 웹 브라우저가 내장돼 있어 실제로는 미니홈피를 방문한 것과 같은 효과를 갖는다. 회원가입도 필요 없고 홈페이지에서 누구나 내려 받아 설치할 수 있다. 물론 무료다.

온뮤즈는 디지털 음악을 유통하는 새로운 방식이다. 다른 누군가가 구입해서 공개한 디지털 음악을 훔쳐듣는 셈인데 완벽하게 합법이다. 찾아보면 이처럼 합법적으로 공개돼 있는 음원은 얼마든지 있다. 언제든지 필요한 파일을 찾을 수 있다면 굳이 비용을 들여 파일을 구매할 이유가 없다. 굳이 소유할 이유도 없다. 언제든지 인터넷에 접속가능하고 끊기지 않을 만큼 속도가 빠르기만 하면 된다.

24. 불행에 빠진 이웃을 돕는 놀라운 열정.

카트리나리스트. katrinalist.net

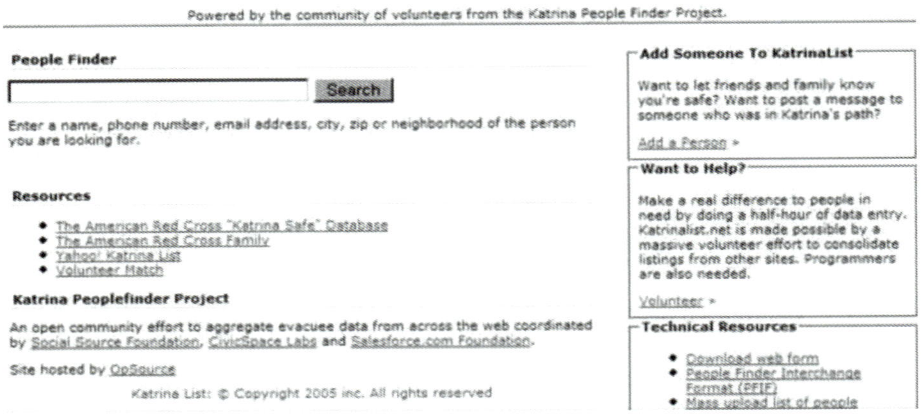

2005년 8월 미국 뉴올리언즈주를 강타한 허리케인 카트리나는 공식 확인된 사망자만 1836명, 재산 피해가 800억달러에 이르는 끔찍한 참사였다. 가족을 잃어버린 사람들은 뉴스에 귀를 기울이고 인터넷을 뒤졌지만 정작 정보가 너무 많아서 필요한 정보를 찾을 수 없었다. 분류되지 않는 데이터는 가치가 없고 효용도 없다. 데이터의 체계적인 분류가 시급했다는 이야기다.

카트리나리스트는 지금은 남아있지 않지만 당시 지옥 같은 참사 현장에서 실종된 사람들을 찾는데 큰 도움을 줬던 사이트다. 이름이나 주소, 전화번호만 입력하면 관련 정보들을 쉽게 찾을 수 있도록 검색 가능한 데이터를 확보하는 것이 관건이었다. 이를테면 이름은 이름대로 성별이나 주소, 전화번호 등은 모두 각각 따로 항목을 정해 분류하고 축적할 필요가 있었다.

자원봉사자들은 뉴스를 뒤지고 게시판을 검색해 관련 정보들을 옮겨오기 시작했고 이를 데이터베이스 관리 도구에 하나씩 입력했다. 일주일 만에 무려 8만8천 건의 데이터가 쌓였고 최종적으로 65만 건의 방대한 데이터베이스가 만들어졌다. 분명한 것은 만약 정부가 비슷한 사이트를 만들었다면 최소 1년 이상의 시간이 걸렸을 거라는 사실이다. 카트리나리스트는 자원봉사자와 후원으로 이를 한달 만에 완성했다.

25. 오염물질 배출 기업들, 꼼짝마라.

스코어카드. scorecard.org

스코어카드는 채점표라는 의미다. 이 사이트는 환경오염과 관련한 방대한 데이터를 수집해 내가 살고 있는 지역의 오염물질 배출기업에 대한 정보를 준다. 간단히 우편번호만 집어넣으면 분석 결과를 보여준다. 이사 갈 동네의 오염 정도를 확인할 수도 있고 각각의 오염물질의 분포 추이를 살펴볼 수도 있다. 지역별로 환경지표를 상대 비교할 수 있는 지도 서비스도 있다.

스코어카드는 오염물질의 제조와 판매, 유통과정 전반에 걸쳐 방대한 데이터를 수집한다. 정부기관의 환경관련 데이터도 모두 포함된다. 이들 데이터는 사이트 안에서 확인할 수 있고 모두 원본 링크가 제공된다. 이 사이트 안에는 이들 데이터를 분석한 10억개가 넘는 동적 페이지들이 존재하는데 이 페이지들은 관련 데이터가 업데이트 될 때마다 자동으로 수정된다.

스코어카드는 특히 지역 환경운동단체들에게 유용하다. 이들은 구체적인 데이터를 갖고 오염물질을 배출하는 기업들과 맞서 싸울 수 있다. 각각의 오염물질의 배출 정도를 감시하면서 해당 기업에게 개선을 요구할 수 있다. 오염정도가 심각한 지역의 주민들에게 문제의식을 일깨우는 효과도 있다. 데이터를 수집하고 분류하고 의미를 부여하는 것 자체가 강력한 환경운동이 된다는 이야기다.

26. 물고기가 아니라 물고기 잡는 기술을 나누자.

테크수프. techsoup.org

테크수프는 다 같이 떠먹는 '기술 수프'라는 뜻이다. 물고기를 나눠주기 보다는 물고기 잡는 기술을 나누는 곳이다. 저작권 문제가 없는 공개 소프트웨어를 내려 받을 수 있도록 하는 것은 물론이고 기술적 격차를 줄일 수 있는 기술 문서를 작성하고 관련 지식을 공유하기도 하고 기술 지원 또는 기부를 하거나 특허를 공유하기도 한다. 이윤을 창출하는 기술이 아니라 공존을 모색하는 기술을 고민하는 곳이다.

주목할 부분은 이런 광범위한 활동이 모두 비영리적 동기에서 이뤄진다는 사실이다. 그래서 이곳은 커뮤니티처럼 보이지만 사회운동단체의 성격을 띠기도 한다. 이곳에서는 기술의 공공적 활용을 둘러싸고 진보적인 고민들이 이뤄진다. 소프트웨어를 구입할 돈이 없는 가난한 나라의 어린이들이 어떻게 웹에 접근할 수 있는가, 또는 웹을 통해 어떻게 새로운 가치를 창출하고 선진국과의 격차를 좁힐 수 있는가 등등의 아이디어들이 오고 간다.

27. 우리 지역 범죄 정보 찾아보자.

시카고 크라임. chicagocrime.org

Case no. HN674226

Primary crime:	Assault
Secondary crime:	Aggravated assault Handgun
Location:	Apartment
Address:	5600 S. Normal Blvd
ZIP code:	60621
Ward:	Ward 3
Date:	Oct 28 2007 2 a.m.
Arrests?	Unknown
Domestic?	No
Police district:	7 (Englewood)
Police beat:	0711

우편번호를 입력하면 그 지역에서 일어난 범죄 사건의 목록을 살펴볼 수 있다. 사건을 클릭하면 구글 지도에 정확한 위치가 표시된다. 날짜별로, 시간대별로, 지역별로, 범죄 유형별로 검색을 할 수 있다. 지역도 세분화 돼 있어 블록별로, 도로별로 검색을 할 수도 있다. 거리에서 일어난 범죄, 식료품 가게에서 일어난 범죄, 주차장에서 일어난 범죄 등을 따로 검색할 수도 있다.

시카고 크라임은 시카고 지역의 모든 범죄 목록을 데이터베이스로 저장하고 이를 누구나 손쉽게 찾아볼 수 있도록 돕는다. 시카고 경찰청은 자체적으로 최근 범죄 현황을 검색할 수 있는 사이트를 운영하고 있는데 이 사이트는 하루에 한번씩 경찰청 사이트를 긁어서 데이터를 갱신한다. 이른바 스크린 스크래핑 방식이다. 공식 제휴를 맺은 게 아니라는 이야기다. 그래서 그날그날의 데이터가 바로 업데이트 되는 게 아니라 일주일 정도 차이가 난다.

다만 경찰청에서 운영하는 사이트는 90일이 지나면 데이터가 사라지지만 시카고 크라임은 데이터를 계속 축적한다. 경찰청 사이트는 최근에 일어남 범죄를 공개하고 이를 활용해 범인을 잡는데 목적이 있지만 시카고 크라임에서는 범죄의 역사와 유형, 범죄 빈발 지역 등을 검색할 수 있다. 그러나 90일이 지난 범죄는 업데이트 되지 않기 때문에 시카고 크라임에서는 범인이 잡혔는지 여부를 확인할 수 없는 경우가 많다.

이 사이트를 만든 사람은 언론인 출신의 애드리언 홀로버티. 이 사이트는 100% 기부로 운영된다. 시카고 크라임은 공공 데이터베이스를 어떻게 활용할 것인가에 대한 훌륭한 사례가 될 수 있다. 90일이 지나면 폐기되는 데이터지만 이를 모으면 새로운 가치를 만드는 데이터베이스가 될 수 있다. 이를 활용해 범죄를 예방하는 새로운 아이디어가 나올 수도 있다. 스크린 스크래핑 방식의 데이터 수집도 활용 가능성이 높다.

28. 마우스로 황금 캐러 가자.

골드코프 챌린지. goldcorpchallenge.com

금광개발회사인 골드코프는 새로운 광산을 찾는데 크라우드소싱을 활용하기로 했다. 57만5천 달러의 상금을 걸었고 2천만m^2, 400MB에 이르는 지질 정보를 웹 사이트에 공개했다. 사람들은 미친 짓이라고 비아냥거렸지만 지질학자를 비롯해 수학자와 물리학자, 군대 장교까지 1천명 이상이 이 온라인 골드러쉬에 몰려들었다.

결과는 어땠을까. 최종적으로 110개의 후보지를 찾아냈는데 이 가운데 절반은 골드코프가 눈여겨보지 않던 곳이었다. 그리고 새로운 후보지 가운데 80%에서 금광이 발견됐다. 새로발굴한 금광의 규모는 220톤, 당초 계획을 훨씬 뛰어넘는 규모였다. 골드코프 챌린지 이전 연간 1억 달러였던 매출이 순식간에 90억 달러로 불어났다.

골드코프는 핵심 자산인 지질 정보를 공개했지만 내놓은 것 이상의 성과를 얻게 됐다.

29. 길 잃은 개와 고양이 주인 찾아주기.

아시라. research.microsoft.com/asirra/

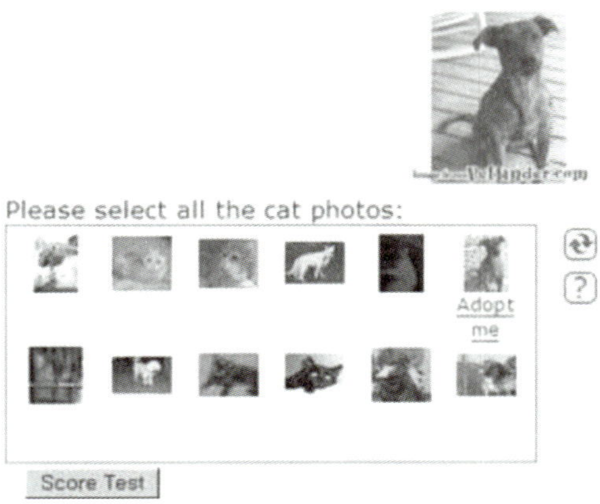

스팸 로봇을 걸러내기 위한 캡차 시스템에 대해서는 앞서 설명한 바 있다. 아시라는 캡차와 같은 기능을 하면서 동시에 길 잃은 개와 고양이의 새 주인을 찾아주는 역할을 한다. 일반적인 캡차 시스템이 흘려 쓴 글자를 읽어내는 방식으로 스팸 로봇을 걸러낸다면 아시라는 사진을 보고 개와 고양이를 구분하는 방식으로 걸러낸다.

10장의 사진이 나타나고 마우스를 갖다 대면 확대된 사진이 뜬다. 이 10장의 사진 가운데 고양이의 사진을 모두 골라내는 테스트다. 만약 하나라도 잘못 맞추면 승인이 되지 않는다. 아시라(ASIRRA)는 '승인 제한을 위한 동물 이미지(Animal Species Image Recognition for Restricting Access)'의 줄임말이다.

이 동물들 사진은 버려진 동물을 관리하는 펫파인더(petfinder.com)에서 제공한다. 마우스를 갖다 내면 "나를 입양해 주세요(Adopt Me)"라는 문구가 뜨는데 이 링크를 클릭하면 펫파인더로 옮겨가게 된다. 마이크로소프트에서 만든 서비스로 누구나 자신의 홈페이지에 가져다 심을 수 있다. 물론 무료다.

비슷한 사이트로 핫캡차(hotcaptcha.com)라는 사이트도 있다. 고양이나 개 대신에 9명의 사람 얼굴이 뜨는데 이 가운데 가장 매력적인 사람 셋을 골라내는 테스트다. 매력적이라는 건 다분히 주관적인 개념이기 때문에 남들이 매력적이라고 생각했을 것 같은 사람을 골라내는 것이 관건이다. 맞으면 "Correct! You must be human.(맞았습니다. 당신은 사람이군요)"라는 메시지가, 틀리면 "Wrong! Die, bot, die(틀렸어. 이 망할 놈의 로봇, 죽어버려!"라는 메시지가 뜬다.

30. 마음대로 뜯어고쳐 슈퍼 로봇 만들기.

레고 마인드스톰. mindstorms.lego.com

레고 마인드스톰은 애들 장난감 이상이다. 블록을 짜 맞춰 조립하는 건 다른 레고 장난감과 같지만 자체적으로 운영체제를 내장하고 있어 이를 통해 모터와 센서를 구동할 수 있다. 직접 프로그램을 코딩해 움직임을 제어할 수도 있다. 걸어 다니는 로봇을 만들 수도 있고 집게가 달린 기어 다니는 바닷가재를 만들 수도 있다.

마인드스톰은 덴마크의 레고 그룹이 미국 매사추세츠공과대학(MIT)과 공동으로 개발한 작품이다. RCX라는 8비트 CPU가 로봇의 두뇌 역할을 맡고 빛이 소리 등을 감지하는 센서와 서보 모터 등을 이용해 눈과 귀, 손, 다리 등을 조립한다. 여기에 직접 프로그램을 코딩해 집어넣으면 이 로봇을 마음먹은 대로 구동할 수 있게 된다. 프로그래밍도 간단해서 여러 아이콘을 순서대로 끌어다 놓기만 해면 된다.

로보랩이라는 프로그래밍 언어는 실제로 화성 무인탐사 로봇에 사용된 랩뷰라는 프로그램을 기반으로 개발됐다. PC용 프로그래밍 언어인 C와 비슷한 NQC라는 언어를 이용하면 아주 상세한 부분까지 조작할 수 있다. 사용자의 수준에 맞게 프로그램을 작성하도록 단계별 시스템을 갖추고 있는 것이다.

이런 맥락에서 레고를 오픈 소스 하드웨어라고 부를 수도 있을 것이다. 레고 블록은 2천종이 넘는다. 규격화된 블록을 짜 맞추는 것만으로 마음먹은 거의 모든 것을 만들 수 있다. 레고가 처음 마인드스톰을 출시했을 때 사람들은 이 신기한 장난감으로 훨씬 더 많은 것을 할 수 있다고 생각했다. 일부 해커들이 메인 프로그램을 뜯어고치기 시작했고 레고는 한때 소송까지 검토했지만 결국 이들의 아이디어를 받아들여 펌웨어를 업그레이드하고 이제는 오히려 이들의 커뮤니티 활동을 적극 지원하고 있다. 직접 센서를 만들기도 하고 리눅스를 활용해 새로운 운영체제를 만들기도 하고 레고의 활용 범위는 무궁무진하게 넓어졌다. 레고는 해킹할 권리를 사용 계약서에 공식 추가했다.

31. 참여를 끌어내라.

무브온. moveon.org

웹의 진화는 비즈니스 모델을 넘어 사회 변혁에도 활용될 수 있다. 웹이 현실을 변혁하는 단계에 이르음을 확인할 수 있는 가장 적극적이고 참여 지향적인 사례는 무브온에서

찾을 수 있다. 웹 2.0 시대의 새로운 민주주의의 출현이라고 할 수 있다.
1998년 빌 클린턴 전 미국 대통령에 대한 탄핵안이 제출됐을 때다. 구태의연한 정치권에 환멸을 느낀 시민들이 나섰다. 소프트웨어 회사를 운영하던 조안 블레이즈와 그의 남편 웨스 보이드가 낸 한 줄짜리 청원서가 발단이 됐다. "Censure President Clinton and Move On to Pressing Issues Facing the Nation." 국민들은 섹스 스캔들에 관심 없으니 이제 그만 두라는 내용이었다.
흥미로운 것은 이 소식을 접한 사람들의 반응이다. 입소문을 듣고 찾아온 사람들이 온라인 청원에 서명을 하기 시작해 열흘 만에 10만 명까지 불어났다. 사람들은 "행동하자(Move on)"는 구호를 내걸고 비판의 목소리를 높였다. 이들은 의회에 25만통의 항의전화를 걸었고 100만개의 이메일을 보냈다. 정치권은 이들의 폭발적인 반응에 겁을 집어먹었고 사람들은 작은 참여가 세상을 바꿀 수 있다는 걸 믿게 됐다.

클린턴 탄핵 사건이 종결된 뒤에도 이 단체는 활동을 계속했다. 2000년 의회 선거 때는 "우리는 기억할 것이다"라는 캐치 프레이즈를 내걸었다. 탄핵을 지지했던 현직 의원들을 심판하겠다는 이들의 전략은 먹혀들었다. 5일 만에 25만 달러의 선거운동 자금이 모였고 무브온은 대대적인 낙선운동을 전개했다. 석달 동안 1300만 달러가 모였고 자원봉사 서약은 70만 시간에 이르렀다.
거대 자본과 거대 언론이 여론을 주도하는 선거 국면에서 시민들이 직접 여론 형성에 개입하는 이런 움직임은 세계적으로도 유례가 없는 현상이었다. 웹의 진화는 직접 민주주의를 부분적으로나마 부화시켰다. 무브원은 미국에서 가장 강력한 정치 단체로 부상했다. 회원은 300만 명을 넘어섰고 기부도 줄을 잇고 있다. 퀀텀펀드의 조지 소로스는 무려 2300만 달러를 이 단체에 기부했다.
무브온은 정치뿐만 아니라 반전, 환경, 언론 등 모든 분야에 걸쳐 목소리를 내고 있다. 이라크에서 미군 사망자가 1천명을 넘었을 때는 1천개 촛불을 켜는 추도집회를 주도하기도 했다. 무브온은 이제 반전운동의 구심점으로 자리 잡았다. 2003년에는 '30초 안에 부시 표현하기'라는 이벤트를 열기도 했다. 영화 '화씨 911'을 제작한 마이클 무어가 심사위원을 맡았고 당선된 작품은 TV광고로도 방영됐다.
내년 대선을 앞두고는 전화파티라는 캠페인을 벌이고 있다. 무브온 사이트에 접속해 주소를 입력하면 자신이 사는 집 근처에서 열리는 파티의 주소와 시간이 표시된다. 파티에서는 피자를 먹으면서 정치 토론을 벌인다. 대부분은 공화당의 지배를 끝장내자는 게 토론 주제다. 무브온은 온라인과 오프라인을 넘나들면서 과거에는 상상도 할 수 없었던 방식으로 적극적인 정치참여를 끌어내고 있다.
무브온은 사람들에게 변화의 희망을 안겨줬다. 무브온은 정치에 둔감한 사람들을 분노하게 만들었고 행동으로 이끌었다. 블레이즈는 말한다. "우리는 89달러 95센트(웹사이트 개설비용)로 1억 명과 동시에 교신할 수 있는 시대에 살고 있다. 언제든 순간적으로 그리고 조직적으로 반짝 캠페인을 전개할 수 있다."

테크는 수다

소프트웨어 그리고 사람

하드웨어는 스스로 움직이는 기기(자동차, 로봇)와 그렇지 않은 기기(글래스, 워치, 게임기, 스마트폰)로 구분이 되며 거기에 통신(유무선, 이동통신)기술로 네트워크를 형성한다. 디바이스와 네트워크를 이용하여 의료, 국방, 우주 등 여러 산업으로 확장되는 것을 우리는 보고 있다.

이렇게 산업에 확장될 수 있는 원동력은 무엇일까?

바로 이것은 소프트웨어 때문이라 생각된다.

이 소프트웨어가 산업에 맞게 기능, 신뢰성, 사용성, 효율성, 이식성, 그리고 유지보수성을 보장할 수 있도록 지능화 되고 있는 것이다.

하지만 간과해선 안 되는 것이 있다.

"신은 공룡을 창조했다. 공룡을 멸종시켰다. 그 신은 인간을 창조했지만, 인간이 신을 없애고 공룡을 창조했다."라는 영화 대사가 생각난다.

최첨단 기계들에 의해 자동제어 되는 주라기 공원 내의 모습은 현재 우리의 모습이다. 지금 우리는 자동화 되어 가는 환경 속에서 상상력과 창의성을 강조하고 있다.

하지만 그런 최첨단 기술을 자랑했던 주라기 공원의 최후의 모습은 어떠했는가?

모든 것을 파괴하지 않았던가!

따라서 우리는 이제 인간을 먼저 생각해야 할 것이다.

지금 손안의 컴퓨터를 만든 것도 사람 스티브 잡스이며 우리를 의식하지 않는 상태에도 인터넷에 연결시킨 것도 사람 팀 버너스리다. 그리고 기계와 대화할 수 있도록 C언어를 만든 것도 사람 데니스 리치였다.

제4장 디스플레이

학습개요 LCD, PDP, 소형 AMOLED 기술 고도화와 융복합화를 통한 고부가가치 기술에 대해 안다.

학습목표
1. 디스플레이 개요
2. 디스플레이 시장
3. 디스플레이 기술
4. 디스플레이 기술과 융합 IT

핵심 이슈	
2012	• LCD, PDP, 소형 AMOLED 기술 고도화와 융복합화를 통한 고부가가치 기술로 세계 1위 지속 유지 • 핵심 제품 - LCD, PDP
2014	• 대형 AM OLED TV 신시장 창출을 선도하고, OLED 조명, Flexible 디스플레이, 3D 디스플레이 등의 핵심기술 확보 • 핵심 제품 – AMOLED TV, 조명
2018	• 차세대 디스플레이 소재 및 장비·부품 국산화 • Flexible 디스플레이 등 차세대 디스플레이 산업 선점 • 핵심 제품 – 플렉서블 디스플레이

1 디스플레이의 개요

디스플레이는 사용자와 단말기 간의 최종 접점으로써 인간 생활 중심과 가장 밀접한 관계를 가지고 있다. 최근에는 사용자가 원하고자 하는 정보의 단순한 단 방향 시각을 다양한 기술과 산업과의 융 복합으로 여러 가지 방향의 시각을 전달해 주는 중요한 매체가 되었다.

디스플레이는 기존의 CRT를 대체한 LCD/PDP, 시장 진입 기의 AMOLED, 차세대 디스플레이인 Flexible display와 3D 디스플레이, 그리고, 최대형 화면을 구성하는 프로젝션 디스플레이로 구분할 수 있다.

－AMOLED　　－Flexible Display　　－3D 디스플레이　　－프로젝션 디스플레이

그 시장 변화는 다음과 같다.

노트북, 모니터, TV용 LCD TV용 PDP 소형 AMOLED	Full HDTV용 LCD Full HDTV용 PDP 중형 AMOLED	Flexible display 3D display 대형 AMOLED
시장진입 확대 (~2007)	시장 다변화 (2008~2011)	차세대 제품 (2012~2020)

[그림 4-1] 디스플레이 시장 변화

LCD는 액정이 인가전압에 따라 광의 특성을 변조하는 원리를 이용하며 휴대폰, 노트북, 컴퓨터, TV등 디스플레이 전반에 걸쳐 활용되고 있고, PDP는 전면 유리 기판상의 전극간에 전압을 가한 후 발생된 자외선이 형광체를 자극하여 가시광선을 발생시키는 원리를 이용하며, 자체 발광형 표시소자로서 시야각이 넓고 대면적화에 유리하여 대형 벽걸이용 TV로 활용되었다.

현재는 AMOLED라는 전자－정공의 결합과정에서 나오는 자연발광을 이용하며 현재 모바일 시장을 움직이고 있다. 이 소자는 향후 재료 및 장수명화 기술뿐 아니라 TFT-LCD와의 가격 경쟁력 확보가 성장의 열쇠가 될 것이다.

Flexible Display는 전자 종이 기술을 포함한 종래 디스플레이 기술을 플렉시블 기판상에 구현하여 종이처럼 얇고, 가볍고, 깨지지 않고, 자유롭게 휘어지는 표시장치로 저원가 기술을 포괄적으로 포함하여 미래의 디스플레이의 모습이 아닐까 생각한다. 따라서, 그 활용도는 무궁무진하다.

3D 디스플레이는 시차 발생 필터기술 원리를 이용하며, 대부분의 평판디스플레이

및 projection 디스플레이로 이용 가능하며 현재는 광고용으로 초기 시장 진입 진행 중이지만 3D 영화의 폭발적인 인기로 3D 디스플레이 도입 시기가 다소 빨라 질 것 같다.

1) 유기 EL의 개요

• 유기 EL의 정의

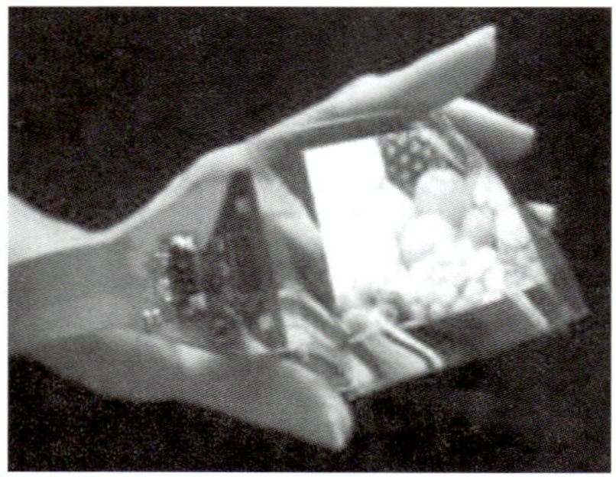

유기 EL이란 유기물(단분자/저분자 또는 고분자) 박막에 양극과 음극을 통하여 주입된 전자와 정공이 재결합하여 여기자(Excitation)을 형성하고, 형성된 여기자로부터 에너지에 의해 특정한 파장의 빛이 발생하는 현상을 이용한 자체 발광형 디스플레이 소자이다. 유기 EL은 다음과 같은 이름으로도 불러지지만 영문표기는 OLED, 한글표기는 EL로 표현하는 것이 일반적이다.

- OED(Organic Electroluminescent Display): 유기전기발광 표시소자
- OLED(Organic Light Emitting Diode): 유기 발광 다이오드
- SOLED: Stacked OLED: 스택 유기발광 다이오드
- TOLED: Transparent OLED: 투명 유기발광 다이오드
- FOLED: Flexible OLED: 굴절 유기발광 다이오드

• 유기 EL의 특징

- **자체 발광형**: LCD와 가장 차이가 나는 점은 자체 발광형이라는 것이다. 자체 발광 형이란 소자 자체가 스스로 빛을 내는 것으로서 어두운 곳이나 외부의 빛이 들어올 때도 시각적으로 인식하기가 좋다는 특성을 갖는다.
- **넓은 시야각**: 시야각이란 화면을 보는 가능한 범위로서 일반 브라운관 텔레비전과 같이 바로 옆에서 보아도 화질이 변하지 않는다.
- **빠른 응답속도**: 동화상의 재생 시 응답속도의 높고 낮음이 재생화면의 품질을 좌우한다. OLED는 텔레비전 수준의 동영상 재생 시에도 자연스런 영상을 표현할 수 있다(LCD의 약 1,000배 수준).
- **초박, 저전력**: 백라이트가 필요 없기 때문에 저 소비전력 (LCD의 약 1/2 수준)과 초박형(LCD 약 1/3수준)이 가능하다.

• **유기 EL의 분류**

유기 EL은 유기물 층의 발광재료에 따라 단분자 유기 EL과 고분자 유기 EL로 분류할 수 있고, 구동방식에 따라 수동형(PM: Passive Matrix Type)과 능동형(AM: Active Matrix Type)으로 구분된다.

• **유기 EL의 구조**

전압을 가하면 유기물이 빛을 발하는 특성을 이용하며, 유기물에 따라 R, G, B를 발하는 특성을 이용하여 Full Color를 구현하는 것이 발광원리이다. 그 구조는 다음과 같다.

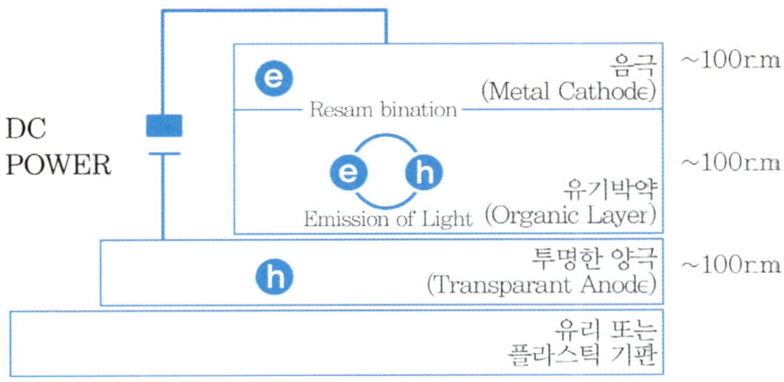

[그림 4-2] 유기 EL의 기본적인 소자 구조

구동원리는 양극에서 정공(Hole)이 정공 주입 층(HIL: Hole Injection Layer)으로 주입되고 음극에서는 전자가 전자 주입 층(EIL: Election Injection Layer)으로 주입된 후 정공은 정공 수송 층(HTL: Hole Transfer Layer)을 통과하고 전자는 전자 수송 층(ETL: Election Transfer Layer)을 통과하여 전자와 정공이 발광 층(EML: Emitting Layer)으로 이동 결합하여 여기자(Excition)를 형성하고 이 여기자의 이동, 확산에 따라 여기자에서 발광한다.

- 양극과 음극 사이에 유기 박막을 삽입하였을 때 외부에 걸어준 전기에 의하여 양극에서 정공이 음극에서 전자(Electron)가 이동
- 유기박막에서 엑시톤(Exiton) 형성
- 빛을 냄

- **유기 EL의 장단점**

유기 EL이 차세대 디스플레이로서 주목을 받는 것은 다른 디스플레이들과 구별되는 유기 EL만의 장점에서 비롯된다. 유기 EL의 가장 두드러진 특징은 자체 발광형이라는 것이다. 자체 발광 형이라는 것은 소자 자체가 스스로 빛을 내는 것으로 어두운 곳이나 외부의 빛이 들어올 때도 시인성이 좋다. 또한 LCD에 비해 Backlight가 필요 없어 저 소비전력과 초박형이 가능하다. 뿐만 아니라 시야각, 대조비 등이 우수하며 응답속도 3배가 빠르고 해상도가 뛰어나 텔레비전 화면 수준의 동영상 재생에도 견딜 수 있다. 무엇보다도 유기 EL이 다른 디스플레이보다 응용 가능성이 높은 이유는 구조적인 특성상 유연성이 있는 기판을 사용할 수 있고, 얇고 가벼우며 내구성이 강하여 새로운 시장 개척의 잠재성을 지니고 있다는 점이다. 이 외에도 유기 EL은 제조 공정이 상대적으로 간단하고 소자본으로도 양산이 가능하다는 매력을 지니고 있다.

2) 디스플레이 시장의 최근 추세

정보화 시대로 사회기반이 변화함에 따라 디스플레이 시장이 기존의 텔레비전과 컴퓨터 모니터 시장뿐만 아니라 모바일 분야의 새로운 시장이 형성되면서 FPD(Flat Panel Display: 평판 디스플레이)에 대한 관심이 더욱 높아지고 있다. 즉, 디스플레이 시장에서 2000년까지 주류를 형성하고 있던 것은 CRT(Cathod Ray Tube)였으나, 정보통신과 인터넷의 발전으로 디스플레이의 휴대화, 저 소비전력화, 경량화, 평면화의 요구에 따라 FPD에 대한 관심이 높아지면서 LCD로의 대체가 급속히 이뤄지는 한편, 현재는 유기 EL 등의 차세대 평판 디스플레이의 출현으로 디스플레이간 경쟁이 심화되고 있다. 그 중에서도 특히 유기 EL은 소형성이라는 특징 때문에 유비쿼터스 컴퓨팅 분야에서 주목을 받고 있다.

평판 디스플레이는 대규모 투자가 수반되는 장치 산업으로 적기의 대규모 투자가 필요한 산업이다. 따라서 고 위험 산업이다. 디스플레이별 투자비용을 살펴보면 다음과 같다.

〈표 4-1〉 디스플레이별 투자비용

구분	TFT-LCD	PDP	AMOLED
투자 비용	3조원	4천억 원	1조원
생산량	48만대 / 월 (50"급 기준)	24만대 / 월 (42"급 기준)	2만장 / 월 (730 * 920)

이 디스플레이는 부품 소재를 가공하는 과정에서 부가가치가 창출되며 월 매출액이 1조원을 상회하는 업체가 등장하여 최근 1,000여 개의 중소 장비 부품, 소재 업체에 10만 여명의 고용 창출 효과가 발생하는 것으로 추정한다.

그 전 후방 연관 효과는 다음과 같다.

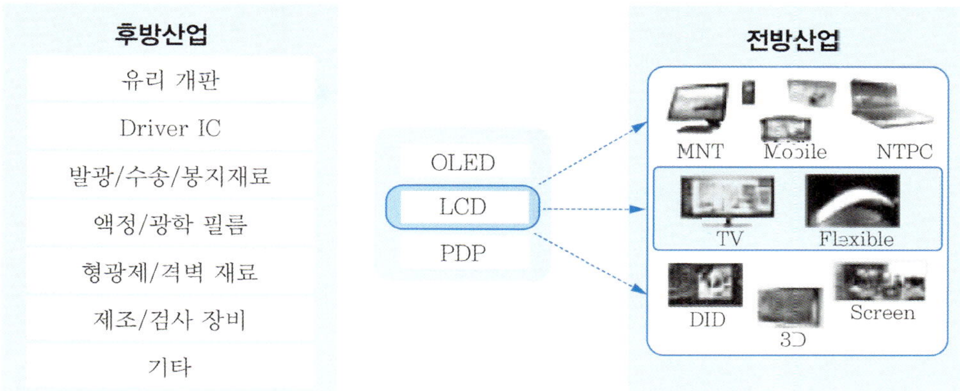

[그림 4-3] 디스플레이 산업의 전후방 연관효과

여기서 디스플레이별 사이즈 경쟁 및 시장 구분을 보면 다음과 같다.

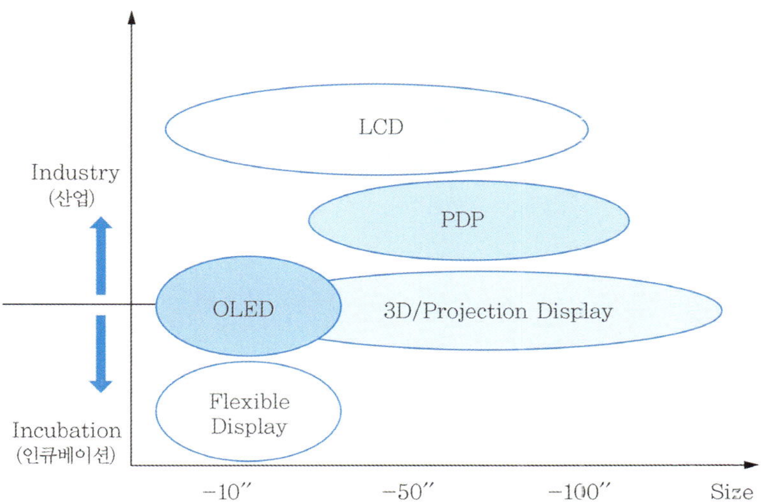

[그림 4-4] 디스플레이 사이즈 경쟁 및 시장 구분

LCD는 초기에는 중소형 시장으로 국한되었으나 대형 시장으로 성공적으로 진입하였고, OLED의 경우에도 점차로 대형 시장까지 확대가 기대되고 있다.

3) 디스플레이 기술 분류

세부 기술 분류는 다음과 같다.

〈표 4-2〉 디스플레이 기술 분류

구분	중분류
OLED	AMOLED용 대형 모듈
	AMOLED용 소형 모듈
	AMOLED용 공정 장비
	AMOLED용 공정 및 설비 부품
	AMOLED용 소재
	OLED 조명
Flexible Display	Flexible Display Module
	Flexible Display용 장비
	Flexible 디스플레이용 부품/소재
	Flexible AMOLED
3D / Projection Display	3D Display
	Projection Display
융 복합 기술	Ergonomics 기술
	Metrology 기술
	DID(Digital Information Display)
	다기능 디스플레이 기술

- **실사기반 모델링**: 피사체를 촬영한 복수의 사진 혹은 동영상으로부터 피사체의 3차원 기하구조와 텍스처를 복원하는 기술이다.
- **실측기반 모델링**: 피사체에 레이저 빔이나 특별하게 고안된 패턴을 투사하고, 이를 촬영한 영상으로부터 3차원 기하구조를 복원하는 기술이다.
- PR(Photo Realistic) **렌더링**: 실사와 같은 품질을 목표로 하는 기술이다.
- NPR(Non-Photo Realistic) **렌더링**: 예술적 감성에 기반한 인간 친화적 영상 컨텐츠 제작을 위한 비사실적(만화, 펜화, 수묵화 등) 렌더링 기술이다.
- AI: 인공 지능을 이용하여 행동(behavior)패턴을 나타내는 기술로 군중 애니메이션이 대표적인 예이다.
- Deformation: 얼굴 표정, 근육 표현, 피부 표현 등 피부 변형을 표현하는 기술이다.

- UCC(User Created Contents): 개인 창작 의지에 의한 디지털 영상물을 저비용으로 제작할 수 있도록 지원하는 도구를 개발하는 기술이다.
- **프로젝션 디스플레이**: Projection 디스플레이는 광학적인 원리를 이용해 소형화면을 대형화면으로 제공하는 기술로 휴대폰에서부터 홈시어터 및 대형시네마에 이르기까지 평판디스플레이가 실현하기 어려운 영역의 시장을 확대해 나갈 예정이다.

- **다기능 디스플레이 기술**: 3D 영상과 함께 터치 기술도 급속도로 발전하고 있다. 해마다 전시회장에는 터치 기술을 적용한 다양한 신제품들이 공개된다. 이 터치 기술은 인텔, 코닥, 마이크로소프트 등의 업체들이 주도하고 있다. 옆의 사진은 대형 터치 테이블로 이 테이블에서 맵을 보고 있는 사진이다. 이와 같이 이런 멀티터치 테이블에서 회의를 하고 각종 정보가 담긴 사진이나 동영상 등을 손으로 터치, 스크롤 해 움직이는 것을 볼 수 있다. 마이크로소프트사에서는 'Touch surface'라는 이름으로 부른다.

마이크로소프트의 터치 서페이스는 '아이폰'의 정전식 터치스크린의 감도와 유사한 부드러운 터치 감이 장점이다. 사진의 자유로운 확대, 축소 이동, 각종 대형 터치 게임과 구글 맵 등이 손끝에서 한 치의 망설임 없이 부드럽게 진행된다. 멀티터치 스크린의 대형화와 공공시설, 학교, 사무 및 회의용 등으로까지 범위가 확대될 것으로 보인다.

- **홀로그램 기술**: 두 개의 레이저 광이 서로 만나 일으키는 빛의 간섭효과를 이용하여, 사진용 필름과 유사한 표면에 3차원 이미지를 기록하는 방법으로 입체영상을 생성하는 기술로써 생성방법에 따라 투과형, 반사형, 무지재, 엠보싱, 스테레오 등으로 구분할 수 있다. 위의 그림은 가로로 세워진 투명 막에 영상을 쏘아 실제로 그 사람과 리액션할 수 있도록 설계된 시스템이다. 스타워즈에서는 3차원으로 영상을 보면서, 대화나 회의를 하는 장면들이 많이 나오는데, 그 장면을 바로 현실 속에서도 직접 체험할 수 있었다. 이 시스템은 2차원이지만, 3차원 영상으로 연구를 진행 중에 있다.

2 차세대 디스플레이 응용분야

차세대 디스플레이는 매우 다양한 분야에서 활용 가능성을 보여주고 있다. 지금까지 출고되고 있는 제품들은 카 오디오, 모바일용 메인 디스플레이(Main Display), 휴대폰용 서브 디스플레이(Sub Display) 등이 주를 이루고 있지만 앞으로의 시장 규모를 볼 때 휴대폰이 담당하고 있는 이동 단말기 부분을 차세대 디스플레이가 대부분을 차지할 것으로 전망한다. PDA와 같은 정보통신 단말용 디스플레이, 캠코더, CNS(Car Navigation System), 오디오 등과 소형 디스플레이 중심으로 경쟁력을 확보한 후 응답성, 경량, 초박막, 광시야각 등의 기술을 보안하여 더욱 더 활용 분야는 넓어 질 것으로 전망하단. 더불어 수유 및 생산성 개선을 통하여 가격 경쟁력을 확보하고 수명과 대형화 등의 기술적 한계를 극복하여 대화면화를 시도함으로써 중대형 시장의 진입도 예고하고 있어 곧 두루마리 TV가 나오지 않을까 생각한다.

여기서 디스플레이 응용 분야 중 핵심은 가상현실 분야가 아닐까 한다.

1) 가상현실

유비쿼터스 가상현실은 사용자의 요구와 꿈을 실현하는 공간이다. 이런 공간을 만들기 위해서 현실 공간의 정보를 가상환경에 융합시킨다. 이런 유비쿼터스 가상현실은 가상공간의 서비스와 컨텐츠들을 가상공간 내에서만 생성하고 조작되는 것이 아니라 현실 공간과도 연동하여 동시에 가상환경을 편재하도록 하는 것을 목표로 하고 있다.

가상현실의 시스템 구성도는 다음과 같다.

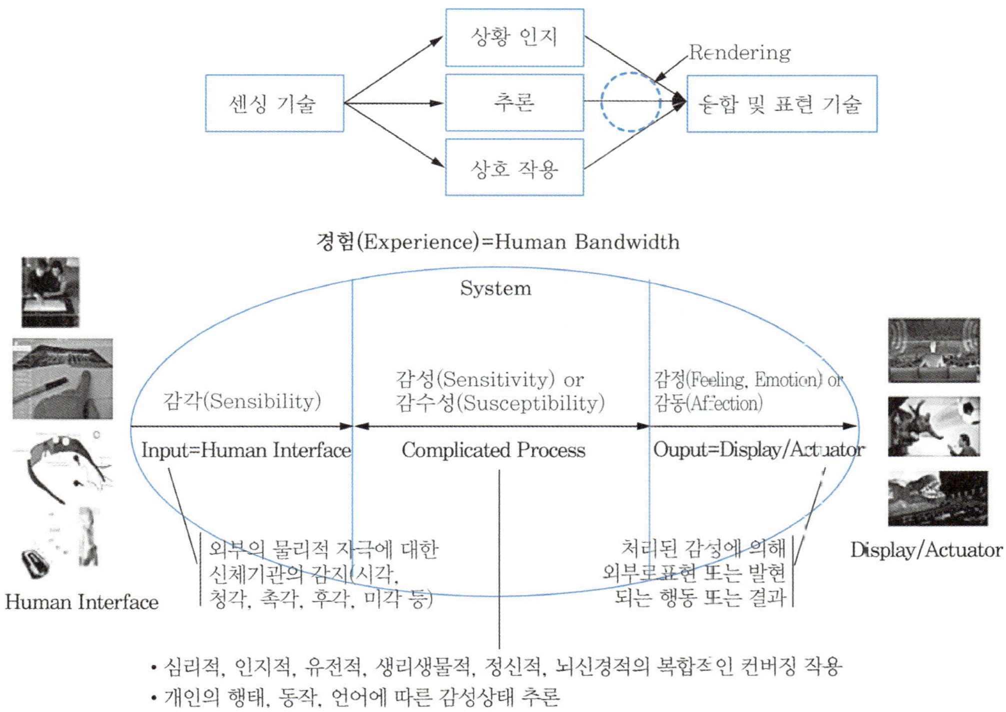

〈자료 출처: 미래 기술 경영 대 예측, Matrix Business, 차원용〉

[그림 4-5] 가상 현실의 시스템 구성도

현실 세계의 데이터를 센싱하고, 센싱한 데이터들을 이용하여 상호 작용한 후 렌더링 작업을 거치게 되는데, 가상현실을 구현하기 위해서 사용되는 시스템의 종류는 데스크 탑 VR, 프로젝션 VR, 시뮬레이터 VR, 몰입형 VR로 나뉜다.

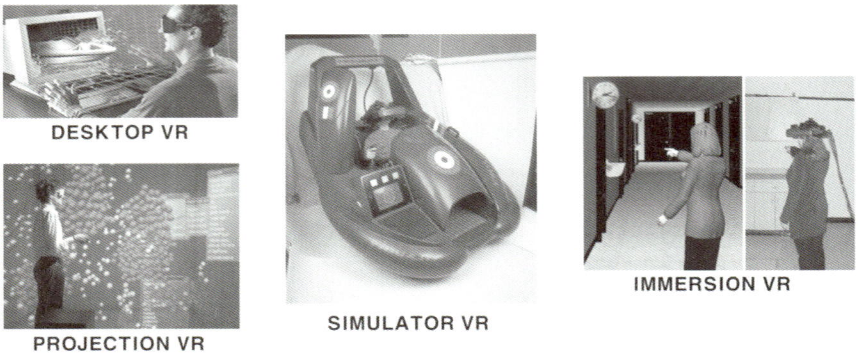

[그림 4-6] 가상현실의 시스템 분류

그림에서 보는 봐야 같이 가상현실 구현 시스템은 우리가 사용하는 개인용 PC를 이용하는 VR과 놀이동산에서 흔하게 볼 수 있는 시뮬레이터 VR이 대표적이다.

이런 가상현실 시스템의 입력 장치와 출력 장치는 다음과 같다.

- Input Device(입력장치)

- Output Davice(출력장치)

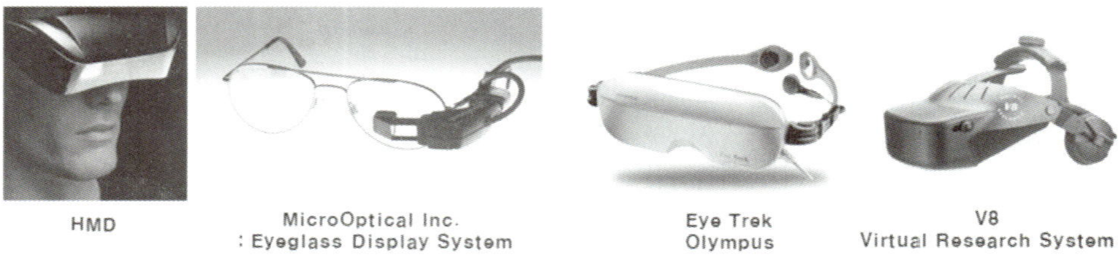

[그림 4-7] 가상현실 시스템의 입력 장치와 출력 장치

아직까지는 가상현실을 즐기기 위해서는 입력 장치와 출력 장치가 있어야 하지만, 조만간 사람의 손과 눈으로 그 기술을 직접 만져보고, 볼 수 있을 날이 그리 멀지 않은 것 같다.

2) 증강현실

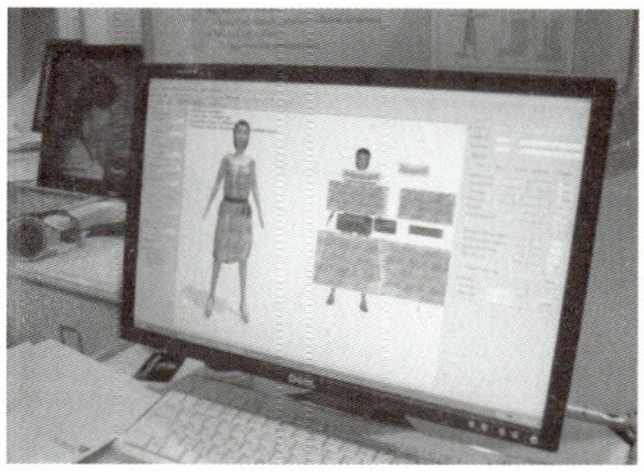

- **혼합현실 기술**: 사용자에게 현실과 가상세계의 구분 없이 몰입감을 제공할 수 있도록 실제 데이터에 가상 데이터를 결합하여 실제현실을 가상계까지 확장하는 기술로서, 가상 객체와 실사와의 정합 및 실사 그래픽 합성 등의 세부 기술이 있다. 옆의 그림은 자동차 카다로그로 특정 패널 위에 카다로그를 올려놓게 되면, 카다로그 안에 그림이 3차원 그림으로 화면에 표시되어 실제로 차의 느낌을 사용자가 느끼고, 시뮬레이션까지 해 볼 수 있다.
- **실감형 인터랙션 기술**: 생체신호, 오감 및 햅틱 기반의 체감형 상호작용을 통하여, 사용자가 가상환경의 특정 객체와 직관적이고도 실감적인 조작을 할 수 있도록 하여 몰입감을 향상시키는 기술이다.
- **몰입형 가시화 기술**: 개방형 또는 폐쇄형의 대형 및 고해상도의 디스플레이 상에 가상환경을 구축하여 사용자에게 가상세계에서의 존재감을 극대화 시키는 기술로써, 렌더링 클러스터 기반의 CAVE, Tiled Display 등의 시각화 형태가 있다.

  위의 그림은 국내 한 대학교에서 개발한 시스템으로 사용자의 신체 사이즈를 등록 해놓으면, 원하는 옷을 선택했을 때, 직접 입어 보지 않고도 컴퓨터 상에서 시뮬레이션 할 수 있다. 이 시스템으로 온라인 쇼핑몰에서 주로 이용된다.

3) MMORPG(Massive Multiplayer Online Role Playing Game)

대규모 다중 사용자 온라인 롤 플레잉 게임(MMORPG) 또는 다중접속 역할수행 게임은 수십 명 이상의 플레이어가 인터넷을 통해 모두 같은 가상공간에서 즐길 수 있는 롤플레잉 게임의 일종이다.

혼자 혹은 두세 명이 즐기던 고전 롤플레잉 게임과 달리, 인터넷의 발달과 함께 RPG에 머드 게임의 특성을 결합해서 생겨났다. 특성은 다음과 같다.

- 스토리가 있는 롤 플레잉 게임
- 서로 대화가 가능
- 게임 내에서의 아이템의 거래 가능

MMORPG의 대표적인 예로는 리니지, 미르의전설2, 뮤, 거상, 바람의 나라, 월드 오브 워크래프트, 마비노기, 메이플스토리, 라그나로크 온라인, 에버퀘스트, 다크 에이지 오브 카멜롯, 아이온, 레시아 온라인 등이 있으며 MMORPG의 수는 점점 증가하고 있다.

세컨드 라이프

세라(Second Life, SL)는 린든 랩이 개발한 인터넷 기반의 가상 세계로 2003년에 시작되었다. 세컨드 라이프 뷰어라는 클라이언트 프로그램을 통해 이용자('거주자')는 다른 아바타와 상호 작용할 수 있고, 보편적인 메타버스의 모습과 결합한 소셜 네트워크 서비스를 제공받는다. 거주자는 다른 거주자들을 만나고 개인이나 그룹 활동에 참가하며, 가상 자산과 서비스를 창조하고 다른 이와 거래할 수 있다.

세컨드 라이프는 사이버펑크 문학 운동과 닐 스티븐슨의 소설 『스노우 크래시』에서 영향을 받은 가상 세계들 중 하나이다. 린든 랩이 선언한 목표는 스티븐슨이 묘사한 메타버스와 같은 세계를 창조하는 것이다. 사람들이 교류하고, 놀면서 사업을 하고 한 편으로는 교감하는, 이용자가 정의하는 세계이다.
온라인 게임과 같은 형식을 갖추고 있지만 세컨드 라이프는 일반적인 온라인 게임과는

달리 '퀘스트' 같은, 즉 어떤 특정한 목표도 없고 승자, 패자 구분, 레벨 등급도 없다. 사용자는 그저 가상 세계에서 자동차를 타고 드라이브를 하거나, 다른 사람들과 파티를 즐기는 등 일상 생활처럼 행동할 수 있다. 이러한 이유 때문에 게임이라고 하는 것보다도 사실상 시뮬레이터 또는 커뮤니티로 보는 시각이 많다. 세컨드 라이프는 교육적인 목적으로 이용하는 이들도 많다. 세컨드 라이프는 나이 제한이 있어 18세 이상의 사용자들만 가능하다. 하지만 2005년도에는 10대 사용자들을 위한 '틴 세컨드 라이프'가 개발되었으나 2010년까지만 운영하고 폐쇄하기로 하였으며, 대신 메인 그리드 입장 연령을 16세로 낮추기로 하였다.

등록하는 것은 무료이지만, 집을 짓기 위한 등의 이유로 토지를 구하기 위해서는 돈이 필요하다. 세컨드 라이프에서는 전용 화폐인 린든 달러(L$, Linden Dollar)를 사용하고 있으며, 세컨드 라이프 공식 사이트 등에서 현실의 미국 달러와 환전이 가능하다.

국내에서는 2007년 10월, 티엔터테인먼트(現 바른손게임즈)와 계약을 맺고 서비스를 해왔으나, 2009년 11월, 계약을 종료하고 서비스를 중단하였다.

3 디스플레이에서의 융합 IT

지금까지 살펴 본 바와 같이 LCD, PDP, OLED 등 기존 디스플레이의 박형화, 고해상도, 경량화와 타 기술분야와의 융 복합을 통한 다기능화로 시장 확대 및 다변화를 추구하며, 중·장기적으로는 3D 디스플레이, 플렉시블 디스플레이 등 신기술의 차세대 제품이 출현할 전망이다.

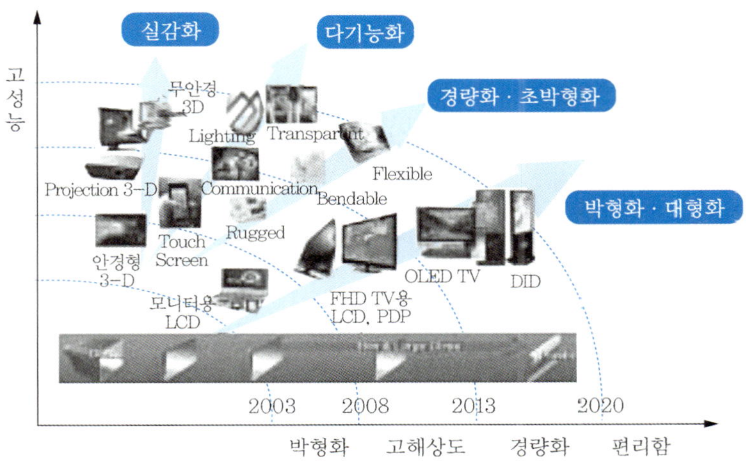

[그림 4-8] 디스플레이에서의 그린 IT 발전 방향

Projection display의 경우 고정형태의 대형화면용 display와 이동형태의 소형화면용 display로 양극화되어 발전될 것으로 보고 그 내용은 다음 그림과 같이 나타낼 수 있다.

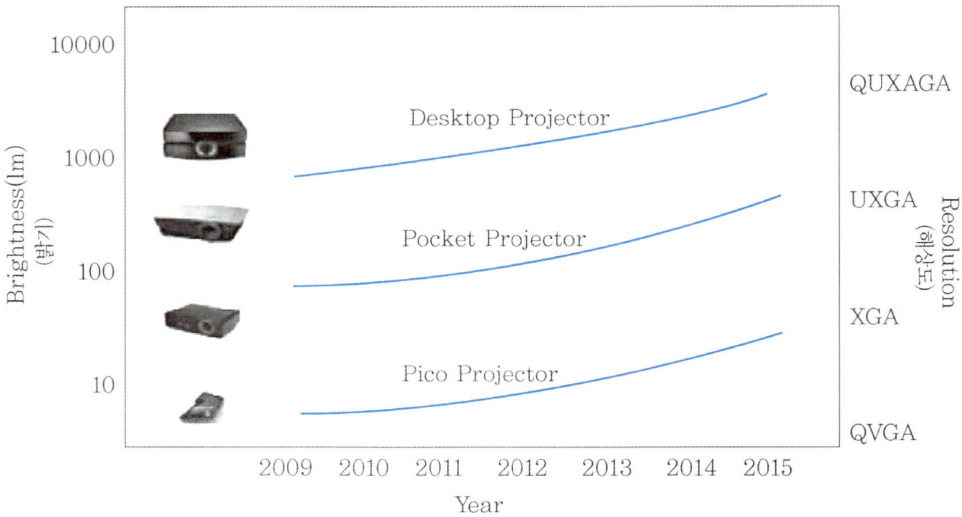

[그림 4-9] 프로젝션 디스플레이의 발전 방향

미래의 디스플레이 생활은 투명 디스플레이, 플렉시블 디스플레이, 그리고, 3D 디스플레이로 변화할 것이고, 그 변화 모습은 다음 그림과 같다.

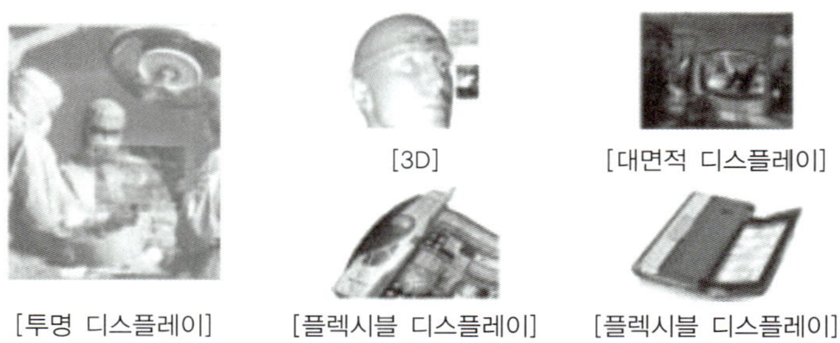

[그림 4-10] 미래의 디스플레이 생활

그리고 이러한 디스플레이들 간의 통신도 자유로울 것이다. 다음은 한 영화에서 나온 영상이다.

영화 아바타에서 나온 장면인데, 이 영화를 본 사람들은 기억할 것이다.

한 남성이 대형 투명 프로젝션 디스플레이에서 영상을 손으로 쓸어 소형 투명 디바이스에 담는 제스처를 한다. 이런 제스처는 윈도우7과 아이폰 그리고 다양한 터치 기기들을 통해 익숙한 햅틱[1] 기술이다. 이 장면에서 영상을 손으로 쓸어서 다른 디바이스로 옮기는 기술이 바로 이 기술이다.

[그림 4-11] 영화 아바타의 한 장면

이런 디스플레이 기술에 우리정부는 LED 백라이트(BLU), 대형 솔라윈도 패널(염료감응 태양전지), OLED 조명 등 그린 디스플레이 또한 환경규제에 대응하기 위한 무공해 IT소재와 바이오 플라스틱 등 친환경 소재를 개발해 2020년까지 IT제품의 재활용 가능률을 90%까지 올린다는 계획을 가지고 있다.

1) 그리스어로 '만지는'이라는 뜻의 형용사 'haptesthai'에서 온 말로 컴퓨터의 기능 가운데 사용자의 입력 장치인 키보드와 마우스, 조이스틱, 터치스크린 등을 통해 사람의 촉각을 느끼게 하는 기술이다.

폴리머에 기반한 복합물

1960년대부터 폴리머(polymer)에 기반한 복합물(composite)이 재료 분야에서 새로운 패러다임으로 등장하게 되었다. 폴리머 매트릭스 내에서 강하고, 단단한 섬유들이 분산되어 고성능이면서도 가벼운 복합물이 생성될 수 있는데 이 성질을 이용하여 다양한 응용 분야로의 연구가 이루어져 왔다. 오늘날에는 이에 더하여 폴리머 나노 복합물(polymer nanocomposite) 개발이 활발히 이루어지고 있고, 이것이 실현된다면 재료 분야에서 다시 한 번 큰 도약이 일어날 것으로 예측되고 있다.

■ 폴리머 나노 복합물의 특징

- 내구성도 좋고 다양한 기능을 하도록 만들 수 있어서 그 가능성이 매우 큼
- 나노 입자의 가격과 기존 기술과의 호환성 문제가 내포되어 기술 개발 한계

이와 관련하여 그라핀(graphene) sheet로 기능화된 폴리머 나노 입자를 이용하여 이러한 한계를 극복할 가능성을 보여준 연구 결과가 있다.

Graphene (그라핀)은 2004년 영국 맨체스터 대학교의 앙드레 게임 팀과 러시아 마이크로 일렉트로닉스 연구소의 연구팀이 처음 만든 것으로 겨우 원자 한 개의 두께를 가진 2차원 탄소 구조체이다.

이 재료는 연필에서 발견되는 흑연(graphite, 그라파이트)에서 만들어진다.

■ Graphene(그리핀)은 물리적 성질

- graphene 내의 전자들이 정지 질량이 없는 상대론적 입자처럼 행동하고 약 초속 1백만 미터로 움직인다. 이 속도가 진공 중의 빛의 속도보다 300배나 느린 것이지만 일반 도체나 반도체 내의 전자의 속도보다는 훨씬 빠른 것
- 전도체
- graphene에 전자기파를 쏘이면, 더 높은 주파수의 전자기파를 방사하고 따라서 주파수 증가기 (multiplier)로 사용할 수 있다

미국 물리학회(APS)와 영국 학술지 'Nature Nanotechnology'는 graphene을 미래 정보기술을 바꿀 가장 주목할 만한 신소재로 꼽고 있으며, 미국 매사추세츠공대(MIT)가 펴내는 '테크놀로지 리뷰'도 얼마 전 graphene 트랜지스터를 10대 유망 기술 중 하나로 꼽기도 했다.

최근 연구는 미국과 아랍의 연구팀이 공동으로 수행한 연구로 "Functionalized graphene sheets for polymer nanocomposites."이다.

연구팀은 기능화된(functionalized) 그라핀 sheet을 질량의 1% 비율로 첨가하면 유리 전이온도 (glass transition temperature)가 40도 변화한다는 것을 관찰하였고, 0.05%만 넣었을 경우에도 30도나 변화한다는 것을 확인하였다. 또한 그라핀을 추가하였을 경우 그 강도와 열적 안정성도 훨씬 증가하는 것을 관찰하였고, 이는 특성이 좋다고 알려진 단일벽 탄소 나노 튜브-폴리머 합성물(single-walled carbon nanotube-poly composite)의 특성과도 견줄 만하다고 밝혔다.

아래 그림은 기능화된 그라핀 sheet이 주름진 구조를 갖는다는 것을 보여주는 현미경 사진이다.

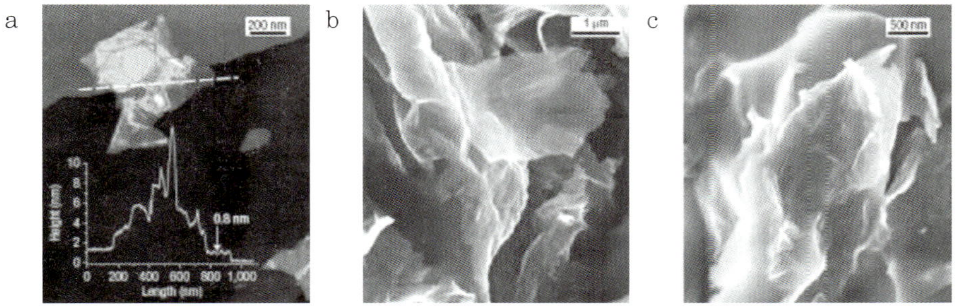

[그림 4-12] 그라핀 주름진 구조에 대한 현미경 사진

아래 그림에서는 그라핀 첨가에 따른 나노입자-폴리머 상호관계 및 그 계면 특성의 변화를 보여주고 있다.

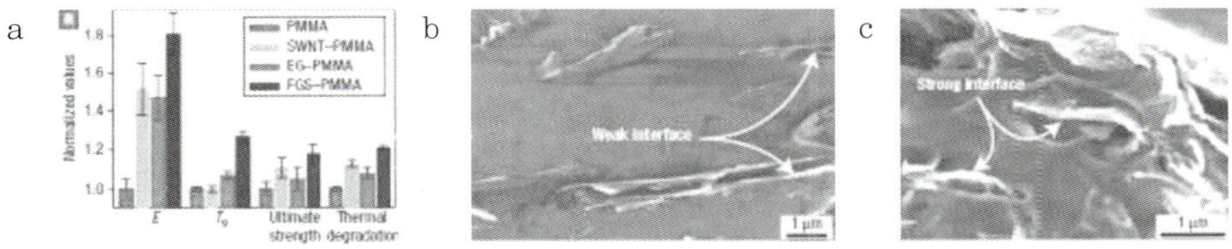

[그림 4-13] 그라핀 첨가에 따른 나노입자-폴리머 상호관계에 대한 계면 특성도

아래 그림은 그라핀 첨가에 따른 유리 전이 온도의 변화를 %로 표현하여 그래프화 한 결과이다.

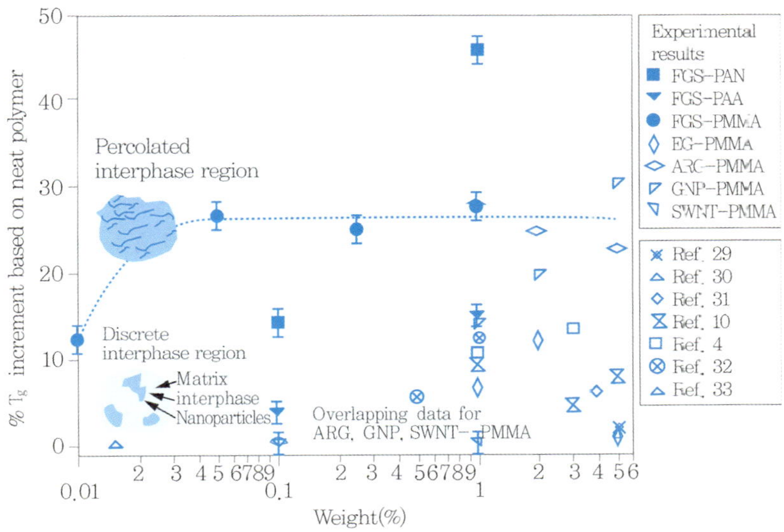

[그림 4-14] 그라핀 첨가에 따른 유리 전이 온도의 변화도

이 그래핀 소자는 우리나라가 최초로 상용화 기술을 개발한 데에서도 의의가 있다. 이 소자를 가지고 응용할 수 있는 것이 바로 투명디스플레이와 Flexible 디스플레이이다.

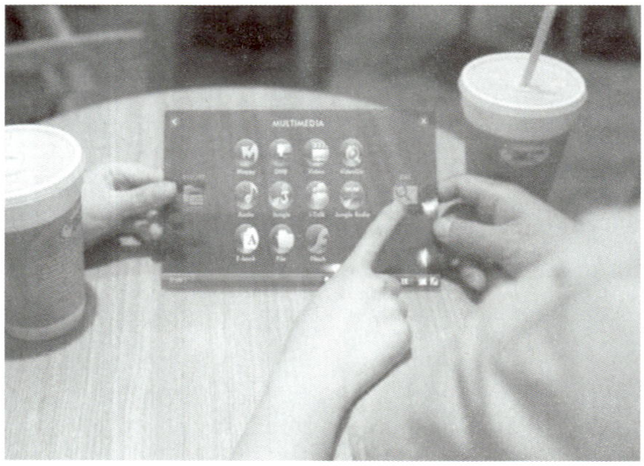

[그림 4-15] 투명 디스플레이

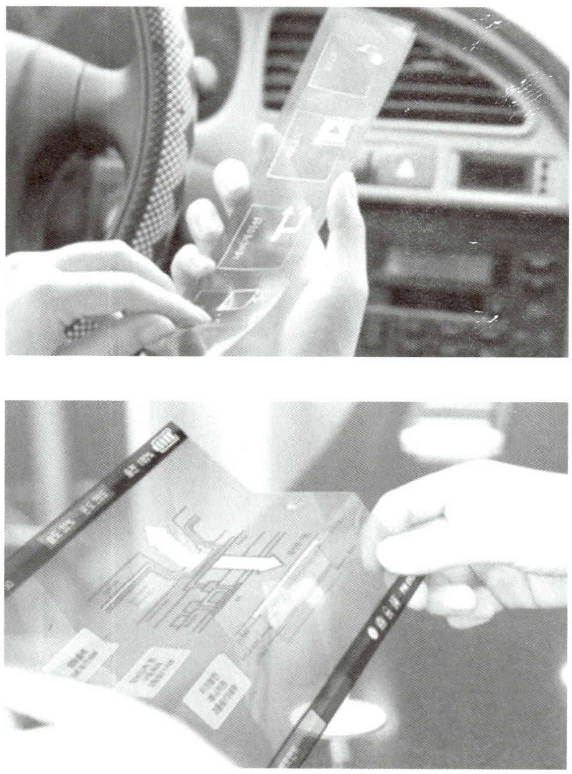

[그림 4-16] 플렉서블 디스플레이

렌즈로 보는 새로운 세상 '헤드업디스플레이'

귀에 이어폰을 끼면 음악이 흘러나오듯이, 안경이나 콘택트렌즈를 착용하면 영상을 볼 수 있는 '헤드업 디스플레이(head-up display, HUD)' 기기의 상용화가 코앞으로 다가왔다. 일본의 명차 렉서스는 헤드업 디스플레이시스템의 성장 가능성을 높게 평가하고 주력 하이브리드카인 RX-450H에 헤드업 디스플레이시스템을 과감하게 채용할 예정이다. 렉서스 RX-450H의 HUD시스템은 자동차 전면 유리창을 통해 운전자에게 필요한 정보를 제공하는 기능을 갖추고 있다.

렉서스의 HUD시스템은 운전시 운전자에게 최소 장애를 주는 대신 운전자에게 필요한 최적의 정보를 제공하는 시스템을 구현할 예정이다. 도요타는 HUD 시스템과 렉서스 기술을 접목, 상업화에 나선 것이다. 사실 HUD 시스템은 항공기를 위해 제작된 시스템이지만 이제 자동차에 장착할 수 있도록 진화되고 있다. 특히 운전중 쉽게 사용할 수 있도록 사용법을 단순화하는 데 초점을 맞추고 있다.

렉서스의 HUD 시스템은 SE-L 프리미엄 버전을 장착해 사용법이 단순하고 전원을 쉽게 끄고 켤 수 있다. 전면 유리에 비치는 HUD 영상의 위치를 자유롭게 옮길 수 있을 뿐더러 조도 또한 다양하게 조절가능하다. 또한 이 모든 기능을 운전하면서 운전대에 장착된 버튼을 통해 조절할 수 있다.

최근 미국서도 실리콘밸리를 중심으로 몇몇 업체들이 디지털 이미지를 전달하는 안경인 '헤드업 디스플레이'의 프로토타입을 개발하고 있다. 헤드업 디스플레이는 기존에 선을 보인 가상 시네마 안경처럼 시야를 가리며 영상을 전달하는 장치가 아니다. 헤드업 디스플레이를 쓰면 평범한 안경을 쓴 것처럼 실제 세상을 볼 수 있을뿐더러 특정 가상 이미지가 더해져 사용자에게 원하는 정보를 전달하는 차세대 영상기기다.

예를 들어 전자 지도 기능을 갖춘 헤드업 디스플레이는 실제 보이는 영상 위에 지도를 펼칠 수 있다.

Enlarge This Image

SBG LABS

An eyeglass from SBG Labs has a tiny projector in its frame. Holographics optics create an overlay image—for example, a map to the wearer's destination.

Enlarge This Image

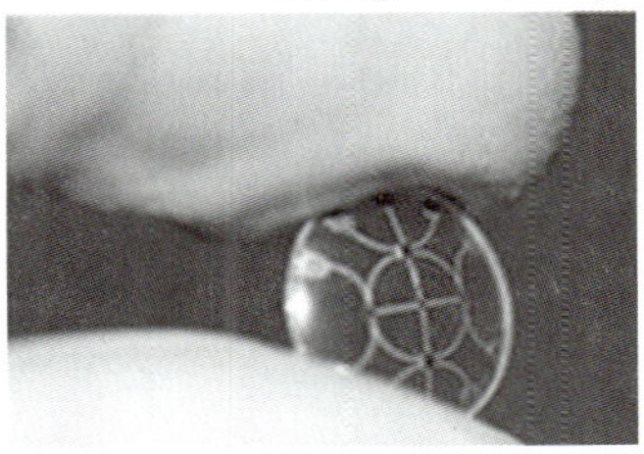

Babak Parviz

A contact lens created by Babak A. Parviz and a team at the University of Washington in Seattle offers built-in electronics to create displays.

사용자가 처한 실제 상황에 맞춰 목적지로 가는 방향을 안내해준다. 얼굴 인식 기술을 넣어 길에서 오래간만에 만난 친구를 알아봐 주는 기능도 생각해 볼 수 있다.
캘리포니아 서니베일에 있는 광학기술업체 SBG랩스는 헤드업 디스플레이 'SBG 안경'을 개발하고 있다. 이 기기는 프레임 옆쪽에 작은 광학 프로젝터를 장착해 안경보다 약간 크다. 프로젝터 안에는 발광 레이저 다이오드가 들어 있어 안경 표면에 영상을 쏴 준다. 이미지를 빛에 굴절시켜 나타내는 홀로그램 기술로 시야를 가리지 않고 이미지를 만들 수 있다. 특수한 작전을 시행하는 군인은 헬멧 가장자리에 부착해 지도를 투영해 주는 장치를 이용할 수 있다.

테크는 수다

구글글래스

구글글래스 첫 소개 영상을 보았을 때 무엇보다도 두 손을 다 이용할 수 있다는 점에서 인상적이었다. 현재 스마트폰을 사용하는 자세를 보면, 고개를 숙이게 되어 시야 확보가 어렵다. 그리고 한 손이든 양 손이든 스마트폰을 써야 하기에 자유롭지 못하다는 단점이 있다. 또 충격적인 인상은 모든 일상을 기억할 수 있다는 것이다. 본격적인 전자기억의 시대가 오는 것일까?

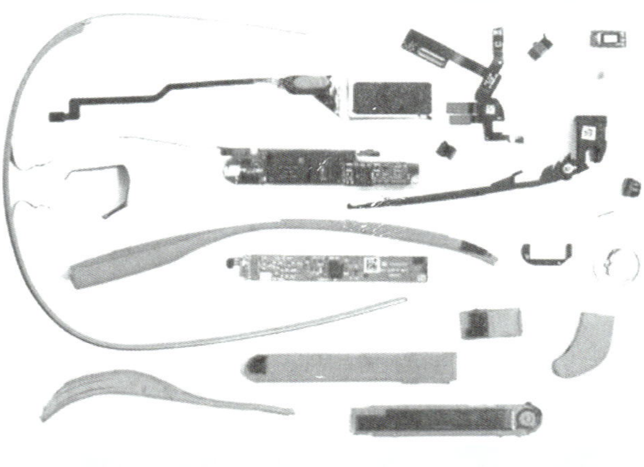

구글 글래스는 시야를 가리지 않게 eyes contact을 할 수 있도록 디스플레이를 높게 설치했고, 소리는 골 전도 방식이라 자기 목소리를 직접 인식한다. 착용감은 가볍고 편하며 몸에 밀착되는 거 같았다. 무엇보다도 메모리하고 싶을 때 카메라를 꺼내지 않아도 되니 그야말로 사용자를 고립시키는 디바이스가 아니라 참여시키는 디바이스이다.

구글글래스 앱, 블루를 소개한다. 이 앱은 야구 경기장에서 경기를 보면서 실시간으로 야구 정보를 받아보는 서비스이다. 관전 중에 궁금한 사항(스코어, 선수 상태, 투구 속도 등)을 음성으로 서비스를 받을 수 있다.

시야를 가리지 않고, 소리는 골 전도 방식으로 자기 목소리를 직접 인식하고, 가볍고, 몸에 밀착되며, 뭔가 메모리 하고 싶은 때 카메라를 꺼내지 않아도 되는 참여형 웨어러블 디바이스의 좋은 예라 할 수 있다.

아래 사진은 구글글래스 분해 모습이다. 참고로 구글이라는 상호는 구골이라는 10의 100승의 숫자를 모티브로 지었다.

제5장 LED 및 광

학습개요	LED 기술 고도화와 융복합화를 통한 고부가가치 기술에 대해 안다.
학습목표	1. LED 및 광 개요 2. LED 및 광 시장 3. LED 및 광 기술 4. LED 및 광 기술과 융합 IT

핵심 이슈	
2012	• LED 칩 가격하락 및 성능향상으로 LED 조명 시장이 본격 형성('10~'20년간 연평균 45% 성장 • 핵심 제품 – 고효율 LED 광원
2014	• 자동차, 의료·환경(UV LED), 농수산 등 다양한 고부가가치 융합시장이 지속 확대 • 핵심 제품 – 광응용 시스템
2018	• IT·자동차·가전 등 주력산업에 접목하는 차세대 융토합/감성 시대 출현 • 핵심 제품 – 감성/융합 LED시스템

1 LED 및 광의 개요

1) LED의 정의

LED(Light Emitting Diode)는 반도체로 빛을 발생시키는 소자로 발광다이오드라고 하며, 화합물 반도체의 특성을 이용하여 전기에너지를 빛 에너지로 전환하여 다양한 용도로 사용되고 있다.

또한 LED 조명은 기존의 빛에 생명을 불어 넣어 21세기 생활 혁명을 주도할 수 있는 핵심 산업으로 빛을 활용하는 경제·사회적 공간에 감성·융합·친환경을 접목시켜 다양한 고부가가치 파생산업을 창출하는 등 신성장동력의 원천기술이다. LED 조명의 응용은 다음과 같다.

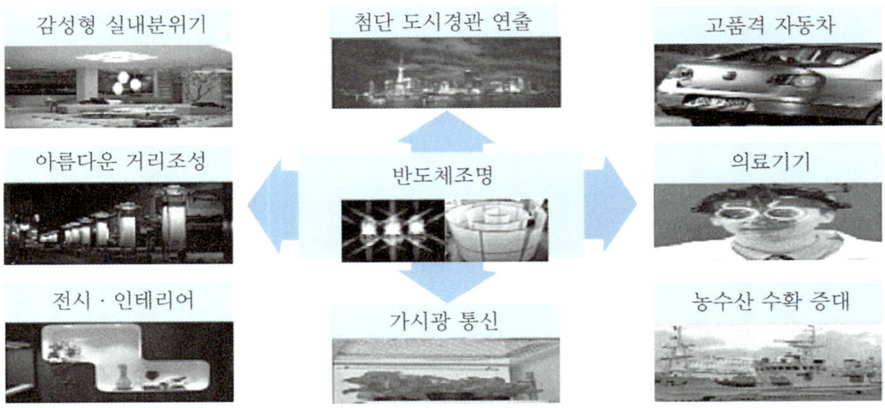

[그림 5-1] LED 조명의 응용

※ 반도체 조명은 기존의 형광등, 백열등 등의 진공상태 조명이 아닌 LED 또는 OLED와 같이 반도체를 이용한 조명을 통칭하며 기존산업 전반에 폭넓게 응용되어 신 산업 창출과 함께 한계 산업에 Breakthrough를 제공하고 있다.

2) 광의 정의

광산업이란 빛을 만들고 제어하며, 활용하는 것과 관련된 부품, 소재 기기 및 시스템 산업의 총칭한다.

3) 융합 광 기술

기존의 광소자 또는 광원 기술과 NT, IT 및 유기 반도체 기술 등의 새로운 기술이 융합된 고집적, 고성능 및 새로운 기능을 갖는 소자 / 부품 등에 응용이 되며 나노포토닉스라고 해서 나노 크기의 반도체구조체로부터 야기되는 나노 현상을 이용한 광소자 기술도 역시 광 기술이 융합된다. 정보단말용 광 소자는 차세대 디지털 영상시대를 대비한 정보단말용 초소형 대용량 정보통신이 가능한 초 저전력 / 광대역 광원 소자로 광 기술이 융합된 형태라고 볼 수 있다. 그 외에도 여러 가지가 있으나 LED 가시광 통신(Visible Light Communication: VLC)도 백열전구나 형광등과 같은 기존 조명을 대체하는 화합물 반도체인 LED(Light Emitting Diode) 조명을 이용하는 통신으로 통신과 광 기술이 융합된 형태라고 볼 수 있다.

- 광원 기술과 융합된 고집적, 고성능 기능의 소자 / 부품
- 나노포토닉스
- 정보 단말용 광소자
- LED 가시광 통신

LED 및 광산업 개념도는 다음과 같다.

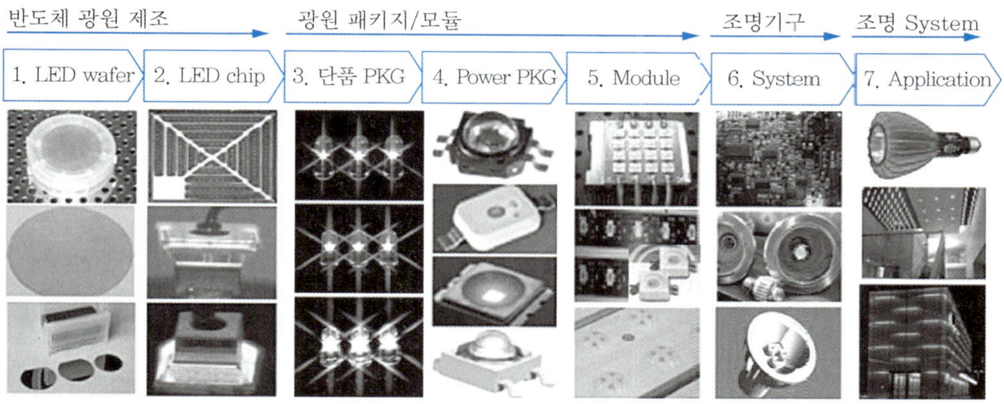

[그림 5-2] LED 및 광산업 개념도

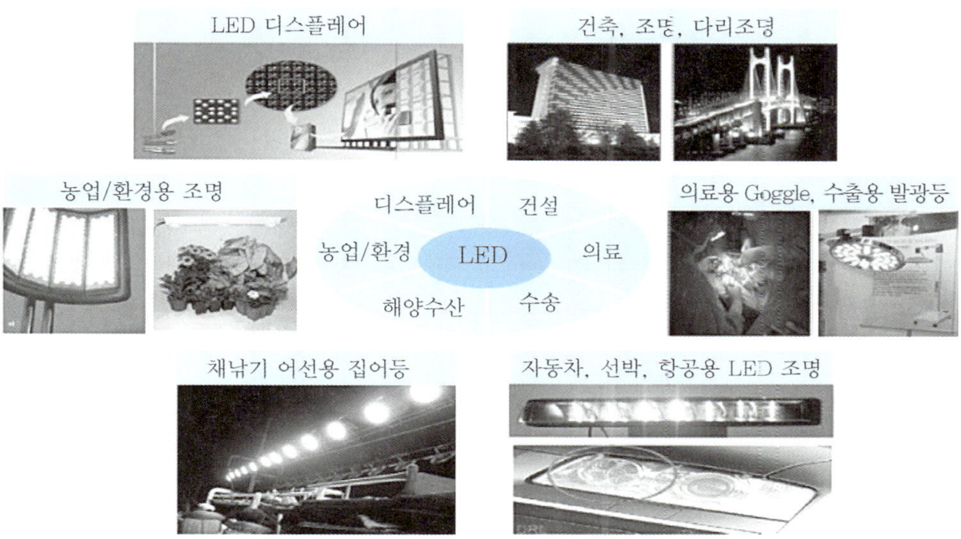

[그림 5-3] LED의 응용 및 타 산업간 융합

4) LED 기술의 특징

기존 광원 시장으로의 영역을 확대하고 있는 LED 기술의 특징은 다음과 같다.

- 고효율 및 저전력 소모
- 반영구적인 장수명
- 빠른 응답속도
- 무수은의 친환경 성

위와 같은 특징으로 각종 전자기기와 조명기기, 자동차 계기판의 전자표시 판에 주로 활용되고 있다. 하지만, 고효율 LED의 대량 생산을 위해서는 장비의 대형화, 안정성 확보를 통한 Cost Down 및 Yield 확보가 필수적이다.

기존 조명을 LED 조명으로 20% 교시한다면, 1조원 / 년 전기료를 절감할 수 있는 효과가 있으므로 우리나라 핵심 그린 IT 기술이라고 해도 과언이 아니다.

조명제품별 경제성 비교표는 다음과 같다.

〈표 5-1〉 조명제품별 경제성 비교 (4만 시간 기준)

구분	LED 전구	전구식 형광등 8W급	백열전구 40W급
광효율 (lm/W)	57.6	51.9	10.9
광속	463(8.06W)	8.92W 상당	42.48W 상당
수명 (설정)	40,000 시간	8,000 시간	1,000 시간
구입가격 (원)	70,880	4,000	550
전력사용량 (kWh)	322.4	356.8	1,699.2
전력요금 (원)	32,240	35,680	169,920

5) LED 및 광 기술의 범위

〈표 5-2〉 LED 및 광 기술의 범위

중분류	소분류	관련 요소기술
LED 및 광	LED 에피/칩/패키지/장비	독자기술자립형 R, G, B
		UV LED
		고집적 chip on module 수직형 LED
		180 lm/W급 White LED
		High Power LED칩
		친환경응용 deep UV LED
		Chip Scale Package 등
		대용량 MOCVD 등

중분류	소분류	관련 요소기술
	LED 소재/모듈	신기능 기판
		고방열 Heat Spreader metal PCB
		단파장/내열성/내습성 실리콘 봉지재
		고효율 적색/황색/녹색 형광체
		다기능 제어 IC 및 고효율 AD/DC converting IC 등
	LED조명	일반조명용 백색 LED조명기기
		총천연색 색 가변 LED조명 기기
		심리/생리 융합 형/Smart LED조경 시스템
		Ubiquitous multi-media 조명 플럿폼 기술 등
		LED조명 특성, 신뢰성평가, 고장분석 기술
		LED조명 표준, 규격 평가 및 인증 기술
		광학부품, 전원, 회로, 기구물 설계기술 등
		고효율, 고 기능성 광원모듈
		플랫폼(인터페이스) 표준화 기술
	LED응용(융합)	대화면 LCD TV용 LED BLU
		자동차용 LED응용(융합)기기
		특수선박/쿠르즈용 LED응용(융합)기기
		의료용 LED응용(융합)기기
		농생명, 수산양식용 LED응용(융합)기기
		정보통신용 LED응용(융합)기기
		정보가전용 LED응용(융합)기기
		환경용 LED응용(융합)기기
		군사과학용 특수응용(융합)기기 등
		LED응용(융합)기기 표준, 규격 평가 및 인증 기술
		LED응용(융합)기기 고기능 설계, 제조기술
	융합 광 기술	OLED
		레이저 다이오드
		광통신부품
		광MEMS 부품
		OIC 부품
		광 의료부품 등
		LED 통신 부품, 시스템 및 표준화 기술

앞의 표와 같이 LED와 광 기술의 범위는 4가지 기술로 분류할 수 있다.

- LED 에피/칩/패키지/장비
- LED 모듈 소재
- LED 조명 및 응용
- 융합 광 기술

LED는 기존 반도체와 유사한 공정으로 소자를 제작하기 때문에 제조 공정은 기판 위에 단결정의 얇은 막을 성장시키는 에피(epitaxy) 웨이퍼 제작 공정과 같다.

에피 웨이퍼에 전극을 형성시키고 각각의 소자로 분리하는 칩 공정으로 습기 충격 등 외부로부터 칩을 보호하는 패키징 공정 등으로 나눌 수 있으며, 각각의 제조공정에 따라 다양한 세부기술이 요구되며 LED 생산을 위한 에피 웨이퍼 제작을 위해 MOCVD (Metal Organic Chemical Vapor Deposition)[1] 등의 장비를 이용한다.

1) 금속 유기물 증착법으로 precursor로 금속 유기 화합물을 이용한다. Chamber 안에서 기열 된 기판 표면에 증기압이 높은 금속 유기 화합물 증기를 보내어 원하는 박막을 성장시킨다.

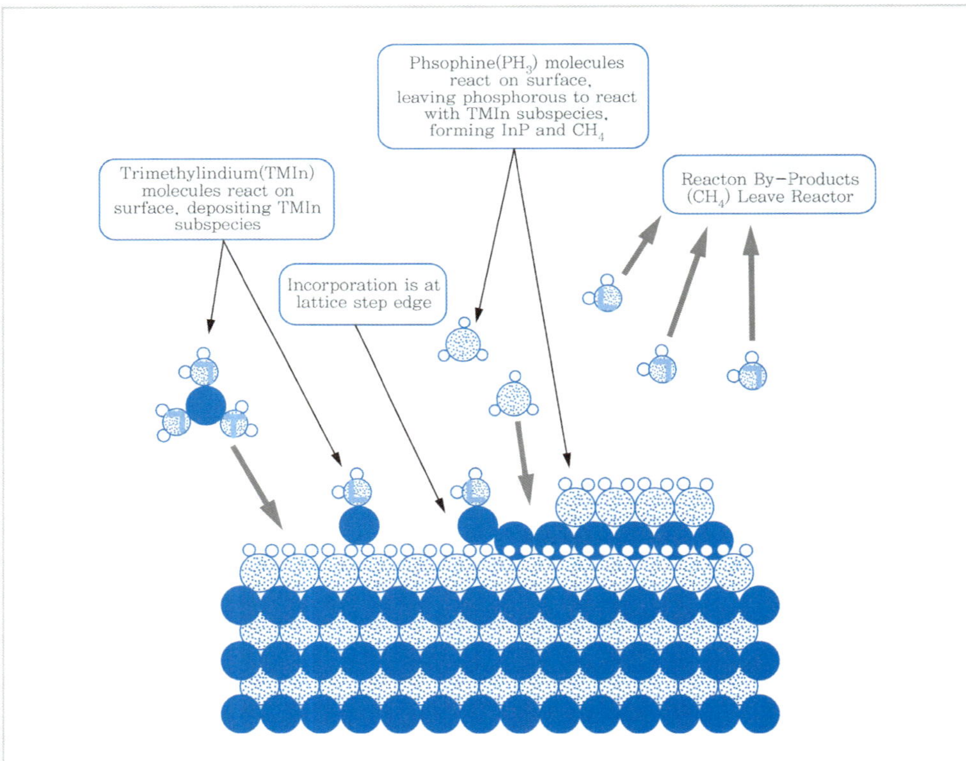

MOCVD는 step coverage가 우수하고, 기판이나 결정 표면에 손상이 없다는 장점을 가지고 있고, 비교적 증착 속도가 빨라서 공정 시간을 단축시킬 수 있다. 따라서, 고순도, 고품질의 박막을

LED 모듈 소재는 화합물 반도체 특성을 이용하여 전기에너지를 빛 에너지로 효율적으로 전환하여 최적의 효율로 안정적으로 방출되도록 하는 소재로 정의하며, 기판 소재, 형광체 소재, 봉지 소재, 고 방열 소재로 구분한다.

LED조명은 LED를 이용한 조명기구(LED 모듈과 방열 및 광학 기구로 구성) 및 시스템(전원장치, 구동회로, S/W 및 시스템 제어)을 통칭하며 응용분야에 따라서 일반조명과 더불어 디스플레이, 수송조명, 농생물, 의료, 해양수산과 같은 LED-IT/NT/BT 융복합기술을 활용한 특수조명 및 이에 대한 특성/신뢰성 평가 분야로 분류한다.

마지막으로 융합 광 기술은 기존의 광 소자 또는 광원 기술과 NT, IT 및 유기 반도체 기술 등의 새로운 기술이 융합된 고집적, 고성능 및 새로운 기능을 갖는 소자 / 부품으로 융합되며 그 외에도 여러 가지 융합 기술들이 나오고 있다.

관련 요소기술은 표를 참조하기 바란다.

LED 관련 용어

- 가로조명(street lighting)

  이 정의는 시대의 변천과 함께 변했다고 할 수 있다. 오래 전에는 일반 도로의 조명도 가로 조명이라고 불렀다. 하지만 최근에는 도로 조명과 구별하기 위해 주로 보행자를 대상으로 하는 도로의 조명을 가로 조명이라고 부른다.

- 가스든 전구(gasfilled lamp)

  필라멘트가 유리 구에 봉입된 불활성 가스 안에서 발광하는 백열전구를 말한다. 일반 조명용 백열전구에는 불활성 가스로 아르곤을 주체로 한 질소와의 혼합가스를 이용한다. 아르곤보다 무거운 크립톤이나 크세논 가스는 열 전도도가 낮고 텅스텐 필라멘트의 증발을 억제하므로 효율을 향상 또는 수명을 길게 할 수 있다. 크립톤 가스를 봉입한 크립톤 전구는 보급되어 있으며, 크세논 가스주입은 특수한 소형전구에 일부 사용되고 있다.

- 가시거리(luminous range)

  대기 투과율에 의해 한정되고, 관측자의 눈 표면에 생기는 조도의 역 치로 규정되는, 어떤 경우에도 소정의 신호등화를 눈으로 확인할 수 있는 최대거리이다. 해상에서는 광달 거리라고 한다.

성장 할 수 있고 생산성도 우수하다. MOCVD는 현재 널리 활용되기 시작한 대형 전광판 및 색채영상, 그래픽, 표시소자, 교통 신호등에 이용되는 발광 소자를 생산하는 데 필수적이고, 특히 강유전 물질을 이용한 메모리 소자의 제작에도 사용된다.

- 간상체(rod)

  원통형의 수광용기로서, 간상체는 망막의 주변부에 많이 존재한다. 감도가 높고 주로 암소시라고 불리는 어두운 상태일 때 작용한다. 종류는 한 가지 밖에 없으므로 색을 구분하는 데는 역할을 하지 않지만 시야 주변부분에서 움직이는 것을 보는데 역할을 한다.

- 간접조명(indirect lighting)

  KS에서는 「크기가 무한이라고 가정한 작업 면에 발산광속의 10~0[%]이하가 직접 도달하는 배광을 가진 기구에 의한 조명」이라고 정의되어 있다. 즉, 기구중심으로 통과하는 수평면을 경계로 하여 위쪽으로 나가는 광속이 90~100[%]이고 아래쪽으로 나가는 광속이 10~[%]인 조명기구를 사용한 조명이다. 이 방법은 대부분의 빛을 천정면에 반사시키므로 눈부심이 적은 조명이 된다. 하지만 효율이 좋지 않아 다른 방법을 겸용하는 경우가 많다.

- 감광(reduced lumen output)

  불연속으로 램프의 빛을 줄이는 것.

- 건축화 조명(strutual lighting; architectural lighting)

  램프를 천정, 벽, 기둥 안에 삽입해서 건축기구와 일체화시킨 조명방식.

- 게터(getter)

  유리구안에 넣어 진공도 또는 봉입가스이 순도를 높이고, 그에 따라 흑화를 감소시키기 위한 화학물질

- 경면 반사(specular reflection) 정반사

- 계면 반사(interfacial reflection; reflection from interface) ☞반사

- 고니오포토미터(goniophotometer) 배광 측정기

- 고연색형 형광 램프(high colour rendering type fluorescent lamp(英) ;high color rendering type fluorescent lamp(美))

  주로 광대역 발광 스펙트럼을 가진 형광체를 조합해 할로린산 칼슘 형광체를 이용한 형광램프보다 연색성을 개선한 형광램프를 말한다. 연색성의 정도는 KS A 3325에 의해 평균 연색 평가수 Ra 및 특수 연색 평가수 Ri(특히 R9[빨강], R15[한국인의 피부색])의 최저값이 광원색별로 규정되어 있다. 연색성의 레벨에 따라 A급(DL), AA급(SDL), AAA급(EDL)으로 구별되어 있다. 색 평가용(Ra 95)은 AAA급이다.

- 광기전 효과(photovoltaic effect)

  금속과 반도체의 접촉부 또는 반도체의 접합부에 광조사하면, 광흡수에 의해 경계면에 자유캐리어 쌍이 발생하여 양음의 전하가 각각 경계면에 생긴 전계에 의해 이동하고, 부하측이 개로이면 전위차 즉 기전력을 발생하는 현상.

- 국부조명(local lighting)

  비교적 작은 영역이나 특정한 위치·장소를 조명하는 방식. 정밀작업과 같이 고조도를 필요로 하는 경우, 전반조명으로 달성하려고 하면 경제성이 없고 작업 종류에 따라 손 그림자가 생긴다. 이것을 보완하는 의미에서 국부조명 방법을 이용한다. 이 조명은 단순하게 밝게 하는 것 뿐만 아니라 장시간의 작업에 고통이나 피로를 동반하지 않는 시각환경을 만들어, 시야내의 휘도비를 줄이고 눈의 피로를 방지해야 된다. 도로조명에서는 교차점, 교량, 인터체인지와 같이 필요한 장소를 국부적(연속적이 아니다)으로 조명하는 것을 말한다.

- 굴절(refraction)

  방사원에서의 방사나 광원에서의 빛이, 다른 종류의 매질 사이의 경계면을 통과할 때 진행방향이 변화하는 현상을 말한다.

- 균등확산면(Lambertian surface)

  어떤 면의 법선방향의 방사강도 Ien[W/sr]과 theta 방향의 방사강도 Ie(θ)[W/sr]사이, 또는 법선방향의 광도 Ivn[cd]과 θ방향의 광도 Iv(θ)[cd]사이에 램버트의 여현법칙(램버트의 법칙 또는 간단하게 여현법칙이라고 하는 경우도 있다)

- 글레어(glare)

  시야 안에 휘도가 높은 광원, 반사물체 등이 있어, 여기에서 빛이 눈에 들어와 대상이 잘 안보이거나 눈부셔 불쾌감을 느끼는 상태.

- 글로브(glove)

  광원에서 방사되는 빛의 배광 또는 광색을 바꾸기 위해. 투명 또는 확산 투과성 재료로 광원을 덮어 보호하는 것으로, 조명기구를 구성하는 부품이다.

- 네온관(neon tube)

  주로 네온가스의 글로우 방전 양광주에 의해 발광하는 관형 방전램프를 말한다. 동일한 원리로 네온 이외에 수은. 헬륨, 질소의 글로우 방전램프도 포함해서 부르는 경우가 많다. 가늘고 긴 유리관의 양끝에 원통형(범종) 또는 원추형 전극을 봉지하고, 수 100[Pa] 압력의 네온과 같은 불활성 가스나 수은이 봉입되어 있다. 점등장치는 고전압으로 소전류인 네온 트랜스를 사용한다. 적색광은 네온의 발광이고, 백색광, 청색광, 녹색광은 수은과 아르곤의 혼합광이다. 또한 유리 내면에 형광체를 도포해 각종 발광색을 내며 착색유리를 이용한 짙은 색의 것도 있다. 용도는 네온사인 등의 디스플레이에 사용한다.

- 루멘(lumen)

  광속의 단위로 [lm]으로 나타내며 국제 단위계(SI)로 정해져 있다. 1[lm]은 모든 방향으로 동일하게 1[cd]의 광도를 가진 점광원에서, 입체각 1[sr]의 원뿔 모양 안으로 방출하는 광속의 크기이다. 파장 555[nm], 방사속 1/683[W]의 단색방사 광속도 1[lm]이다.

• 반간접 조명(semi-indirect lighting)

KS에 의한 정의는 「크기가 무한하다고 가정된 작업 면에, 발산광속의 10~40[%]가 직접 도달하는 배광을 가진 기구에 의한 조명」으로 되어있다. 즉, 기구 중심을 통과하는 수평면을 경계로, 위쪽으로 나가는 광속이 90~60[%], 아래쪽으로 나가는 광속이 10~40[%]인 조명기구를 사용한 조명이다. 이 방법에서는 위쪽으로 나가는 빛이 아래쪽으로 나가는 빛보다 많다. 따라서 천정 면에서 반사되어 확산된 빛이 조명의 질에 크게 영향을 주어 부드러운 분위기가 얻어진다. 효율은 별로 안 좋으므로 천정 면의 색을 연구해서 반사율을 높이는 것이 바람직하다.

• 스포츠 조명(sports lighting)

옥내와 옥외 스포츠에서 플레이어나 관계자, 관객이 시각대상을 보고 순간적으로 정확한 판단을 내릴 수 있도록 하는 조명. 스포츠 시설의 조명은, 책상 위에서 하는 시각작업처럼 평면적인 조명이 아니다. 대부분 경기공간을 대상으로 하며, 스포츠 종목에 따라 시각대상의 크기·동작·경기범위가 다르다. 따라서 대상경기를 충분히 이해하고, 경기면, 경기공간, 배경에 적절한 밝기를 분배함과 동시에, 경기자의 시선방향의 글레어를 배려한 조명계획이 필요하다. 조도, 조도 균제도, 배경의 밝기, 글레어, 플리커, 광색과 연색성, 때로는 TV방영이 조명계획의 기본적인 유의사항이라고 할 수 있다.

• 자연광(natural light)

편광특성이 전혀 검출되지 않는 빛을 말한다. 즉, 광파의 벡터는 시시각각 불규칙적인 변화를 하는데, 임의의 시간의 평균을 구했을 때 방향분포가 일정한 빛이다.

• 태스크 조명(task lighting)

태스크란 책상이나 특정한 장소에서의 업무·작업을 의미한다. 글레어나 반사에 의한 시각의 저하를 방지하는 것이 중요하다. 시각작업에서 작업자 전방에서의 조명은 직접 글레어나 반사 글레어, 광막반사를 일으키기 쉬우므로, 조명기구의 배치는 사이드가 바람직하다.

• 하이타워 조명(high tower lighting)

하이타워의 정의는 명확하지 않다. 하지만 20[m] 이상의 탑으로 상부에 조명기구 군을 설치하는 가대, 장대 같은 것을 장비하고 있는 것이라고 해석해도 상관없을 것이다. 탑의 구조는 일반적으로 강관에 의한 단주, 트러스 구조, 라멘구조 3가지로 구분할 수 있다. 가대도 조명기능뿐만 아니라 미적 감각이나 심볼적 의장 등 다양한 형상을 볼 수 있다. 이 탑을 사용한 조명방식을 하이타워 조명이라고 부른다. 광장, 운동장, 재료 집적장, 조작장, 도로의 인터체인지 부분의 조명에 이용하며 조명기구는 투광기를 사용한다.

2 LED 응용 기술

1) 고출력화 기술

집적화된 백색 LED에서 1klm 정도까지 달성되고 있지만 야기용 LED 접합부에 1~2A의 대 전류가 흐르고 있어 발열의 문제는 심각하다. 열을 배출하는 대책이 필요하여 방열기판이 개발되고 있다.

2) 고 연색성

연색 평가지수 (CRI: Color Rendering Index)란 인공 광원이 얼마나 기준 광과 비슷하게 물체의 색을 보여주는가를 나타내는 수치다. 그 치수는 다음과 같다.

〈표 5-3〉 연색 지수

CRI	Light Source
100	태양광
80	할로겐 백열 전구
70	백열 전구
60	형광등
60	RGB LED
55	Blue + 형광체 LED
50	수은 + 형광체 등
40	나트륨 등
20	수은 등
10	Bluish green + Yellow LED
-50	녹색 등

앞으로 R, G, B의 발광효율이 적어도 80% 이상이 필요하여 최근에는 재료제작과 구조에 다양한 연구가 이뤄지고 있다. 광자에서 광자에 대한 변환 프로세스에 관해서는 분말이 아니라 박막, 단결정, 양자 도트 등, 저 차원 구조의 제작도 중요한 과제이다.

3) LED 조명이론

LED 조명을 이론적 모델을 이용하여 해석하고 조명특성을 정량적으로 이해하기 시작했다. 예리한 배광(cosnnθ)을 가지는 비(') 람베르트 배광 분포는 지금까지 조명

공학과 조명 디자인 분야에서는 취급한 적이 없어 다점광원 배광 이론에 의한 연구가 필요하다. 지향성 배광지수 (n)의 불일치가 색상분리를 일으킨다는 것도 명료하게 되었다.

조명공학의 연구 분야에 있어서는 다점 광원체로서 취급하는 이론보다도 LED는 그 체계의 부분집합이라 생각하여 이론적 고찰을 하는 것이 필요하다.

4) LED 조명 디자인

제품 개발에 가장 중요한 요소가 디자인이다. LED의 광 환경과 광 제어에 대해서는 현재 시판되고 있는 포탄형 가시광 LED는 일반조명용으로서 개발된 것이라고는 말하기 어렵다. 따라서 LED에서 방출되는 지향성이 강한 빛은 디자인된 것은 아니기 때문에 그 특성을 충분히 이해한 다음에 제품 디자인이나 조명 디자인을 진행할 필요가 있다. 또, LED의 특성이 디자인 컨셉에 관계되어 있는가를 제품 디자인과 조명 디자인으로 분류하여 생각할 필요가 있다.

LED 조명의 응용 분야로 인간의 감성을 인지한 후 감성에 따른 LED 조명을 조절하는 연구가 현재 진행 중이다. 아래의 그림은 MIT의 Affective Computing 으로 신발, 의류 등에 센싱을 부착하여 다양한 운전자의 생체패턴을 인식하거나 운전자의 스트레스를 감지 및 안전운전에 영향을 줄 수 있는 감성상태 인지하는 과정을 보여주고 있다.

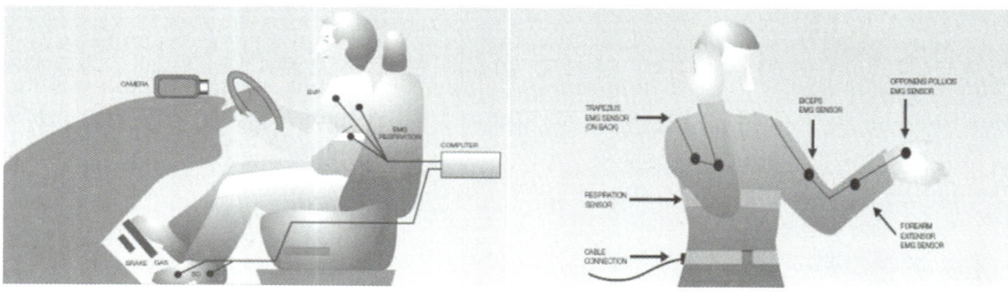

(출처: R.W. Picard, "Toward computers that recognize and respond to user emotion", IBM SYSTEMS JOURNAL, 2000)

[그림 5-4] Affective Computing(감성컴퓨팅)

위의 그림과 같이 인간의 감성을 인지한 후 그 감성에 따른 조명을 조절하는 연구 중 대표적인 예가 (주)FEELUX의 SIH(Sun In House)을 이용한 라이트 테라피이다.
색 온도와 휘도를 사람의 심리상태에 따라 적용시키면서 공간을 변화시킬 수 있는 최첨단 조명기술로 SHI가 심리치료 기법의 한 분야인 라이트 테라피를 과학적인 방법으로 조명기기에 적용시킨 감성조명이다. 일출, 일몰, 한낮 시간의 변화에 다른 태양 빛의 변화를 실내에서 그대로 연출할 수 있으며, 색온도를 2,400K~7,000K 범위에서 자유롭게 조정할 수 있을 뿐 아니라 임의의 실내 공간을 3개의 Zone으로 설정하여 각 Zone 마다 다른 빛을 연출, 따듯하고 편안한 느낌을 주며, 신체뿐 아니라 마음까지도 건강하게 만들어 주는 감성조명을 개발했다.

침실의 조명은 밝기와 색온도로 조절할 수 있도록 하는 것이 좋습니다. 잠자리에 들기전부터 잠자리에서 일어날때까지 순차적인 조도와 색온도 변화를 통하여 사람의 생체리듬을 맞춥니다.(시간에 따른 연출 가능)
라이트테라피 기능을 주어 쉬면서 치료의 효과까지 갖을 수 있도록 합니다.

▲ RED LIGHT
혈액순환 촉진

▲ ORANGE LIGHT
당뇨병 치료

▲ YELLOW LIGHT
운동신경 활성화

▲ GREEN LIGHT
항암표과, 담석증 치료

▲ BLUE LIGHT
심리적 안정

▲ VIOLET LIGHT
식욕억제, 다이어트 기능

[그림 5-5] (주)FEELUX의 SIH(Sun In House)을 이용한 라이트 테라피

3 LED 및 광에서의 융합 IT

1) LED 에피 / 칩 / 패키지 / 장비 기술

LED의 휘도 향상에 대한 과거 진척 및 향후 전망이 표시되어 있는 미국 OIDA 로드 맵을 보면, 2012년이 되면 발광효율은 small칩 기준 150lm/W, 수명은 10만 시간, 연색성 지수〉80, lumen당 단가는 5$/klm이 될 것으로 전망한다. 이것이 2020년이 되면 발광효율은 200lm/W, 수명은 10만 시간, 연색성 지수＞85, lumen당 단가는＜2$/klm이 될 것으로 전망한다.

다음은 미국 OIDA 로드 맵이다.

〈표 5-4〉 미국 OIDA 로드 맵

Technology	SSS-LED 2002	SSS-LED 2007	SSS-LED 2012	SSS-LED 2020	Incandescent	Fluorescent
Luminous Efficacy(lm/W)	25	75	150	200	16	85
Lifetime(khr)	20	>20	>100	>100	1	10
Flux(lm/lamp)	25	200	1000	1500	1200	3400
In out Power (W/lamp)	1	27	47	75	75	40
Lumens Cost ($/klm)	200	20	<5	<2	0.4	15
Lamp Cost ($/lamp)	5	4	<5	<3	0.5	5
Color Rendering Index(CRI)	75	80	>80	>80	0.5	75
Lighting Market Penetration	Low-flux	Incandescent	Fluorescent	All		

다음은 기술 발전 전망 도이다.

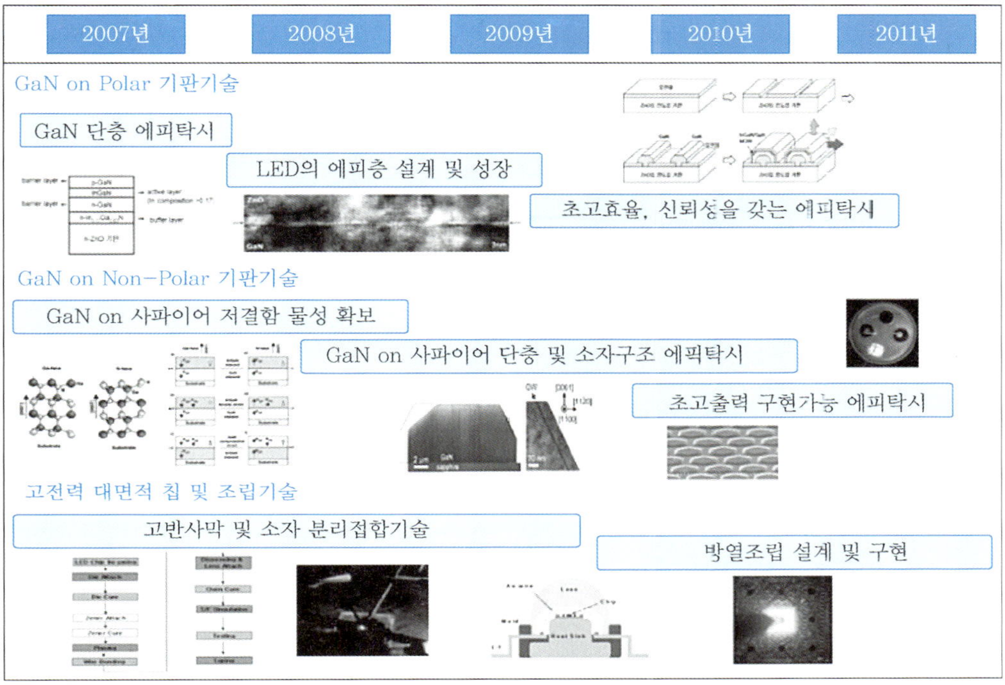

[그림 5-6] 기술 발전 전망

2) LED 조명 및 응용

LED조명은 IT-BT-NT기술 및 전통산업(건설, 의료, 자동차 등)과의 융합기술로 전환하여 새로운 건축/의료/수송/농업/해양시장 등이 형성될 것으로 전망되며 일반조명의 경우 에너지절약형 Green 홈 조명시스템 실현을 중심으로 방열 및 광학 최적화 기술, 고효율 Power SOC 개발로 진행할 것이다. 여기에 대형 LCD TV용 LED BLU 기술은 부품·소재 중심의 개별기술 개발단계에서 벗어나, IT기술과의 융·복합 기술로 미래지향적 'LED-IT 융합기술' 등의 형태로 발전될 것으로 예상되며 자동차 조경 LED의 경우, Head Lamp용 LED 광원개발 중심으로 기술적 진화가 예상되며, 대형 LCD TV와 마찬가지로 "열+광원+Driver+기구+렌즈+Design"가 상호 융 복합 기술형태로 발전할 것이다.

다음은 LED 조명 발전 전망이다.

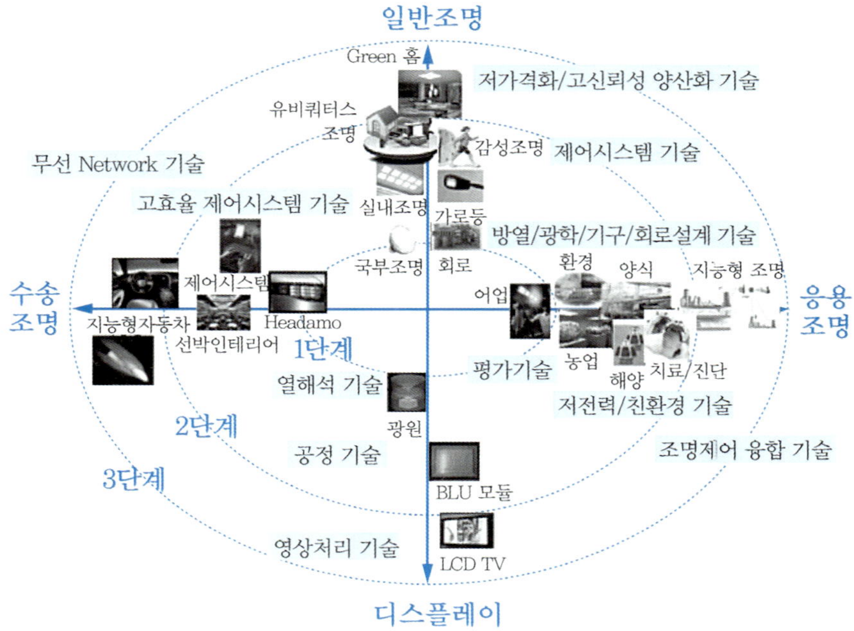

[그림 5-7] LED 조명 발전 전망

〈표 5-5〉 LED 조명 기술 발전 전망

		2007-2009	2010-2012	2013-2015
LED 조명	일반조명	고출력 고효율 광원 모듈 기술	고품격 조명설계, 디자인 기술	핵심부품 저가격화기술
		글레어 억제 확산 배광제어 기술	LED 모듈/기구 일체화 기술	고신뢰성 양산기술
		고효율 장수명 LED 구동 IC 및 회로 기술	인테리전트 제어 시스템기술	
		광학/방열/회로/기구 부품 양산화 기술		
	건축조명 경관조명	고효율 총천연색 모듈 기술	총천연색 감성조명모듈 기술	감성조명 컨텐츠 결합 광원모듈 기술
		Driver IC 기술	조명컨텐츠 및 제어시스템기술	지능 네트워크 통신부합 시스템기술
		Single Modulation 기술	IP제어 네트워크 기술	유비쿼터스 조명기술
		시스템구성 융합기술	150,800W급 독립전원 시스템기술	초박형 다중모듈, 지능조명 시스템
	특수조명 시스템	센서 BIPV, 충방전 제어 부품 기술	대용량 부품 및 양산기술	융합기술 고기능화 시스템 기술
	광설계 기술	광부품 효율 분석 기술	글레어 정량적 분석 및 설계기술	산란 표준 데이터북 작성
		광구조 및 산란설계 기술	산란효율 분석기술	광학부품 제조 및 공정기술
	방열 기술	3D 구조형성 및 도금기술	절연박막 코팅 기술	고열전도성 피막 코팅 기술
		HDI-via 형성 기술	금속배선 프리팅 기술	선택적 방열층 구조형성 기술
		Thin Insulator 적층 기술	Filler 배합 기술	Heatsink형 후박 금속 배선 적층 기술
		Laser Cavity 기반 COM 기술	Flexible-Circuit 모듈화 기술	POF 지지구조 형성 기술
		후막 배선 응용 기술	내마모성 접촉 표면처리 기술	Non-Soldering 결합 기술
		고반사 표면처리 기술	고반사막 구조형성 기술	Hybrid 결합 및 적층 기술
	평가/ 인증	열/광학/안전성/적합성 시험기술	가속수명 및 고장분석 기술	단말장치 제어표준기술
		KS인증 및 고효율기자재 인증	국제인증의 국내상호인증	국제일류 시험인증

광 인터커넥션은 현재 시스템 간에 일부 사용되고 있는 실정이며, 향후 보드간, 칩간 광 인터커넥션에 대한 연구와 점차 고집적화 및 다기능화로 인해 나노 수준의 광 인터커넥션 기술이 개발될 것으로 전망한다. 그 전망도는 다음과 같다.

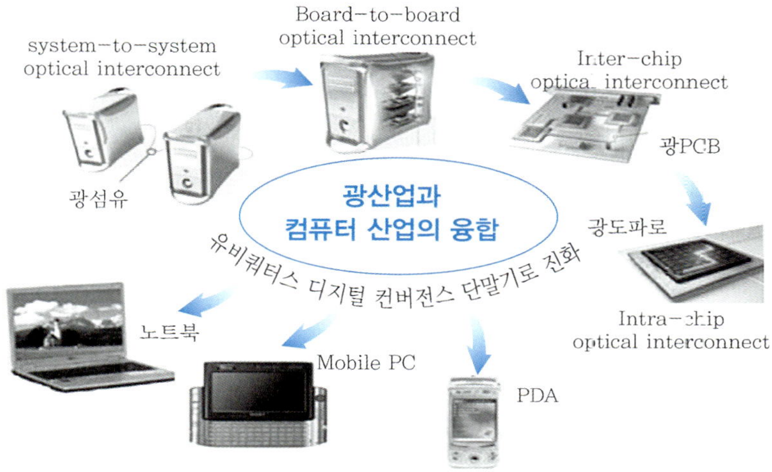

[그림 5-8] 광 인터커넥션 기술의 발전 전망

마지막으로 LED 가시광 통신은 융합 기술로써 LED/PD 기술(응답속도, 색상, Dimming, 고감도), LED 드라이버 기술, 표준 기술 (통신 PHY, MAC, 응용 프로토콜) 및 관련 활용 기술 (LED 전광판, 디스플레이 통신 서비스, 정밀 측위 기술, 자동차 응용 (ITS 포함), 광 ID 기술 등)로 발전할 것으로 전망한다.

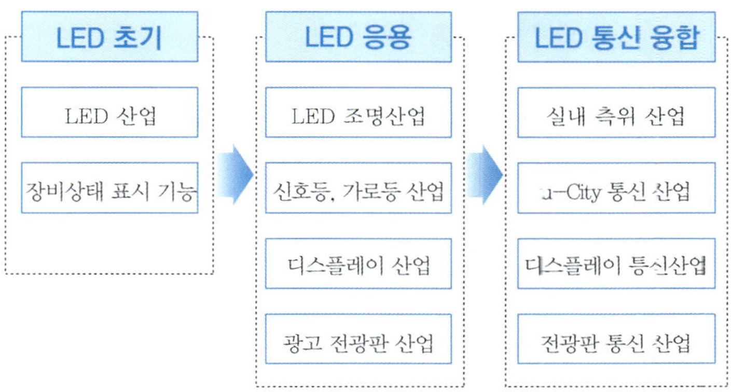

〈자료 출처: LED조명산업과통신산업융합가시광무선통신표준기술워크샵〉

[그림 5-9] LED 가시광통신 기술의 발전 전망

테크놀 수다

기계와의 경쟁

정보기술과 인간과의 관계는 깊다.

그 이유는 인간도 하나의 정보기술을 이용하는 시스템이기 때문이다. 그런데 여기에는 커다란 문제가 발생한다.

그것은 인간이 가지고 있는 능력을 기계 시스템들로 대체할 수 있다는 것이다.

인간이 가지고 있는 능력 중 정보처리 능력은 시스템이 단연 뛰어나다.

의사 소통 능력은 어떠한가?

다수의 지능은 하나의 지능을 능가하기에 시스템은 실시간으로 데이터를 수집해서 빅데이터를 분석한다.

여기서 인간의 강점은 없는가?

복잡 미묘한 감정과 감성을 더해서 의사소통을 할 수 있다.

현 시점에서는 인간다운 의사소통 스킬이 기계와의 경쟁에서 이길 수 있는 필수조건이 아닐까 싶고, 정보를 수집하고 상대 행동에 영향을 미치는 직관적인 전략만이 인간이 할 수 있는 기술이라 보며 이제 인간성과 기술의 협업만이 상생의 길이라 생각한다.

상생이란, 내가 손해를 보더라도 남을 살리는 것!

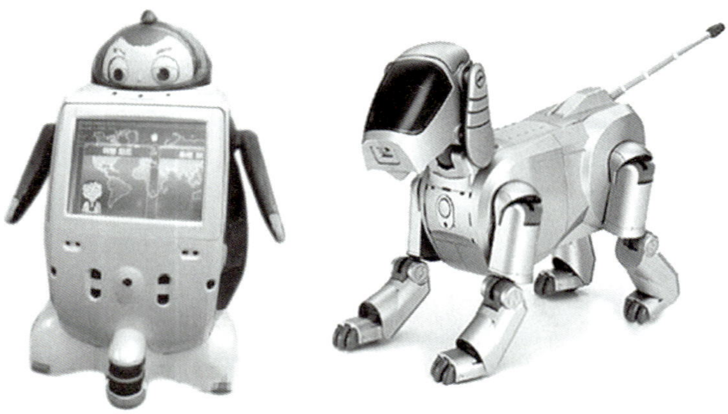

제6장 전파

학습개요	전파 기술 고도화와 융복합화를 통한 고부가가치 기술에 대해 안다. 특히, 전자선반 보급으로 실시간으로 재고관리가 실현되고, 개인 및 산업계에 RFID 보급 / 확산을 위한 RFID / NFC 두얼 리더가 개발되고 있다. 향후에는 RFID가 어떻게 진화되고 융합되는지 살펴보도록 한다.
학습목표	1. 전파 개요 2. 전파 시장 3. 전파 기술 4. 전파 기술과 융합 IT

핵심 이슈	
2012	• 전자선반 보급으로 실시간 재고관리 실현 • 개인 및 산업계에 RFID 보급/확산을 위한 RFID/NFC 듀얼 리더개발 • 핵심 제품 – RFID 전자선반
2014	• 저가 Printed Tag 상용화로 인한 스마트 물류 및 자산관리 • 핵심 제품 – 저가의 RFID 태그
2018	• 스마트폰으로 인한 센서데이터 서비스 확대 • 개인 단말과 다양한 센서간의 정보교환을 통한 스마트 라이프 영유 • 핵심 제품 – 실세계 체감형, USN 시스템

1 전파의 개요

1) 전파의 정의

전파란 인공적인 유도 없이 공간에 퍼져가는 전자파로서 3,000GHz까지의 전자기파를 의미하며 전파기술이란 3,000 GHz까지의 전파자원을 대상으로, 한정된 주파수자원을 효율적 이용하며, 이용되고 있지 않은 새로운 전파자원을 이용하는 기술을 개발하여 가용 전파자원을 확대하고, 전파 사용시 인체나 기기에 문제가 없도록 보호하며, IT, BT, NT 기술과의 융합을 통해서 새로운 전파응용 분야를 발굴하고 이를 이용하는 기술을 포함하고 있으며, 전파자원의 효율적 이용 촉진 및 정책을 위한 국가주도의 공공기술이다.

전파기술은 이동통신, 방송, 센서네트워크, 측위 서비스, WLAN/WPAN/ WBAN 등의 무선서비스가 원활히 이루어지는 토대가 되며 그 개념도는 다음과 같다.

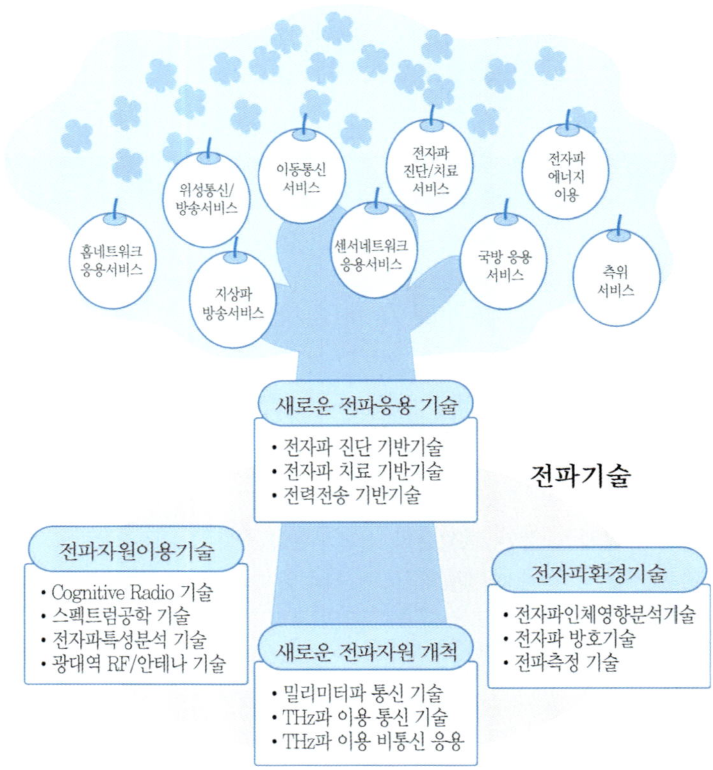

[그림 6-1] 전파 기술의 개념도

2) 전파 기술의 분류

국가의 한정된 공공자원인 전파자원을 주파수 공유, 전파이용기술 고도화 등을 통해 합리적이며 효율적으로 활용하기 위한 전파자원 이용기술, 이용되고 있지 않은 주파수 자원의 이용 기술을 개발하여 가용 주파수 자원을 확대하고, 이를 이용하여 새로운 서비스를 발굴하여 산업화와 연계시키기 위한 새로운 전파 자원 개척 기술, 전기·통신기기의 전자파로부터 인접기기나 인체를 안전하게 보호하고 영향을 평가하기 위한 전자파환경기술, 그리고, IT, BT, NT 분야 등의 융합추세에 대비하여 새로운 전파이용 분야를 발굴·서비스하기 위한 전파응용기술로 나뉜다.

- 전파지원 이용기술
- 새로운 전파 자원 개척 기술
- 전자파 환경 기술
- 전파 응용 기술

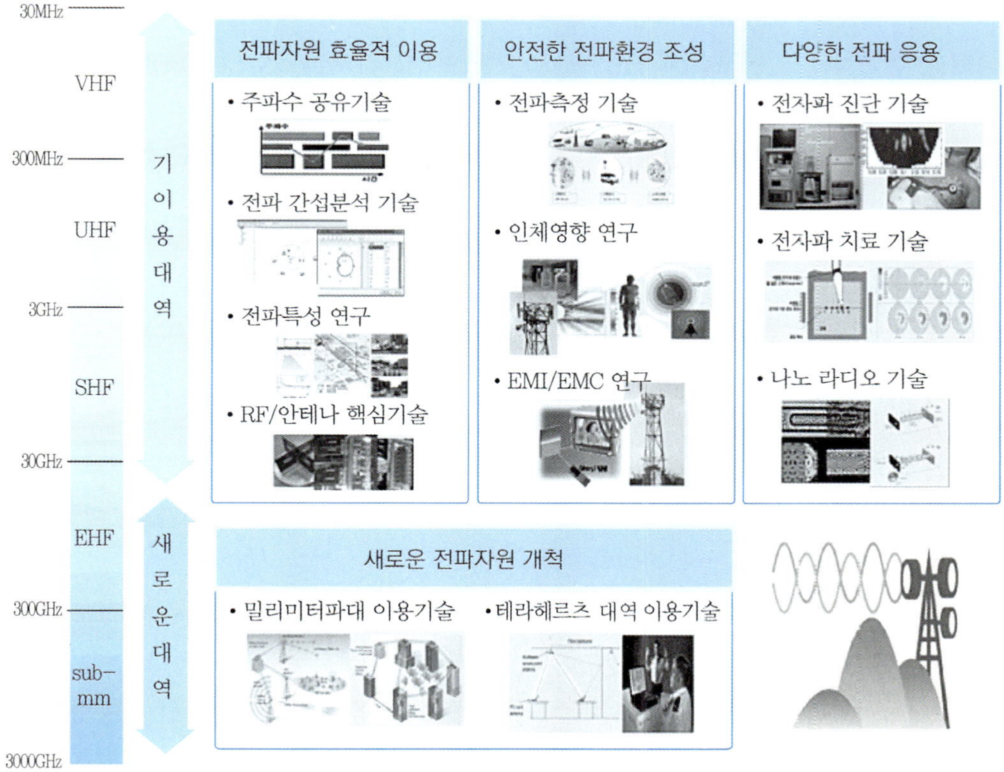

[그림 6-2] 전파 기술의 분야

주파수 대역은 다음과 같다.

〈표 6-1〉 RF 주파수 대역 별 분류

전파종류	주파수 대역	전파방식	적용분야
VLF	3KHz~30KHz	지표면 전파	장거리 무선항해, 해저통신
LF	30KHz~300KHz		장거리 무선항해, 항해위치 확인기
MF	300KHz~3MHz	대류권 전파	AM라디오, 긴급구조주파수
HF	3MHz~30MHz	전리층 전파	아마추어라디오, 군사통신, 장거리 항공기
VHF	30MHz~300MHz	가시거리 전파	VHF 텔레비전, 이동전화, 셀 방식라디오
UHF	300MHz~3GHz		UHF 텔레비전, 이동전화, 위성 마이크로파, 레이더 통신
SHF	3GHz~30GHz	우주공간 전파	지상 마이크로파, 위성 마이크로파, 레이더 통신
EHF	30GHz~300GHz		레이더, 위성 통신

무선 주파수 대역이 처음에는 복잡해 보일지 모르나, 종류의 풀 네임을 보면 쉽게 이해할 수 있다. 우선 LF(Low Frequency), MF(Medium Frequency), HF(High Frequency) 세 가지로 저주파, 중주파, 고주파로 분류된다. 이를 다시 세분화 하여 Very, Ultra, Super, Extremely로 표현한 것이다. 주로 실생활에서 이용되는 주파수 대역은 VHF와 UHF를 사용한다.

3) RFID 정의

전파하면 가장 기본 기술이 RFID이다. 먼저 정의를 살펴보자.

RFID(Radio Frequency Identification) / USN(Ubiquitous Sensor Network)은 모든 사물에 부착된 RFID 태그 또는 센서를 초소형 무선장치에 접목하여 이들 간의 네트워킹과 통신으로 실시간으로 정보를 획득, 처리, 활용하는 네트워크 시스템이다. 유비쿼터스의 핵심이라고 해도 과언이 아니다.

RFID/USN은 어느 곳에나 부착된 태그와 센서 노드로부터 사물 및 환경 정보를 감지·저장·가공·통합하고, 상황인식 정보 및 지식 컨텐츠 생성을 통하여 언제, 어디서, 누구나 원하는 맞춤형 지식 서비스를 자유로이 이용할 수 있는 첨단 지능형 사회의 기반 인프라이다. 여기서 발전하여 RFID/USN에서는 사물의 이력정보 뿐만 아니라 사물을 둘러싸고 변화하는 물리 환경계의 다양한 정보를 획득하여 생산성, 안전성 및 인간 생활수준의 고도화를 실현하는 것을 목표로 하고 있다.

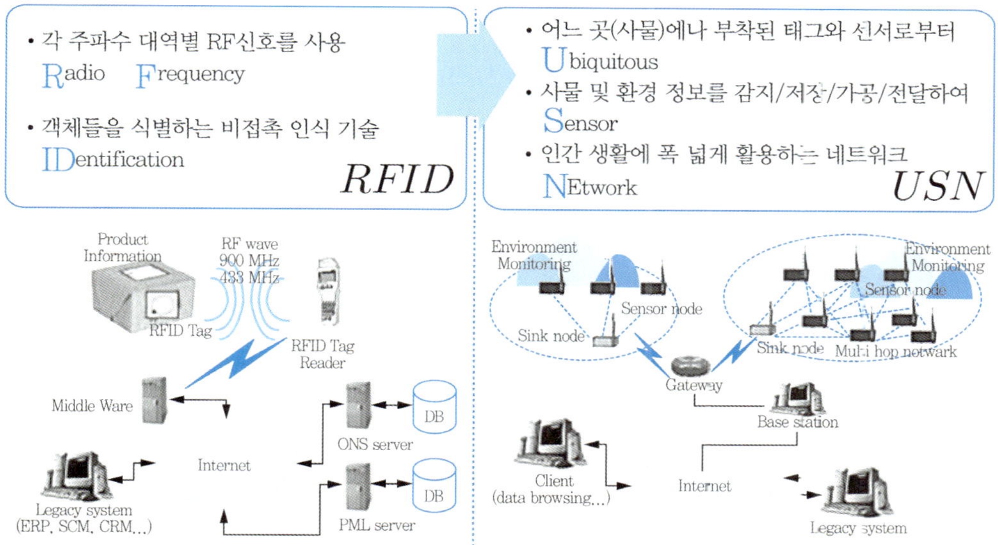

태그	수동형(Rasd/ Write) 능동형(Battery: Long range)
리더	제품정보 인식
미들웨어	수집된 상품 정보데이터 처리

센서 노드	센서, 통신 모듈, 배터리 모형, 환경정보 센싱/전달
싱크노드	외부 네트워크 통신 위현 중계 노드
USN 미들웨어	대형의 센서 데이터를 수집/ 필터링
USN 응용플랫폼	다양한 산업분야에 응용서비스 제공을 위한 플랫폼

[그림 6-3] RFID & USN 개요

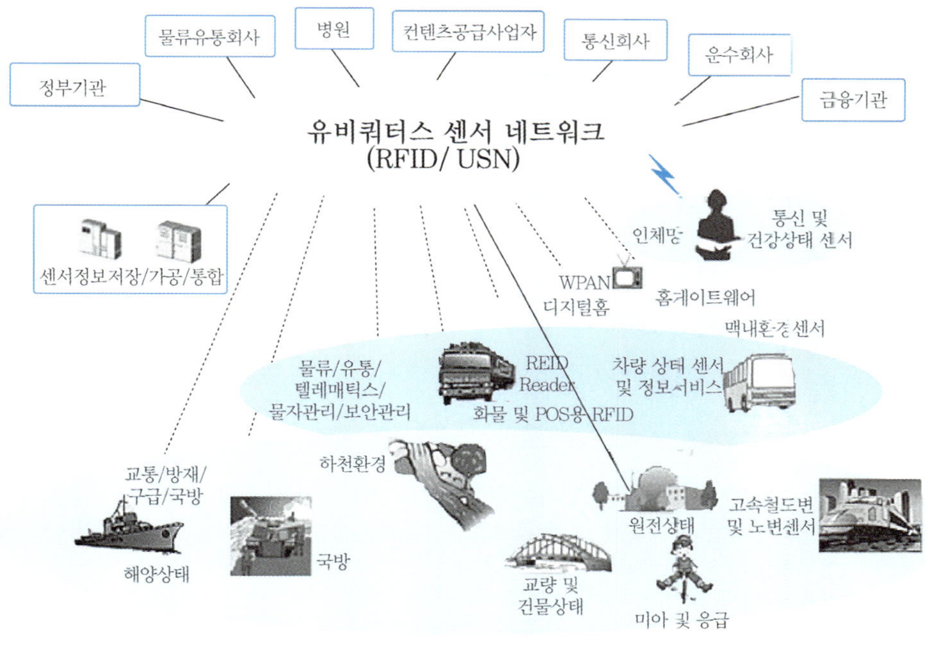

[그림 6-4] USN 개념

RFID/USN 기술은 기존의 사람 중심에서 사물까지 정보화의 지평을 확대하는 새로운 패러다임의 유비쿼터스 IT기술인 것이다. RFID/USN은 먼저 인식정보를 제공하는 RFID를 중심으로 발전하고 이에Sensing 기능이 추가되어 이들 간의 네트워크가 구축되는 USN 형태로 발전하고 있다.

4) RFID/USN 용어 정의

- **RFID 태그**: 사물의 유일 식별 코드나 정보를 저장하여 리더의 요청에 의하거나 또는 상황에 따라 외부에 자신의 정보를 리더로 전송하는 장치이다. 태그 종류로는 전지가 없는 수동형 태그부터 박막의 전지 및 트랜시버를 갖춘 능동형 태그까지 다양하다. 특히, 능동형 태그는 SAL(Smart Active Label)이라고 부른다. 이 태그는 기존 수동형 RFID 태그에 센서와 배터리를 부가한 배터리 지원 센서 태그이다.

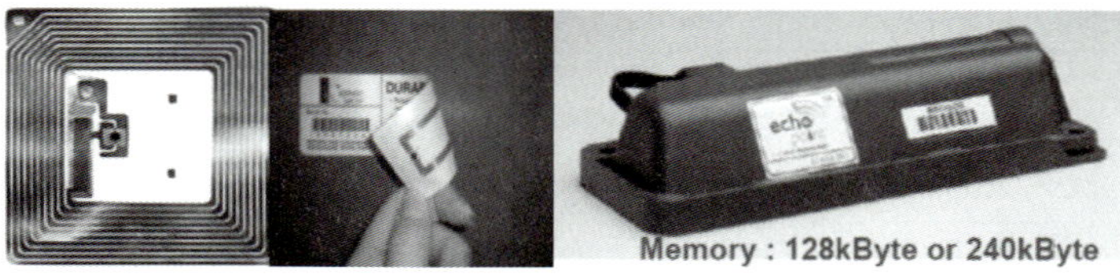

- **RFID 리더**: 사물에 부착된 태그의 정보를 인식한 후, 수집된 정보를 미들웨어에 제공하는 장치이다. 태그와 리더는 라디오 주파수(RF)를 통해 정보를 전달하게 된다.
- **센서**: 특정 무언가를 감지해내는 것으로, 사전적 의미는 물리 또는 환경계의 현상을 정량적으로 측정하는 소자이다. 반도체 기술을 바탕으로 하는 MEMS((Microelectromechanical Systems)[1]기술이 기존의 기계식 센서를 일괄생산할 수 있는 공정이 가능한 초소형, 초경량 전자식 반도체 센서로 대체되고 있다. USN의 다양한 응용

1) MEMS는 미세 기술로서 기계 부품, 센서, 액츄에이터, 전자 회로를 하나의 실리콘 기판 위에 집적화 한 장치를 가리킨다. 주로 반도체 집적회로 제작 기술을 이용해 제작되지만 반도체 집적회로에서 평면을 가공하는 프로세스로 제작할 때 입체 형상을 만들어야 하므로 반도체 집적회로의 제작에는 쓰이지 않는다. 에칭이라 불리는 제작 프로세스가 포함된다.
현재 제품으로서 시판되고 있는 것으로서는 잉크젯 프린터의 헤드, 압력 센서, 가속도 센서, 자이로스코프, 프로젝터 등 이 있다. 응용 분야가 다방면에 걸쳐 있기 때문에 시장 규모가 확대되고 있다. 이 때문에 제2의 DRAM이라고도 말하고 있다.

영역에 따라 조도, 열, 습도, 가속도/지진강도, 음향, 지자기, 위치 등과 같은 다양한 센서를 통합하여 사용하고 있다.

- **센서 노드**: 환경, 물리계에서 센싱 된 정보 또는 센서에 관련된 특정 이벤트를 유무선 통신 기술 기반으로 하여 전달하거나 컴퓨팅을 수행하는 센서, 프로세서, 통신소자, 전지 등으로 구성되는 시스템으로 데이터 처리, 통신경로 설정, 미들웨어 처리 등을 수행하며, 하드웨어 / 소프트웨어적 역량 면에서 다양한 등급으로 정의될 수 있다.
- **싱크 노드**: 감지된 센싱 정보를 취합하거나, 이벤트 성질의 데이터를 센서 네트워크 외부로 연계하고 관련 센서 네트워크를 관리하는 시스템으로 '베이스 스테이션'으로 불리기도 하며, 대체로 하드웨어 / 소프트웨어적으로 센서 노드 보다 역량이 큰 시스템을 뜻한다.
- **USN 게이트웨이**: IP 기반으로 액세스할 수 있는 다양한 네트워크(LAN, WLAN, CDMA, WiBro 등)를 통하여 USN 서비스를 제공할 수 있도록 IP 기반 네트워크와 센서 네트워크를 연계하는 시스템으로, 싱크 노드와 기존의 서비스 네트워크 사이에 위치하며 필요에 따라 싱크 노드가 게이트웨이 내에 구현되기도 한다.

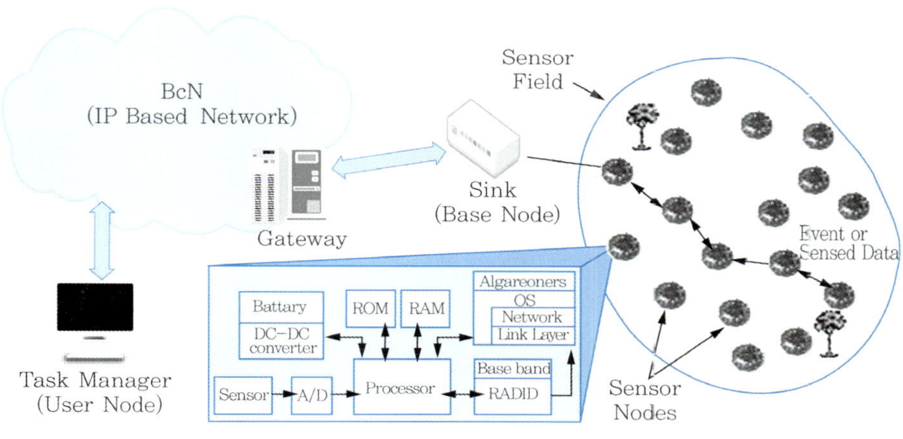

[그림 6-5] 센서 노드, 싱크 노드, USN 게이트웨이

- **센서 네트워킹**: 센서 네트워크를 형성하는 다수의 센서 노드들과 싱크 노드, 센서 게이트웨이로 형성되는 자가 구성된 네트워크로서 크게 센서 노드들과 싱크(Sink) 노드 간의 네트워크 형성과 싱크 노드와 센서 게이트웨이 간의 네트워크 형성으로 크게 구분된다.

- **센서 네트워크 미들웨어**: 다양한 센서 응용 소프트웨어와 운영체제 및 네트워크 기능 사이에 존재하며 유지/보수, 설치/배포, 응용 수행에 필요한 제반 사항을 지원하는 소프트웨어이다. 센서 네트워크 미들웨어 기능은 다양하다. 먼저, 센서 노드 및 싱크 노드에 탑재되어 센서 네트워크의 프로그램 갱신을 담당하고, 응용 변화에 따른 프로그래밍 조정, 전력 관리 등의 센서 네트워크의 변화 및 센서 노드와 싱크 노드에서 센싱되는 센서 데이터에 대한 데이터베이스(Sensor DB)을 가지고 있다. 이 데이터베이스 시스템을 이용해서, 데이터 보관 관리, 다양한 응용에 적합한 데이터 운용, 처리(데이터 융합, Aggregation) 기능과 데이터 융합과 저 전력 소모의 통신을 위한 클러스터링[2] 기능을 수행한다.

5) 전파 기술 특징

전파기술은 국가고유 무형자원인 전파자원을 정부가 효율적으로 확보·공급·이용·관리할 수 있도록 하는 기반을 제공한다. 뿐만 아니라 미래 전파이용이 확대되면서 발생할 가용 주파수 부족 문제를 해결할 수 있다. 현재 80GHz 이하에 머물러 있는 주파수 이용을 THz대까지 확장하여 새로운 서비스를 발굴 활용하기 위한 기반을 마련하려는 움직임이 있다. 또한, 전자기기 및 인체에 미치는 전자파 영향을 분석하고, 방호할 수 있도록 하여 안전한 전자파 환경을 조성해야 한다. 이러기 위해서는 전자기기의 전자파장해 평가 및 차폐기술을 개발하여 원활한 전파통신 서비스를 제공해야 하며 무선기기로부터 복사되는 전자파로부터 인체를 보호하기 위한 방안을 마련해야 한다.

여기에 전파 IT-의료 BT를 결합한 전자파기반 인체진단·치료기술을, 경제적으로 활용 가능하도록 개발하여 노령화에 따른 의료산업 확대에 대비해야 하며 메타물질 및 나노 라디오 핵심기술 연구로 전자제품의 소형화와 고성능화를 통한 미래 전파산업 경쟁력 확보해야 한다.

- 전파 기술의 확보, 공급, 이용, 관리
- 전파 간섭을 방지하고 이용 주파수 대역을 확대해서 새로운 서비스를 발굴
- 인체에 해가 안 되고, 친환경적인 안전한 전자파 개발
- 전파 IT와 의료 BT 융합하는 신 전파 산업 확보

2) 클러스터링 – 여러 대의 시스템을 서로 연결하여 하나의 컴퓨터처럼 작업을 처리하기 위한 기술

이런 전파 기술을 분류하면 다음과 같다.

〈표 6-2〉 전파 기술 분류

중분류	소분류	기술개요
전파자원 이용	주파수공유	서로 다른 서비스가 동일 대역을 공유하거나, 유사 서비스를 제공하는 사업자 간에 인접 스펙트럼을 동적으로 임대하여 사용할 수 있게 함으로써, 주파수 이용 효율을 높이고 트래픽의 QoS를 향상시키는 기술. 대표적인 기술로는 TV white space CR 기술, DSA 기술, CPC 기술 등이 있음
	RF/안테나	시스템 개발을 위한 RF 회로 및 소자 기술, 지능형 안테나 모듈 및 메타물질 등의 원천 및 응용 기술
	전파전파특성	주요대역에 대한 전파모델 연구 및 무선채널 특성 분석 연구 등을 통한 무선통신 최적화 기반마련을 위한 기술
	스펙트럼공학	국가의 한정된 공공자원인 전파자원을 합리적이며 효율적으로 활용하기 위한 기반기술로서, 주파수관리, 할당/분배, 전파간섭분석기술 등을 포함함
	자성체 전파 매질	화학적, 기계적인 결합이 아닌 신개념 초고속/저전력 단일 구조의 자성체 구현 기술로 복수 주파수대역에 대한 맞춤형 유전율 및 투자율을 이용한 전파매질 구조 기술, 전송시스템 응용 및 전파 흡수체 응용 기술을 포함함.
전파자원 개척	밀리미터파 이용기술	미사용 되고 있거나 이용이 저조한 밀리미터파 대역을 쉽게 이용할 수 있도록 하기 위한 기반 기술로서. 주로 70 GHz 이상의 주파수 대역을 대상으로 하며, 부품 및 시스템 기술을 포함함
	THz 이용기술	테라헤르츠 대역을 쉽게 이용할 수 있도록 하기 위한 기반 기술로서, 주로 0.2 THz 이상의 주파수 대역을 대상으로 하며, 전파특성 분석 기술, MMIC/신호원/안테나/전송선로/패키징 기술과 같은 H/W 기술과 전송기술을 포함함
전자파 환경	인체보호기술	전자파가 전송선로 혹은 공간으로 전달되는 과정에서 전자파에 노출되는 인체의 영향의 과학적 규명, 인체 보호를 위한 기준 연구, 인체 영향의 공학적인 평가, 노출량 평가 표준화 등을 포함하는 기술
	기기보호기술	기기 내부 또는 기기간의 의도성 및 비 의도성 전자파에 의한 전기 전자기기의 오동작을 방지하기 위한 기술, 전자파장해 및 적합성, 전자파 내성 기술, 무선기기 복사출력 연구 등을 포함하는 기술

중분류	소분류	기술개요
	전파감시기술	새로운 무선통신서비스(주파수)에 대응하는 고정, 이동, 휴대형 전파측정 및 관리시스템 기술, 실시간 전파환경 측정기술 등을 포함하는 기술
전파응용	인체/BT 응용기술	전자파를 이용한 인체진단 및 치료 기술 등 인체와 BT 분야에서의 전파 응용 및 융합 기술
	NT 응용	탄소튜브, 나노 라디오 송수신기 핵심기술 등 전자제품의 소형화 및 고성능화를 위한 NT 응용 및 융합 기술
	에너지 응용	3 kHz 이상의 전파에너지를 공간 혹은 전도를 통해 전송하여 활용하는 기술로서, 전송소자, 전송회로, 에너지 재생 기술 등을 포함하는 기술
	레이더	레이더의 반도체화 기술 개발을 통한 레이더 소형화, 레이더 신호성형 기술을 통한 성능 고도화, 레이더 겸용 통신 기술 등의 레이더 신기술, 새로운 형태의 레이더 개발 및 응용 기술 등 원격 탐지 및 탐사 관련 기술
	IT 응용	전파와 IT 기술을 결합한 환경/농업, 안전/보안, 오락, 홈 네트워크, U-city 등의 분야에 대한 창의적 전파 응용 기술

2 전파 기술

1) RFID 기술 개요

• **RFID 기본 기술**

RFID 기술은 태그에 내장된 정보를 무선주파수를 이용하여 리더가 비접촉식으로 읽어내는 기술이 있다. RFID 태그와 리더는 앞 절의 용어정리 부분을 참고하고, RFID의 구성 요소에 따른 RFID 동작 원리는 다음 그림과 같다.

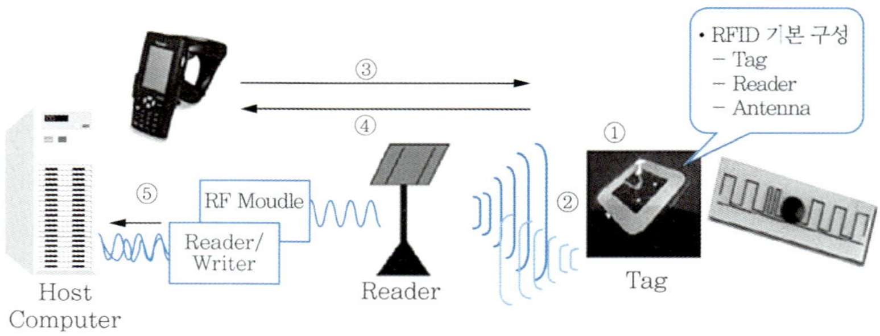

[그림 6-6] RFID 구성도

• RFID 동작순서
1. Reader/Writer 기기를 통해 태그의 메모리에 정보를 저장
2. 안테나 전파 영역 내에 태그를 진입
3. Passive RFID인 경우 태그 칩에 전원을 공급
4. 태그의 메모리에 저장된 정보를 Reader에 전송
5. Reader는 정보 처리 시스템인 호스트 컴퓨터에 전달

다음은 RFID 미들웨어을 살펴보자.

미들웨어는 RFID 리더에서 수집된 정보를 처리하여 비즈니스 어플리케이션에 연계시키며, 리더에 대한 제어 및 모니터링 기능, 데이터 이벤트 처리 기능, ID와 사물 정보 관리 기능을 제공하게 된다.

모바일 RFID 기술은 UHF대역의 RFID 리더를 모바일 휴대형 통신기기어 내장시켜 연동하고, 이동통신 네트워크를 이용하여 사물에 부착된 태그를 통하여 컨텐츠 및 서비스를 제공하는 기술이다.

자동 식별 및 데이터 수집 기술은 여러 가지가 있는데, 기존의 바코드와 스마트 카드(smart cards)처럼, 특정 매체가 담고 있는 정보를 자동으로 식별하여 데이터 수집(AIDC: 자동식별 데이터 수집 (Automatic Identification and Data Capture))을 목적으로 사용되는 경우도 있다.

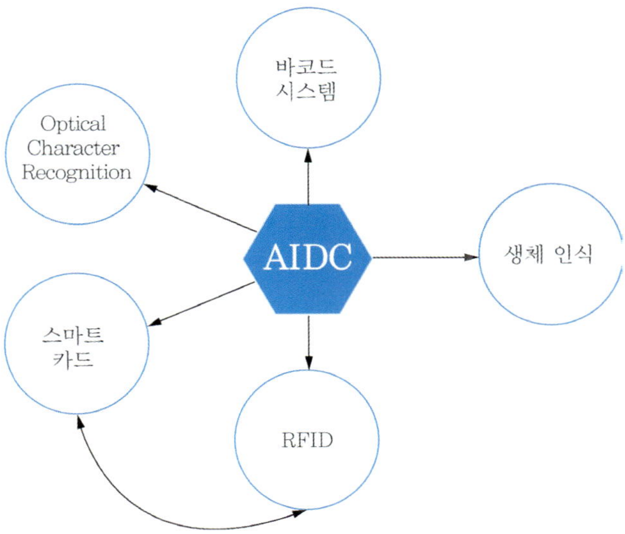

[그림 6-7] 자동 식별 및 데이터 수집 기술

위의 그림에서 보는 바와 같이, AIDC는 자동으로 개체를 식별하고 데이터를 수집하여 시스템에 직접 데이터를 전하는 기술을 말한다. 일반적으로 AIDC 기술에는 바코드 시스템, RFID, 광학 문자 인식 시스템, 스마트 카드 등이 포함된다.

여기서 RFID와 스마트 카드는 대체 기술이기도 하다. 이 뿐만 아니라, AIDC 기술은 생체 인식 시스템에서도 사용이 되는데, 지문, 홍채, 또는 음성과 같은 특성을 식별하기도 한다.

2) RFID 대체기술

- **스마트카드**

스마트 카드는 마이크로 프로세서, 카드 운영 체제, 보안 모듈, 메모리 등을 갖추고 특정 트랜잭션을 처리할 수 있는 능력을 가진 칩을 내장한 신용 카드 크기의 플라스틱 카드이다. 기능으로는 저장매체로서의 기능, 디지털 서명 인증, 그리고, 데이터 보호 역할을 하는 컴퓨터의 역할도 수행한다. 카드의 접점이 인터페이스 장치의 접점에 접촉됨으로써 카드가 활성화되는 형태인 접촉식 카드와 카드 내의 칩을 구동하기 위한 전원 공급이 카드 내의 코일의 전자 결합을 통해 이루어지는 전자 유도 방식의 비접촉식 카드가 있다. 정보 처리 기능에 필요한 연산 소자의 기억소자는 접촉식 카드나 비접촉식 카드 모두 동일하다.

또 하나의 카드 내에서 접촉 / 비접촉식 카드가 공유할 수 있는 부분들을 상호 공유하는 화학적 결합 형태의 카드인 콤비 카드도 있다. 그 기능과 특징을 비교하면 다음과 같다.

〈표 6-3〉 스마트 카드

인터페이스	CPU 유무	명칭	특징	응용 분야
접촉식	있음	스마트	보안성이 강함	전자화폐, 직불카드, 신용카드, 신분증, 인터넷 인증
	없음	메모리, 더미		공중전화카드 은행카드, 신용카드
비접촉식	있음	스마트	편의성, 신속성이 장점	교통, 출입 통제 등
	없음	메모리, 더미		교통, 출입 통제 등

• **자기 카드**

자기 카드는 카드 모양처럼 생긴 정보 매체로서 플라스틱판 위에 자기 띠(magnetic stripe)가 붙어 있는 것과 전화 카드와 같이 자기 기록 층을 얇은 피막으로 형성한 것이 있다. 자기 카드의 크기는 54×86mm, 두께는 0.76mm 정도이며 기억 용량은 수십 바이트로 그다지 크지 않지만 재 기록이 가능하고 가격이 저렴하여 현재 은행 카드, 신용 카드로 가장 많이 사용된다. 자기 카드의 자기 띠에는 부호 번호와 암호 번호 등을 기록하여 카드 소유자를 식별한다. 현금 카드나 신용 카드에는 소유자의 속성 외에 발행자 부호가 포함되는데 발행자 부호는 국제 표준화 기구(ISC)의 위촉에 따라 미국 은행 협회 (ABA)가 국제적으로 관리하고 있다. 자기 띠가 붙어 있는 자기 통장, 자기 원장 등은 자기 카드를 응용한 것이다. 요금 선불 방식의 선불카드로는 전화 카드 외에 신용 카드보다 얇은 철도 정기 승차권이나 보통 승차권 등이 있다.

• **바코드**

바코드는 1차원 바코드, 2차원 바코드, 3차원 바코드로 나뉜다. 먼저, 1차원 바코드는 흔히 우리가 알고 있고, 볼 수 있는 것으로 검은 막대인 바와 흰색 막대인 스페이스의 조합 및 배열로 숫자, 문자를 표현하는 가로 방향의 선형 코드이다.

[그림 6-8] 1차원 바코드

물품의 다종화, 국제 무역의 활성화, 그리고 소매 유통의 활성화로 바코드가 등장하게 되었다. 기술적인 특징으로는 검은 바와 흰 공간의 연속으로 바와 스페이스를 특정 두께와 폭으로 배역이 가능하다. 하지만, 가로 방향으로만 정보를 저장하기 때문에 저장 용량의 제한이 있다. 그래도 빠른 판독과 정확성 때문에 아직도 소매용 상품 유통에서는 인기가 좋다. 1차원 바코드의 정보 표현 제약성과 기길성 부족의 단점을 보완하여 2차원 바코드가 등장하게 된다.

2차원 바코드는 X방향, Y방향의 양방향으로 정보를 배열시켜 평면화시킨 점자식 또는 모자이크식 인식 코드이다.

QR Code　PDF417　Data Matrix　MaxiCode

[그림 6-9] 2차원 바코드

데이터 저장 용량이 큰 PDF417, 빠른 인식이 장점인 MaxiCode, 2차원 바코드의 장점만을 모아 만든 QR code 등 다양하다. 2차원 바코드는 정방향의 동일한 폭의 흑백 요소를 모자이크 식으로 배열하여 데이터를 구성한 체크무늬 형태를 띠며, 해독하는 스캐너는 각 정방향의 요소가 검은지, 흰지를 식별해 내고, 이 흑백 요소를 데이터 비트로 삼아 조합하여 문자를 구성한다.(PDF417, MaxiCode, QR code 등은 2차원 바코드의 종류이다.)

2차원 바코드의 특징은 작은 사각형 안에 2차원 형태의 심볼로 코드화가 가능하고, 문자, 숫자, 이미지, 음성, 지문, 서명 등 다양한 형태의 정보 저장이 가능하다. 또, 에러가 발생하면 에러 복구가 가능하고, 보안에도 뛰어나다. 따라서 전자 서명 값을 넣을 경우, 모바일 커머스나 종이 문서 암호화가 가능하다.

다음은 RFID, 자기 카드, 바코드 기술들을 비교해 보았다.

〈표 6-4〉 대체기술과의 비교표

항목	RFID	자기 카드	바코드
인식 방법	비접촉	접촉	비접촉
거리	수십 m	접촉	수십 cm
인식 속도	1s 이내	수초	수초
투과력	투과 가능	불가	불가
데이터	64Kbtye	수백 byte	100byte
인식률	99% 이상	95% 정도	95% 정도
수명	반영구적	훼손 쉬움	훼손 쉬움

표에서도 알 수 있듯이 RFID 태그는 라디오 주파수의 특성에 의해 인식거리도 길고 동시에 다수의 태그 인식이 가능하며 데이터 변경과 추가가 자유롭다는 장점을 가지고 있어RFID 태그가 점차 소형화·저가격화 할 것으로 예상되면서, 사물 인식

및 응용 환경에 대한 적용 가능성을 높이고 있다.

요즘은 바코드에도 컬러를 입힌 바코드도 등장한다.

MS는 기존의 바코드에 색을 더해 한 단계 더 발전시킬 계획이다. MS의 연구소에서 개발한 새로운 포맷의 바코드에는 기존의 바코드보다 작은 면적에 많은 데이터를 담기 위해 4종류 혹은 8종류의 색이 사용되고 있다.

또 이 바코드에는 새로운 모양이 적용돼 정방형 모양의 2차원 바코드나 통일 상품 코드 (UPC)의 가는 선과 굵은 선이 교차되는 바코드와 달리 작은 삼각형이 사용된다.

그 컬러 바코드 그림은 다음과 같다.

[그림 6-10] 칼라 바코드

이 칼라 바코드는 영화, 비디오 게임, 음반 등의 상용 미디어에 사용될 목적으로 개발됐다. MS는 이미 AV 작품의 라벨의 조정을 지원하는 단체와 계약을 체결 중으로 이로 인해 「고용량 칼라 바코드(High Capacity Color Bar Code)」라는 이름의 이 바코드는 DVD에 적용될 예정이다. 새로운 바코드를 사용하는 목적은 DVD 디스크와 패키지의 보안을 강화하는 것이지만 장기적 계획으로는 영화의 예고편에 특별한 기능을 부여하는 것도 검토되고 있다.

칼라 바코드에도 단점은 존재한다.

우선 이 칼라 바코드에 대한 명확한 수요가 필요하며 결정적으로 이 바코드는 고품질 인쇄를 필요로 한다. 이 때문에 출하 라벨과 같은 바코드에는 적합하지 않다. 또 표준적인 바코드 스캐너로 이 칼라 바코드를 읽어낼 수 없다. 하지만 칼라 바코드는 웹 캠, 휴대폰의 카메라 등 소비자가 소유하고 있는 기기로 정보를 읽어내는 것이 가능하다

3 전파에서의 융합 IT

전파기술은 주파수면에서 THz대까지 이용 기술이 개발되고 있으며, IT, BT, NT 기술과의 통합을 통한 새로운 전파 응용서비스 및 이를 위한 부품, 시스템 기술이 개발될 전망이다. 전파이용 기기의 급증으로 기기간 EMI, EMC 문제가 복잡해지고 있어서 이에 대한 해결 기술 개발이 요구되며, 또한 안전 의식의 확산에 발맞추어 인체에 대한 영향을 규명하기 위한 연구가 심도 있게 진행될 전망이다. 그 전망 도는 다음과 같다.

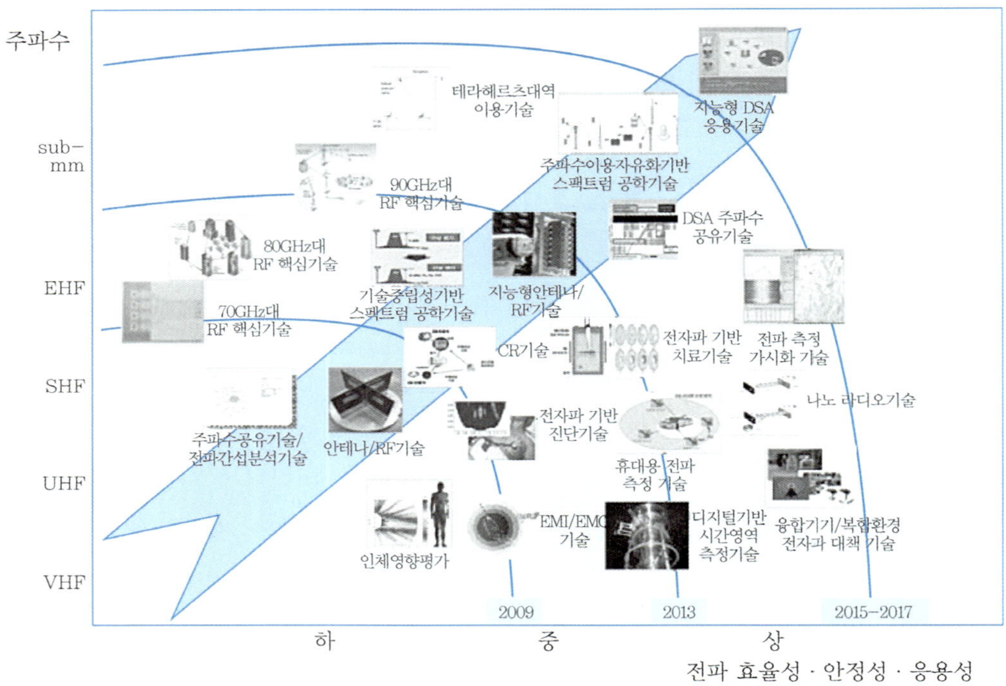

[그림 6-11] 전파기술 발전 및 미래 전망

여기에 우리나라에서는 u-IT로 녹색사회 인프라 구축하고자 하는 움직임으로 가장 대표적인 기술인 RFID, 유비쿼터스 센서네트워크(USN) 기술 등 가지고 기존 에너지 다소비형 산업구조와 가정을 에너지 저소비형으로 전환하는 정부 방침이 결정되었다.

RFID를 통한 재고물류 관리시스템이 적용된 u-워크플레이스 등 u-산업단지를 조성하는 사업, 반도체나 디스플레이 제조공장의 클린룸 설비의 불필요한 에너지 낭비를 막는 에너지관리시스템(EMS) 시범사업, 전자종이 확산 사업, 태양광발전 및 그린 홈 네트워크 등 그린IT 기술을 종합한 그린 홈 테스트베드 구축, 2015년까지 현 전력사용량의 43%를 절감시키는 그린IDC 테스트베드 구축, 전력망 통신(PLC)이나 지그비 등 무선통신 기술을 통해 에너지사용을 실시간 최적화하는 AMI(Advanced Metering Infrastructure) 상용화 사업, 빌딩 디지털조명 제어기술 상용화 사업 등이 이를 위해 추진된다.

여기에 그린IT 인력양성 및 제도정비가 마련되어 그린IT 인식 확산을 위해 기업, 학계, 정부, 시민단체 등이 참여하는 '그린IT포럼'이 구성되며, 각국의 IT환경규제에 대응하기 위한 '그린IT 에너지규제 대응단'이 관계 기관을 중심으로 구성된다. 또 기존 정보통신기술인력양성사업 (ITRC)을 통해 고급 그린IT 인력을 양성하는 사업이 새롭게 추진된다. 이와 함께 가전제품의 에너지소비효율 1등급보다 더 높은 에너지 효율을 유도하기 위한 톱러너(Top Runner) 제도를 비롯해 에너지소비등급제에 포함되지 않았던 PC, 프린터, 복사기 등 사무기기의 등급제를 2009년 7월1일부터 의무화하는 등 관련 제도가 강화되었다. 이밖에 미국의 에너지스타 제도처럼 저탄소 녹색성장에 기여한 그린IT제품을 매년 심사해 우수기업에 시상하는 '그린IT 어워드'가 신설되었다.

테크는 수다

IoT(Internet of Things)

시대와 공간에 따라 다양한 모습을 갖는 것은 무엇일까?

미술의 의미이기도 하지만 기술의 의미이기도 하다.

작품과 작품 사이의 관계를 통해 작품의 사회적, 역사적 배경 등을 보며 미술을 풍부하게 경험할 수 있듯이 객체와 객체 사이의 관계를 통해 우리는 기술도 풍부하게 경험할 수 있다.

그래서 지금이 IoT가 핵심 이슈이며 경험의 시대인 듯 하다.

기술이 변화하는 모습

PC → 인터넷 → 스마트폰 → IT

개인화 → 네트워크 → 모바일 → 경험

이런 경험의 시대에는 편견이나 선이관이 없어야 한다.

왜냐하면 편견이나 선입관은 경험을 위한 상상을 방해하기 때문이다.

경험을 위한 키워드를 보면 Touch, Catch, Click, and Interaction으로 볼 수 있지만 여기서 Serendipity를 찾았으면 한다.

제7장 BcN

학습개요	IPTV, 스마트폰 등의 서비스 활성화로 유무선 데이터의 증가를 대비한 여러 기술방식이 등장하고 있는데, 특히 백홀장비 및 광대역 광통신 융합 기술에 대해 안다.
학습목표	1. BcN 개요 2. BcN 시장 3. BcN 기술 4. BcN 기술과 융합 IT

핵심 이슈	
2012	• IPTV, 스마트폰 등의 서비스 활성화로 인한 유무선 데이터 증가에 대비한 여러 기술방식 백홀장비 및 광대역 광통신 기술 • 핵심 제품 - 캐리어 이더넷, MUX
2014	• 유무선 액세스 구간의 QoS 서비스 제공, 운영비용 절감 등 유무선 액세스 효율화를 위한 융합 액세스 시스템 기술 • 핵심 제품 - 유무선 융합 액세스 시스템
2018	• 향후 도래할 미래인터넷 서비스와 트래픽 급증에 대비한 가상화 플랫폼 및 초광대역 전광 통합시스템 기술 • 핵심 제품 - 전광 통합 시스템

1 BcN(Broadband Convergence Network)의 개요

1) BcN의 정의

유비쿼터스 네트워크인 BcN에 대해 정의를 내리면, 통신/방송/인터넷이 융합된 품질 보장형 광대역 네트워크라고 말할 수 있다. BcN을 통해서 멀티미디어 서비스를 언제 어디서나 끊김 없이 안전하게 이용할 수 있는 차세대 통합 네트워크로서 기본 개념은 다음 그림과 같다.

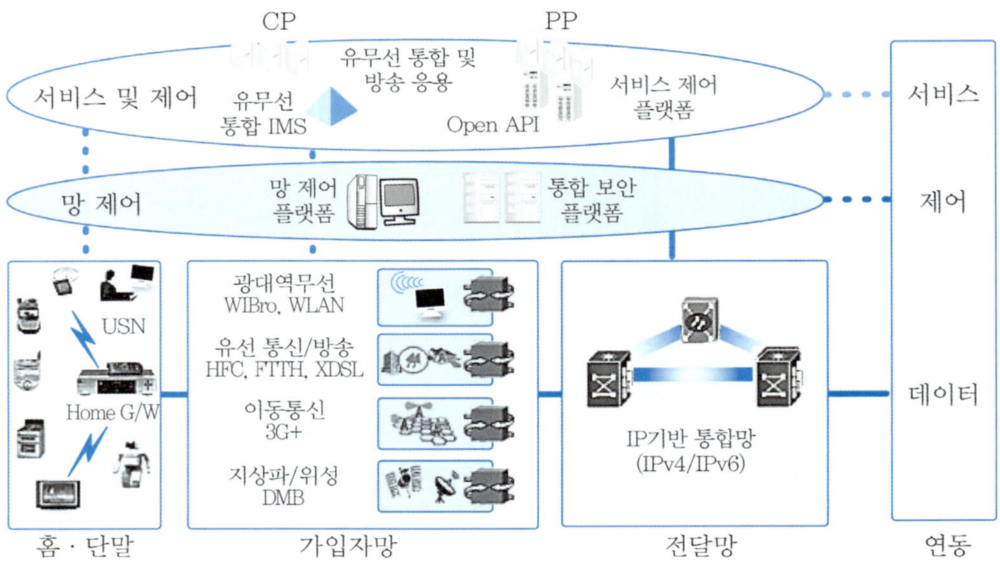

[그림 7-1] BcN의 개념도

홈 단말에서 시작하여 광대역 무선, 유선, 그리고 지상파와 위성까지 연결된 외부 네트워크를 통해 멀티미디어 서비스를 언제 어디서나 편리하게 이용할 수 있는 통신망인 것이다. 여기서 처리하는 데이터는 음성, 문자 데이터를 통합하여 방송 데이터까지 자유자재로 제어하여 서비스를 받을 수 있다. 또한, 다양한 서비스를 쉽게 창출하여 제공할 수 있는 개방형 서비스(Open API[1]: Open Application Programming Interface) 플랫폼[2] 기반의 통신망인 것이다.

1) API란 응용 프로그램과 연결되는 매개체이다. 모든 개발자들이 이 API를 이용하는 이유는 프로그래밍에서 사용할 수 있는 기능들을 라이브러리 형태로 모아 놓아 간단하게 불러서 사용하기만 하면 되기 때문이다. 개발 시간이 단축될 뿐만 아니라 라이브러리 형태는 표준화 되어 있기 때문에 그대로 가져와 사용할 수 있다. 그렇다면, Open API는 무엇인가? API를 개방하여 외부에서 쉽게 가져다가 쓸 수 있도록 한 것이다.

2) 컴퓨터 시스템의 기반이 되는 하드웨어나 소프트웨어. 컴퓨터는 맨 아래층인 집적 회로(IC) 칩 수준의 하드웨어층, 그 다음 층인 펌웨어와 운영 체계(OS)층, 맨 위층인 응용 프로그램층으로 구성되는 계층화된 장치인데, 이 장치의 맨 아래층만을 흔히 플랫폼이라고 한다. 그러나 응용 프로그램의 설계자들은 하드웨어와 소프트웨어를 모두 플랫폼이라고 하는데, 그 이유는 하드웨어와 소프트웨어가 응용에 대한 지원을 제공하기 때문이다. 요즘은 웹 기반 프로그램이 대부분이기 때문에 웹도 플랫폼 범주에 포함이 된다.

다시 정리하면,

- 음성·데이터 통합 및 통신·방송 융합형 멀티미디어 서비스를 언제 어디서나 편리하게 이용할 수 있는 통신망
- 다양한 서비스를 쉽게 창출하여 제공할 수 있는 개방형 서비스(Open API: Open Application Programming Interface) 구조의 통신망
- 안전(Security)하고 품질보장(QoS) 및 IPv6가 지원되며 당 관리가 용이한 통신망

2) 차세대 통합 네트워크 BcN의 특징

- **융합형 서비스 통합/융합화**: 음성/ 문자 데이터의 통합, 유무선의 통합, 통신과 방송의 융합형 서비스를 제공한다.
- **광대역화**: 고화질의 동영상 멀티미디어 서비스가 가능하도록 50~100 Mbps 이상의 대역폭을 가입자에 제공한다.
- **품질보장화**: 이용자, 서비스 별 차별화된 서비스 품질보장을 위한 전달망 / 가입자망의 QoS 보장 기능과 서비스 제어 및 네트워크 제어 계층의 품질보장 서비스 관리 기술을 적용했다.
- **고기능화**: 다양한 서비스를 용이하게 제공할 수 있도록 개방형 플랫폼(Open API)을 기반으로 네트워크 및 단말기에 구애 받지 않고 다양한 서비스를 끊김 없이(Seamless) 이용할 수 있는 유비쿼터스 서비스 환경을 지원한다.

3) BcN의 기술 분류

기술은 4가지 영역으로 분류할 수 있다.

- 서비스 및 제어 분야
- 전달망 분야
- 가입자망 분야
- 미래 인터넷 분야

먼저, 서비스 및 제어 분야에서는 BcN을 최적의 상태로 유지하고, BcN 서비스를 실시간으로 제공하기 위해 이용자 요구 정보, 서비스 정보 등을 결합하여 처리하는 기술 및 통합 네트워크/서비스 제어 기술 등으로 나뉜다.

두 번째로 전달망 분야에서는 전달되는 트래픽에 맞추어 차별화된 품질을 보장하

고, 이동성 및 멀티캐스트 기능을 제공함으로써 유·무선 통합, 통신·방송 융합 서비스 및 유비쿼터스 서비스의 기반이 되는 인프라 네트워크 기술 등으로 구분하다.

세 번째로 가입자망 분야에서는 가입자가 기가 인터넷, UBcN 서비스를 실시간으로 제공받을 수 있도록 이용자 단말 장치로부터 기간 망의 서비스 노드 장치까지 연결시켜 주는 광대역 액세스망 기술, 유·무선 통합 및 통신·방송 융합 액세스 기술 등으로 나뉜다.

마지막으로 미래인터넷 분야에서는 인터넷의 구조적 한계극복과 미래의 요구사항 수용문제를 네트워크 재설계를 통해 해결하려는 것으로 새로운 주소체계와 라우팅, 보안, 망관리 등의 아키텍처 기술, 네트워크 가상화 개념에 기반한 인프라 기술, 그리고 미래 인터넷 응용 및 서비스 기술 등으로 구분한다.

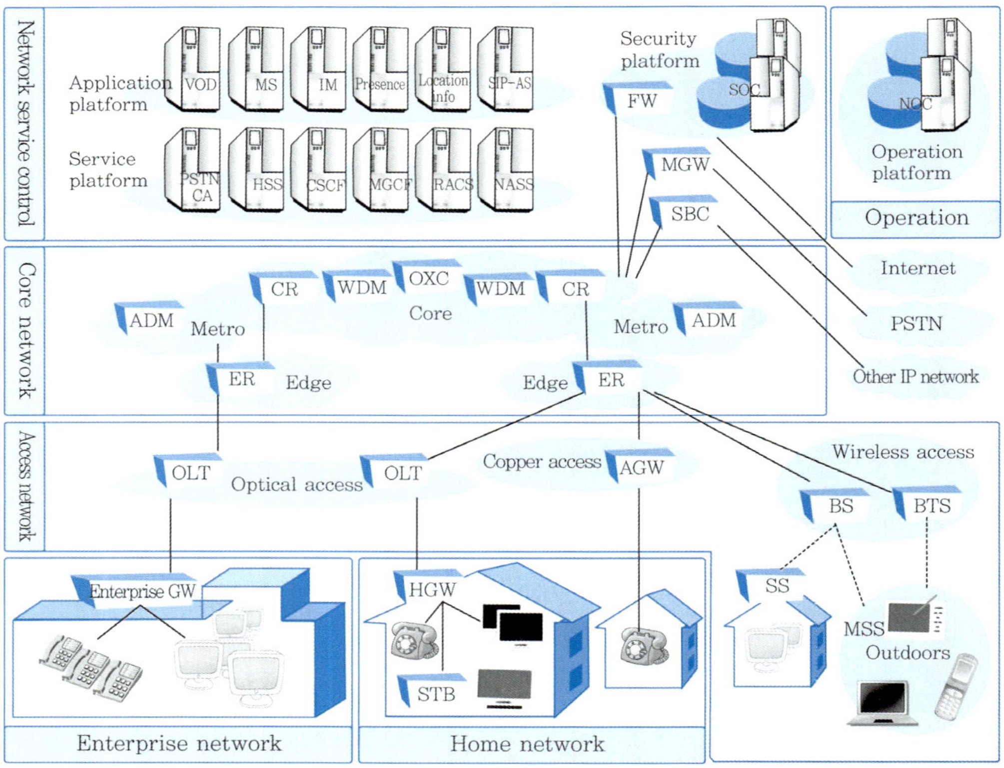

[그림 7-2] BcN 개념도

2 BcN 기술

차세대 통합 네트워크에서 망을 최적의 상태로 유지, 관리하고 이용자가 원하는 서비스를 실시간으로 제공하기 위하여 QoS가 보장 되어야 한다. BcN 기술 중 QoS 제어 기술에 대해 알아보도록 하자.

1) QoS 제어 기술

• QoS의 개념

IETF(Internet Engineering Task Force)[3]에서는 QoS의 보장을 위해 패킷 분류 및 차별화 서비스 방식의 가이드 라인을 두었는데, 이는 네트워크 자원을 이용하여 다양한 애플리케이션을 제공하기 위한 차등화된 서비스 제공을 목적으로 하고 있다. 사용자와 서버 또는 사용자와 사용자 사이에 존재하는 애플리케이션의 세션에서의 품질 보증인 셈이다. 예를 들어, FTP를 사용해서 파일을 전송하는 경우 파일이 전송되는 동안 하나의 세션이 존재하게 되고 이러한 세션을 통해 전달되는 데이터를 트래픽이라고 한다. 각각의 플로우에 대해 QoS를 보장한다는 것은 각 Flow가 요구하는 트래픽 특성, 즉 대역폭이나 지연, 패킷 손실과 같은 성능기준(품질)을 만족시켜 준다는 것을 의미한다. 이를 위해서는 사용자와 서버 사이에 여러 개의 스위칭 / 라우팅 노드가 존재할지라도 네트워크 환경의 변화에 상관없이 특정 플로우에 대해 일관된 성능을 유지해 준다는 것을 의미한다.

• QoS 구조적 모델

QoS의 구조적 모델은 IntServ(Integrated Services)와 DiffServ(Differentiated Services)로 나뉜다.

먼저, IntServ 모델의 경우 패킷 단위로 QoS 보장형 서비스와 비보장 서비스를 구분하여 서비스를 한다. QoS를 보장해 주어야 할 서비스에 대해서는 자원예약 프로토콜인 RSVP(Resource reSerVation Protocol)[4] 신호 프로토콜을 이용하여 사전에 연결 수락제어와 자원예약을 수행하여 원하는 품질의 서비스를 제공한다. 이때, 라우터에서

3) 인터넷의 원활한 사용을 위한 인터넷 표준규격을 개발하고 있는 미국 IAB (Internet Architecture Board)의 조사위원회이다.

4) RSVP는 IP 멀티캐스트 서비스를 주 대상으로 만들었기 때문에 단방향 모드로 동작하고 수신자 측에서 자원에 대한 자원 할당을 수행한다.

는 트래픽 플로우마다 자원 예약을 해주기 위한 신호 처리를 해줘야 하고 이와 관련된 상태정보를 유지해야 한다.

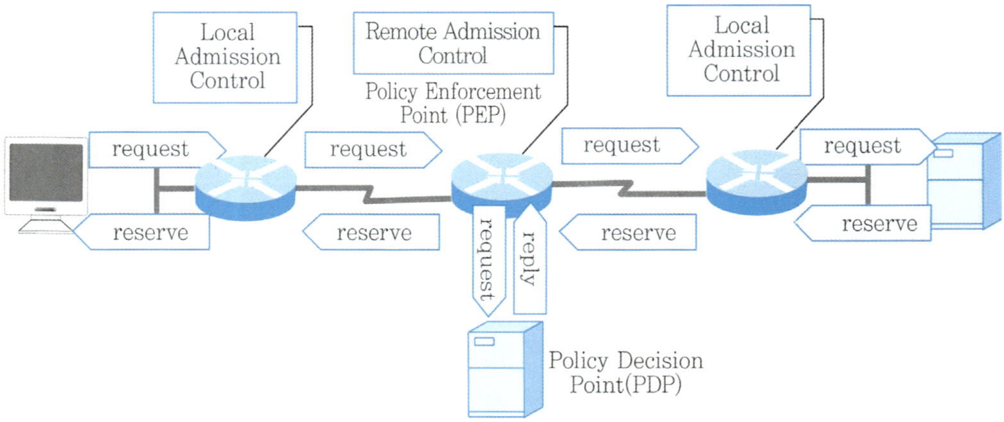

[그림 7-3] IntServ 개념도

Request 플로우의 경우, 송신자는 트래픽 특성을 명시한 PATH메세지를 통해서 자신의 트래픽 특성을 수신자에게 알려준다. 이때의 경로는 IP 유니캐스트 혹은 멀티캐스트 라우팅 프로토콜에 의해 결정되고, PATH 메시지가 지나가는 경로의 네트워크 노드는 경로상태를 기록하게 된다. 쉽게 생각해보면, 이 부분에선 트래픽의 특성을 적어둔 PATH 메시지를 수신자에게 보여주면서 자신의 트래픽 특성을 알려주는 것이다. 또, 메시지를 수신자에게 보여주기 위해 지나간 길목마다 메시지가 지나간 그 당시 상태를 기록해두는 것이다.

Reserve 플로우의 경우, PATH 메시지를 받은 수신자는 송신자가 보내고자 하는 흐름의 특성(flowspec)을 보고 자신이 원하는 대역폭을 결정하여 RESV(Reservation request, 자원요청) 메시지를 통해 전달한다. RESV 메시지에는 수신자가 원하는 서비스 요청사항이 실리게 되고 전달된 경로의 반대방향으로 전달된다. 수신자로부터 RESV메시지를 받은 네트워크 노드는 메시지에 기록된 서비스 요구사항에 따라서 요구한 서비스가 가능한지를 결정하게 되는데 이것이 바로 연결수락제어이다. 만약 요구를 수락한다면 네트워크 노드는 패킷 스케쥴과 패킷 구분을 수행하여 패킷을 링크계층으로 전달한다. 만약 RESV 요청이 거절되면 거절한 라우터는 오류 메시지를 수신자에게 전송하고 신호과정은 종료된다. 요청이 수락되면 해당 플로우를 위한 링크 대역폭과 버퍼 공간이 할당되며 관련 플로우의 상태정보가 라우터에서 유지된다.

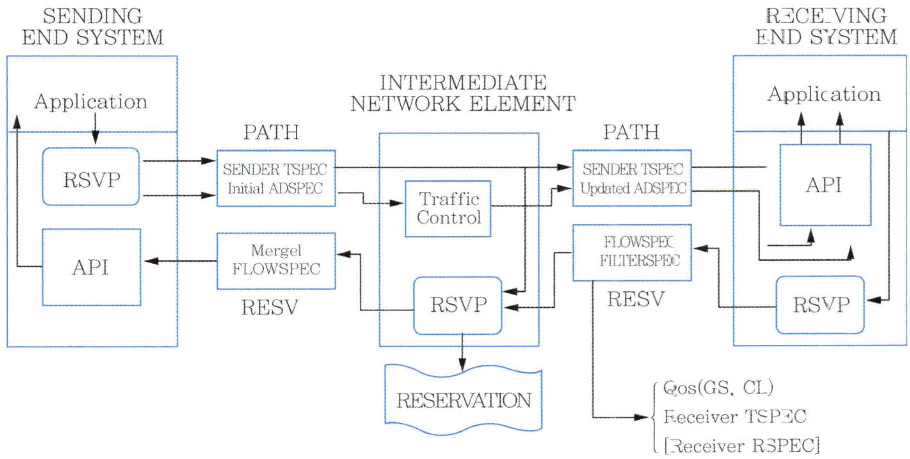

[그림 7-4] IntServ 세부 개념도

이 경우는 PATH 메시지를 본 수신자가 메시지에 적힌 내용을 토대로 자신이 원하는 대역폭을 결정한 뒤 자신이 원하는 서비스를 RESV 메시지에 실어 보낸다. 이 메시지를 받은 네트워크 노드는 메시지에 적힌 서비스를 들어줄 수 있으면 패킷 스케쥴과 패킷 구분을 거쳐 패킷을 링크계층으로 전달하고, 들어줄 수 없을 경우 오류메시지를 수신자에게 전달하고 신호는 끝난다. 원하는 서비스를 제공하기 위해 해당 플로우를 위한 링크 대역폭과 버퍼 공간이 주어지게 되고, 관련된 플로우의 상태정보가 라우터에 유지되게 된다.

IntServ 모델에서는 트래픽 플로우들의 QoS지원을 위해 모든 자원을 예약하고, 모든 트래픽 플로우를 관리해야 하기 때문에 네트워크 규모가 커지게 되면 확장성 문제에 직면하게 된다. 이 문제를 해결하기 위해 DiffServ 모델이 제안되었다. DiffServ는 개별 플로우가 아닌 다수의 플로우들을 묶어서 하나의 집약된 플로우를 구상함으로써 QoS제어를 위한 플로우의 수를 줄여 확장성 문제를 해결하였다.

DiffServ 네트워크의 사용자는 먼저 네트워크의 관리자와 서비스 사용을 위한 협약을 맺는다. 이것이 SLA(Service Level Agreement) 이다. 사용자는 이러한 SLA에 의해서 DiffServ 네트워크를 통해 전달하고자 하는 패킷 흐름의 집합체(도메인, Domain)를 정의하게 되고, 네트워크의 경계 라우터는 이와 같이 정의된 패킷 흐름의 도메인에 트래픽 분류와 조절 기능(패킷의 mark, meter, shaping, policing 등)을 수행한다. DiffServ 네트워크의 내부 라우터에서는 경계 라우터에 의해서 표시된 코드에 따라 단순히 패킷을 전달하게 된다.

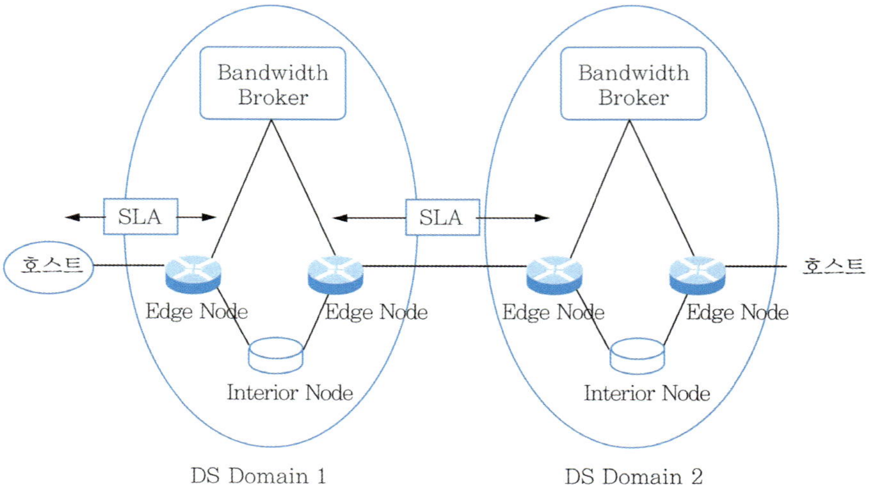

[그림 7-5] DiffServ 개념도

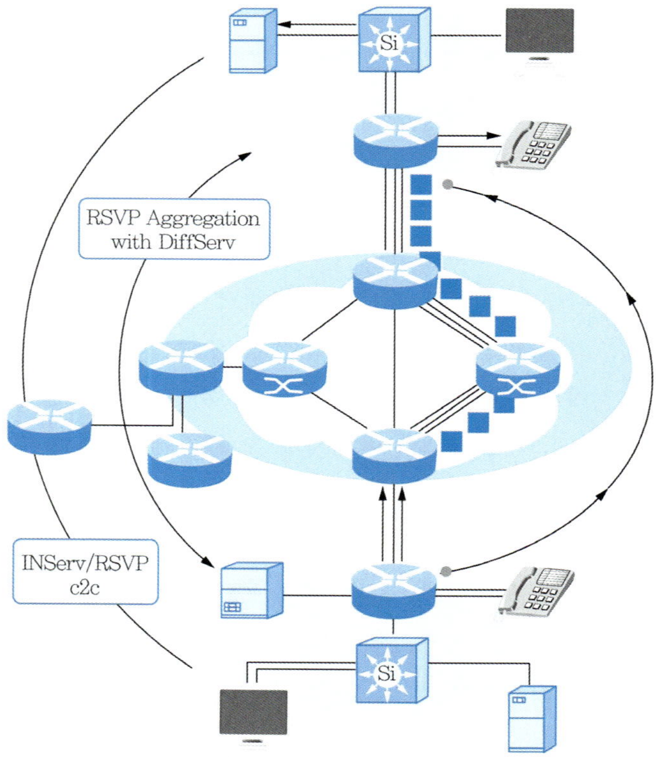

[그림 7-6] QoS 제어 개념도

이러한 내부 라우터에서의 패킷 전달 기능(Per-Hop Behavicr)을 사용하고 있다. 따라서, DiffServ 모델은 패킷에 우선 순위 필드를 주고 우선 순위에 따라 차등 처리하여 SLA 기능을 부여한다. 트래픽을 조절할 때, DiffServ을 도메인의 경계에서만 하도록 함으로써 DiffServ 도메인 내에서 개별 플로우별 상태관리와 홉당 신호 처리를 하지 않게 되는 것이다. 다시 말해, 흐름의 집합체를 만들어 집합별로 서로 다른 패킷 전달 품질을 제공하고, 복잡한 일은 다 네트워크의 가장 끝 노도에서 하고 내부에선 아주 간단한 패킷 전달 기능만을 수행하여 큰 규모의 인터넷 망에서도 적용이 가능한 확장성을 갖게 하고 있다.

가장 이상적인 방법은 IntServ와 DiffServ 방법을 하이브리드해서 사용하는 것이다. 그 개념도는 다음과 같다.

IntServ 방법과 DiffServ 방법의 항목별 비교는 다음과 같다.

〈표 7-1〉 QoS 모델 비교표

항목	IntServ	DiffServ
서비스 단위	단일 플로우	플로우 집합
서비스 범위	종단간	도메인
특징	모든 노드에서 자원 예약 RSVP 이용	SLA 기반 제어
패킷 분류	모든 라운터	경계 라우터
장점	대역폭 보장 소규모 네트워크	적용, 확장 용이 대규모 네트워크
단점	적용 어려움	대역폭 최저 보장

2) IPv6

차세대 통합 네트워크 망에서는 전달되는 트래픽의 특성에 맞추어 차별화된 품질을 보장하고, 차세대 인터넷 주소체계인 IPv6를 이용한다. 또한, 이동성 및 멀티캐스트[5] 기능을 제공함으로써 유·무선 통합 서비스, 통신·방송 융합 서비스, 유비쿼터스

5) 구내 정보 통신망(LAN)이나 인터넷에 접속되어 있는 일부 사용자 내에서 한 사람이 몇 사람에게 정보를 송신하고 그것을 수신한 몇 사람이 같은 내용을 버킷 릴레이(bucket relay)식으로 복수의 사람에게 송신함으로써 정보를 전파하는 특정 다수인에 대한 전송하는 것을 뜻한다. 특정 1인에게 송신하는 유니캐스트(Unicast)나 불특정 다수인에게 송신하는 애니캐스트(Anycast) 방송

서비스의 기반이 되는 인프라 네트워크 기술이 포함 된다.

• IPv6의 개념

IPv6는 인터넷 프로토콜 스택 중 네트워크 계층의 프로토콜로써 version 6 Internet Protocol로 제정된 차세대 인터넷 프로토콜을 말한다. 기존의 인터넷은 IPv4 프로토콜로 구축되어 왔으나 IPv4 프로토콜의 한계점으로 인해 지속적인 인터넷 발전에 문제가 예상되어 이에 대한 대안으로써 IPv6 프로토콜을 제정하였다. 현재 IPv4의 43억 개 주소 가운데 약 40%인 17억 개의 주소만이 남아 있으며, 대한민국에서 할당 받은 34,081,024개의 IPv4 주소 가운데 99.69%인 33,974,528개가 할당되어 사용되고 있다. IPv4 주소는 빠른 속도로 고갈되어 가고 있으며, 인터넷에 접속된 컴퓨터는 기하급수적인 속도로 증가하고 있다. 또한 모자라는 주소를 더 많은 네트워크에 할당하기 위해 네트워크 프래그멘테이션(Network Fragmentation)[6]은 지속적으로 증가하여 라우터에 많은 부담을 주고 있다. 그러므로 인터넷의 주소 고갈과 네트워크 프래그멘테이션 문제를 해결하고 인터넷에 확장성과 데이터 보안을 강화하기 위해 IPv6가 제안되었다. IPv6는 Xerox 팔로 알토 연구소에서 개발하고, 1994년 IETF가 채택하였다. 처음에는 IP Next Generation (IPNG)라고 불렀다.

IPv4와 IPv6를 간단히 비교해 보았다.

IPv4는 32비트의 주소공간을 제공함에 반해, IPv6는 128비트의 주소공간을 제공한다. 이는 IPv4 주소에 비해 IPv6 주소는 그 표현 bit 수가 128bit로 IPv4의 32bit에 비해 4배가 되었지만, 생성되는 IPv6 주소공간 영역은 IPv4 주소공간에 비해 296배의 크기를 갖는다. IPv6 주소공간은 향후 인터넷에 접속될 통신 기능을 갖춘 수많은 장치들을 모두 포용할 수 있다. 즉, 냉장고, TV, AV 스피커, DVD 플레이어, 홈 보안장치, 전화기 등 각 요소 장비들이 지능화하면서 동시에 무선 인터넷 등을 통해 상호 통신할 수 있도록 각 장치에 IP 주소를 제공할 수 있다.

과는 달리 특정의 다수 단말에만 정보를 송신하는 것이 멀티캐스트 (Multicast)이다. IPv4를 사용하는 인터넷상에서는 클래스 D라고 하는 IP 주소 체계를 사용하여 멀티캐스트를 실행하는데 이것을 IP 멀티캐스트라고 한다. IP 멀티캐스트는 인터넷에 접속한 시점에서 복수의 상대를 선택한다. IP 멀티캐스트의 특정인 동보성을 이용하여 연주회 등의 생중계를 지원하거나 동화와 음성을 사용하는 회의 시스템을 지원하는 가상망이 엠본(MBONE)이다.

6) Fragmentation: 단편화는 기억 공간에서 자료가 여러 개의 조각으로 나뉘거나 빈 공간으로 돼버리는 현상을 말한다. 이 현상은 기억 공간의 사용 가능한 공간을 낭비하거나, 읽기와 쓰기의 수행속도를 늦추는 문제점을 야기한다.

〈표 7-2〉 IPv4와 IPv6의 비교표

구분	IPv4	IPv6
주소길이	32비트	128비트
표시방법	8비트씩 4부분으로 10진수로 표시 예) 203.24.78.63	16비트씩 8부분으로 16진수로 표시 예) 2001: 0230: abcd: ffff:0000: 0000: ffff: 1111
주소개수	약 43억 개	약 43억×43억×43억×43억 개 (거의 무한대)
주소할당	A, B, C, D 등 class 단위의 비 순차적 할당(비효율적)	네트워크 규모 및 단말기 수에 따른 순차적 할당(효율적)
품질제어	Best Effort 방식으로 품질 보장이 곤란(Type of Service에 의한 QoS 일부 지원)	등급별, 서비스 별로 패킷을 구분할 수 있어 품질보장이 용이(Traffic Class, Flow Label에 의한 QoS 지원)
보안기능	IPsec 프로토콜 별도설치	확장기능에서 기본으로 제공
Plug & Play	없음	있음(자동 네트워킹 가능)
Mobile IP	상당히 곤란(비 효율적)	용이(효율적)
웹 캐스팅	곤란	용이(Scope Field 증가)

이로 인해 각 단말기의 이동 시, 기존의 IP를 그대로 사용하여 자동적으로 설정이 가능한 자동 네트워킹 기능을 포함하고 있다고 말할 수 있다.

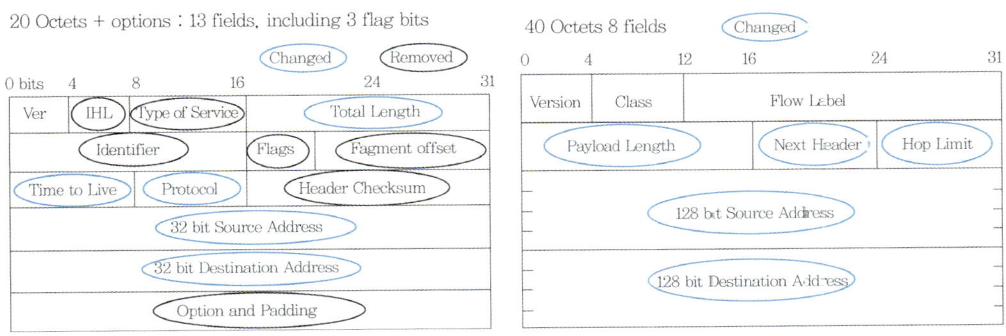

[그림 7-7] IPv4 헤더와 IPv6 헤더

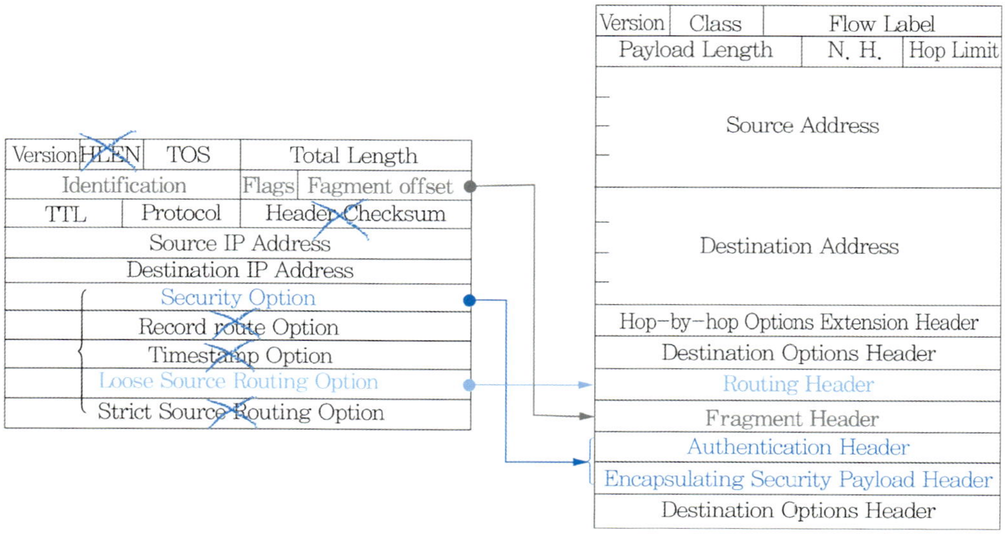

[그림 7-8] IPv6 확장 헤더

위의 2개의 그림은 IPv4와 Ipv6의 헤드이다. 그림을 봐도 알 수 있듯이 IPv4에서의 복잡한 헤더형식을 IPv6에서는 단순화하였다. 중요하지 않은 필드와 옵션 필드를 IPv6헤더 다음에 있는 확장헤드로 옮겨 오버헤드를 최소화 하도록 하였다.

또한, IPv6에서는 Flow Label 필드로 트래픽 처리 및 확인이 가능한데, QoS의 지원을 위해 IP패킷의 연속적인 흐름을 Flow로 정의하고 이것을 IPv6 패킷 헤더의 Flow Label 필드로 식별하게 한다. 이 필드는 IPv6를 통하여 보내는 데이터의 속성에 대한 정보를 담고 있는데, 이를 통하여 서비스의 수준을 조정할 수 있다. 즉 송신자가 실시간 서비스와 특별한 품질의 서비스를 원할 때, 그 Flow에 속해 있는 패킷에 Label을 붙이면 상대편에서 패킷을 분석하면서 서비스의 수준에 맞는 반응을 하게 된다.

실제로 IPv6자체가 IPv4보다 더 나은 QoS를 지원한다고는 할 수 없다. 그러나 IPv6가 IPv4보다 QoS를 좀더 쉽게 수용할 수 있다는 것은 분명하다.

보안 부분에 있어서도 IPv6는 IPv4에 비하여 강화된 기능을 보여주고 있다. IPv6에서 인증/암호화와 관련된 헤더는 AH(Authentication Header: 인증헤더) 및 ESP(Encapsulating Security Payload) 헤더가 정의되어 있는데, 이는 IPv6의 기본적인 헤더로 정의되고 있다. IPv4의 경우에도 보안과 관련된 헤더가 정의되어 있으나 이는 선택적인 항목이기 때문에 기본적으로 보안 헤더를 제공하는 IPv6에 비하여 보안성이 떨어진다고 볼 수 있다.

- **IPv6의 기술**

IPv6 기술에는 세가지 세부 기술이 있다. 먼저 아래 그림과 같이 스택 구조를 보면, 듀얼 스택 구조를 갖는다. 듀얼 스택 구조는 하나의 시스템(호스트 또는 라우터)에서 IPv4와 IPv6 프로토콜을 동시에 처리할 수 있는 구조이다. 다라서, 듀얼 스택 기술을 지원하는 시스템은 물리적으로 하나의 시스템이지만 논리적으로 IPv4와 IPv6를 지원하는 두 개의 시스템이 있는 것처럼 볼 수 있다.

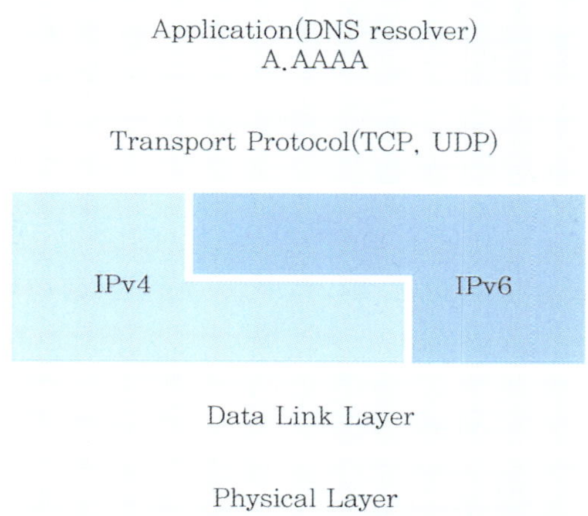

[그림 7-9] IPv6 스택 구조

두 번째 기술은 변환 기술로서 IPv4 망과 IPv6 망 사이의 연동 기술인데, IPv6 클라이언트가 IPv4 서버에 접속할 때 또는 IPv4 클라이언트가 IFv6 서버에 접속할 때 사용되며, IPv4/IPv6 네트워크 간의 게이트웨이에 사용하는 기술이다.

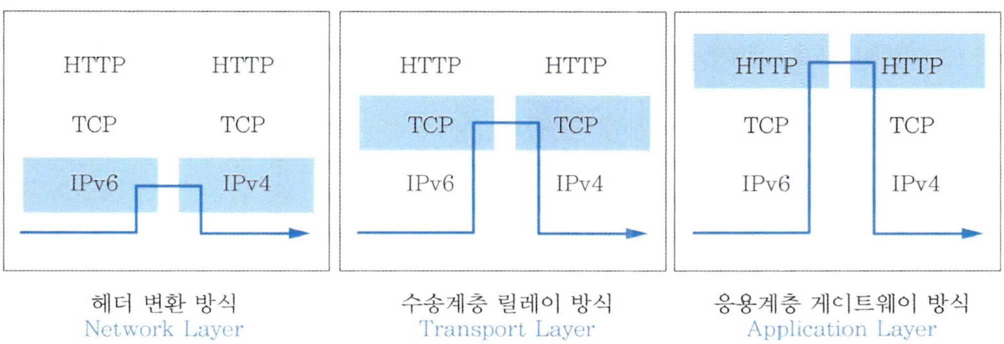

[그림 7-10] IPv6 변환 방식

변환 기술은 세부적으로 IPv6 패킷 헤더를 IPv4 패킷 헤더로 또는 그 반대로 변환하는 헤더 변환 방식과 TCP, UDP/ IPv4 세션과 TCP, UDP/ IPv6 세션을 중간에서 릴레이 하는 수송계층 릴레이 방식이 있으며, 마지막으로 응용 계층에서의 응용 계층 게이트웨이 방식이 있다.

세 번째 기술은 터널링 기술이다. 터널링 기술은 말이 의미하는 바와 같이 IPv6망에서 IPv4망을 거쳐서 IPv6 망으로 이동할 때, IPv4 망에 터널을 만들어 IPv6 패킷이 지나갈 수 있도록 하는 개념이다. 터널링 기술은 크게 설정 터널링(Configured Tunneling)과 자동 터널링 (Automatic Tunneling)으로 구분한다.

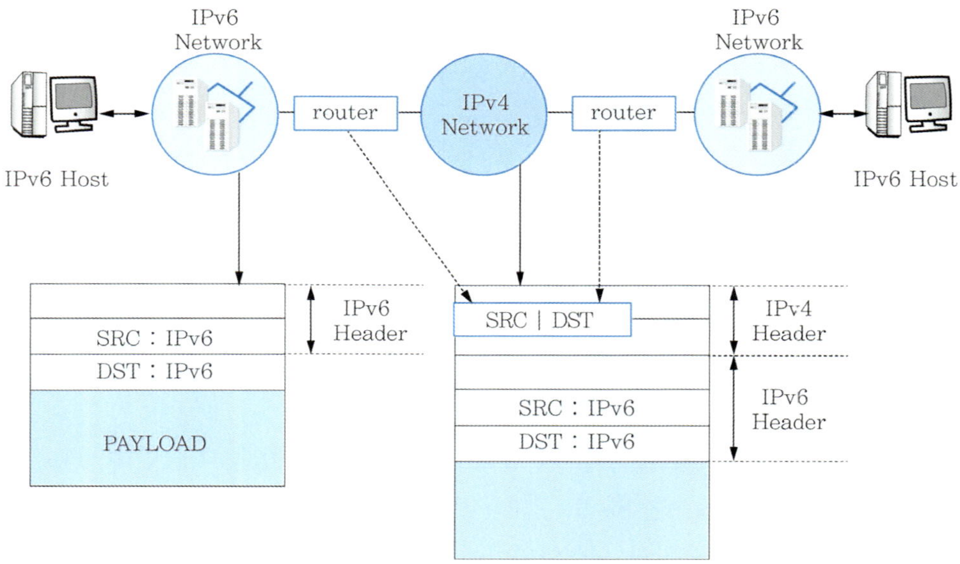

[그림 7-11] IPv6 설정 터널링

설정 터널링 기술은 실제 통신이 일어나기 전에 터널 종단간의 라우터를 미리 설정하는 방식으로 발신 호스트에서 생성된 IPv6 패킷의 목적지 주소는 최종 목적지의 IPv6 호스트 주소를 포함하고 있다.

자동 터널링은 설정 터널링과 달리 실제 통신이 일어나면 자동으로 터널 종단을 설정하는 방식으로 이때 발신 호스트에서 생성된 IPv6 패킷은 IPv4 주소를 포함하는 IPv4 호환의 IPv6 주소 패킷을 사용한다.

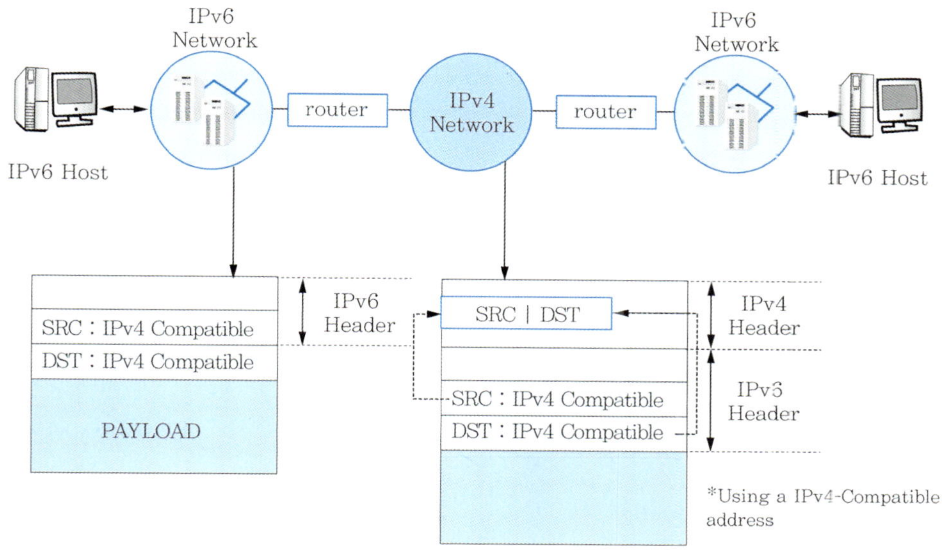

[그림 7-12] IPv6 자동 터널링

3 BcN에서의 융합 IT

IT 시장이 활성화 될 경우에 통신장비의 에너지 소모에 대한 규격이나 기준재정이 급격히 촉진될 것으로 예상되며, 전력소모를 고려한 네트워킹 기술이 대두될 것으로 예상된다. BcN의 서비스 기술 발전 전망은 다음과 같이 볼 수 있다.

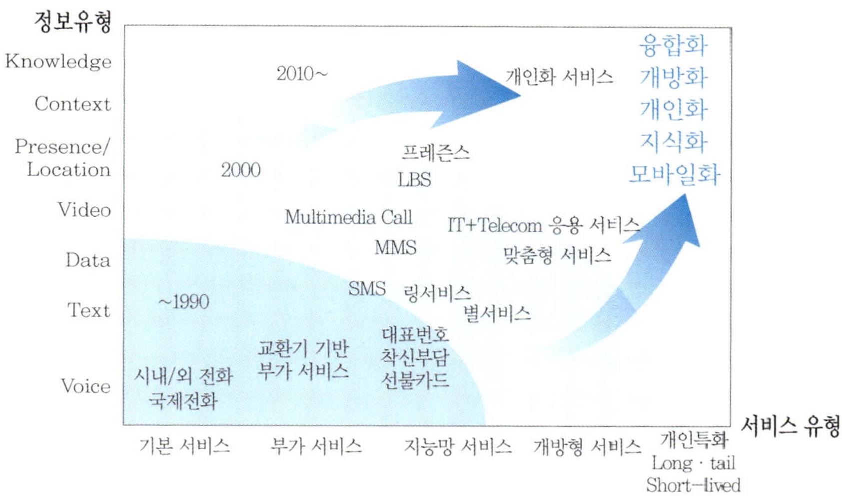

[그림 7-13] 서비스 기술 발전 전망

전달망에서는 트래픽의 급격한 증가에 따라 전송장비의 과부하 및 포화 상태에 이르고 있으며, 이에 따라 기존 장비의 업그레이드 및 신호 전송대역의 확대를 용이하게 하기 위한 고밀도의 신호를 전송할 수 있는 네트워크 장비에 대한 요구가 증가하게 될 전망되며 전광 기반의 라우팅 기술, 네트워크 트래픽 최적화를 통해 에너지 소비 30% 감축 가능할 것으로 예상된다. 다음은 전달망 기술 발전 전망 도이다.

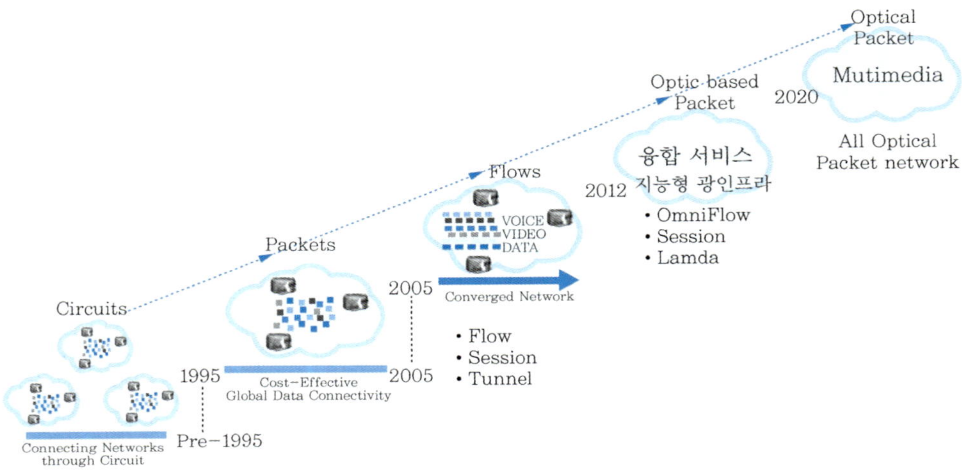

[그림 7-14] 전달망 기술 발전 전망

가입자망은 u-City와 같이 지역 사회 망과 사용자 망이 결합되는 경우 원활한 IP기반 융 복합 서비스 제공을 위해 링크 및 네트워크계층에서 망을 개방하는 복수사업자 개방형 융합서비스 액세스 망이 출현할 것으로 전망된다.

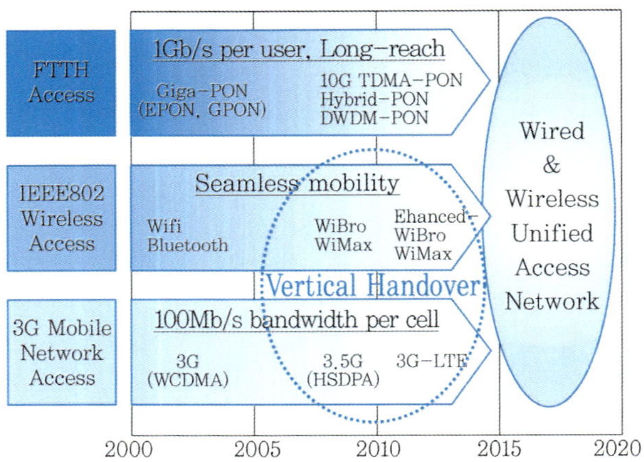

[그림 7-15] 가입자망 기술 발전 전망

마지막으로 미래 인터넷 분야에서는 미래인터넷의 확산을 위해서는 대구모의 시험 사용자가 참여하는 시험인프라(experimental infrastructure)를 구축함으로써 연구생태계를 만들어 나갈 필요가 있으며 초기 단계에서는 사업자가 자발적으로 참여할 경제성, 사업성이 없는 상황이므로 미국이나 유럽과 같이 시험인프라 구축을 위한 정부의 적극적인 지원이 필요할 때이다.

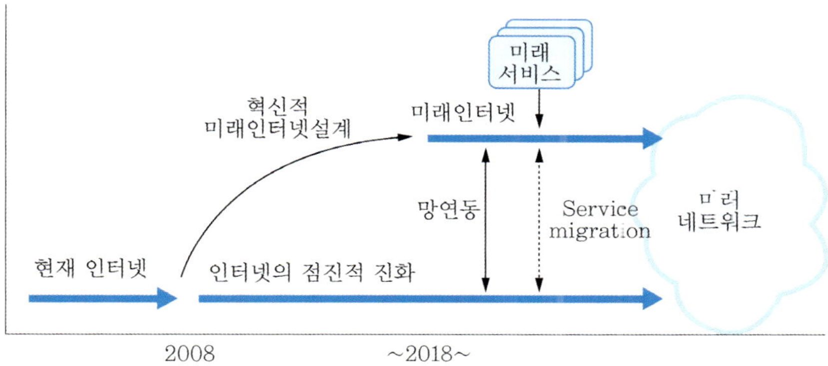

[그림 7-16] 미래 인터넷 기술 발전 전망

PAN(Personal Area Network)

PAN(Personal Area Network)란 무선 단거리 통신 기술 (Short Range Wireless)은 실내, 사무실 등 제한된 장소에서 기기간 무선 연결 및 통신 서비스가 가능하도록 하는 기술로 그 개념도는 다음과 같다.

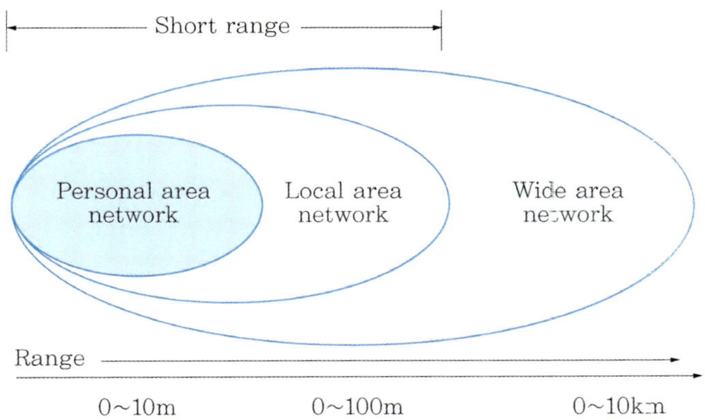

[그림 7-17] PAN 기술의 개념도

그리고, PAN 기술의 특징은 다음과 같다.

- 폐쇄된 환경에서 매우 짧은 거리의 통신 서비스 제공
- 저전력 소모에 초점을 맞추어 10m이하의 단거리 무선 연결을 제공
- 휴대 장치인 휴대폰, 헤드셋, PDA, 랩탑 PC, 디지털 카메라, 비디오 모니터, 헬스 관리 장치 등을 케이블 없이 연결하여 통신 지원

PAN 기술의 요소 기술 모델을 OSI 모델과 비교해 보았다.

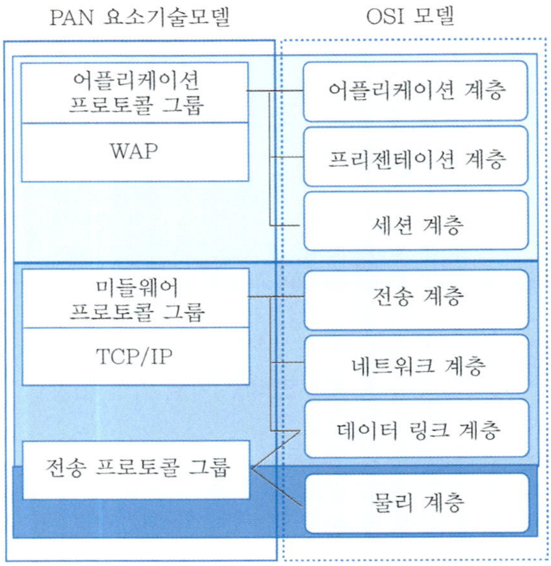

[그림 7-18] PAN 기술의 요소 기술 모델

따라서, 요소 기술에는 어플리케이션 프로토콜 그룹과 미들웨어 프로토콜 그룹, 그리고, 전송 프로토콜 그룹으로 분류해 볼 수 있다.
이런 PAN 기술에 저전력 기술을 도입한 신기술이 있다.

6LoWPAN 기반의 IP-USN 기술이다.
이 기술은 Layer 2(데이터 링크 계층)에 IEEE 802.15.4를 기반으로 하는 센서 네트워크에 IPv6를 지원하며, 저전력, 20~250kbps의 데이터 전송률, 900~2400MHz의 주파수 대역에서 최소형 메모리와 최소형 프로세서만을 장착한 무선 센서 네트워크 기술이다.
센서 네트워킹 프로토콜로 TCP/IP를 활용한 이점은 다음과 같다.

- TCP/IP는 미국방성 가상 핵전쟁의 상황에서 개발된 것으로 통신망의 장애 현상에 대해 강건함
- Zigbee는 시장을 주도하는 업체들에 의해 개발되어 다수의 IPR에 지배되는 반면, TCP/IP는 공개되어 재활용 가능

- 기존 네트워크 망을 이용할 수 있어 경제적으로 설치 및 운용 가능
- Non-IP 기반의 센서 네트워크는 IP 통신망과 연결될 때 반드시 게이트웨이를 경유해야 함으로 End-to-End 통신이 불가능

저전력 무선 네트워크의 핵심 기술인 Zigbee 기술은 오픈 기술이 아니므로 IP 프로토콜을 이용하여 IEEE 802.15.4 기반의 Zigbee 대응 기술로 개발되었다. 그 개념도는 다음과 같다.

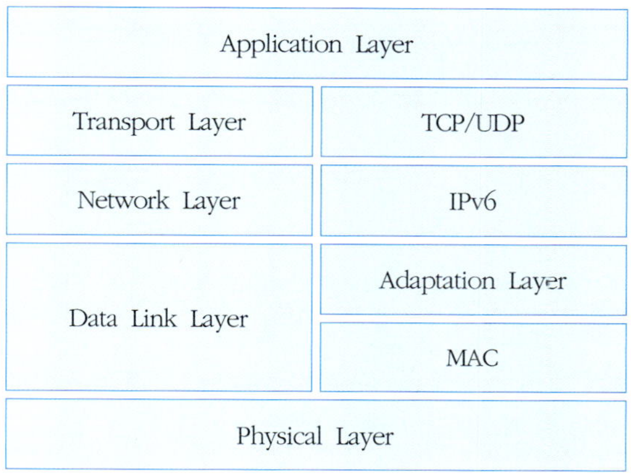

[그림 7-19] 6LoWPAN 기술의 개념도

LoWPAN에서는 기존 네트워크들에 비해 상당히 많은 수의 노드가 배치되어야 하므로 큰 주소 공간과 자동 주소 설정과 같은 기능을 내장하고 있는 IPv6가 적합하며 어떻게 하면 데이터 전송 속도가 느린 IEEE 802.15.4 기술을 통해 헤더 사이즈가 큰 IPv6 패킷을 효율적이고 안전하게 전달하고, 또 전달하고자 하는 장치들을 어떻게 검색할 것인지에 대한 연구가 더 필요하다.

테크는 수다

자기 표현

자기 표현을 하는 이유는 오래 살기 때문이란다.

60세에 죽는다면 20대까지의 학벌, 50대까지의 직장 인맥이면 충분하다. 하지만 이제는 100세 시대이기 때문에 20대 학력을 가지고 버틸 수 없다. 따라서 새로운 지식을 습득하고 지속적으로 자기표현을 해야 한다.

그리고 지속적으로 자기를 표현을 해야만 하고, 자기를 표현함으로서 본인의 진정성을 나타낼 수 있다고 본다.

이때 연결의 시대에는 정보의 전달과 감성을 싱크시켜 표현하자. 그러므로 토크가 중요하다.

본인도 '테크는 수다'라는 키워드로 페이스북 타임라인에 하루에 하나씩 글을 쓰고 있다. 즉 나를 매일 매일 표현하고 있다.

페이스북은 온라인 서비스이지만 오프라인 네트워크이다. 페이스북에 자기 표현을 하자. 이런 자기 표현들은 지성이며 이런 지성들이 연결되는 네트워크가 바로 페이스북인 거 같다.

지금과 같은 지성 연결 네트워크 시대에는 네트워크 프로젝트를 많이 하게 되고, 전문성이 없으면 지성 연결 네트워크 프로젝트 팀에 낄 수가 없다. 능력이 있고 가치관이 비슷하면 바로 같은 팀으로 조인되어 서로 협업하며 윈윈할 수 있을 거라 확신한다.

제8장 홈 네트워크

I 학습개요	홈네트워크 기기간 호환성 제공을 위한 표준화 및 3D 산업 발전전략에 따른 핵심 융합 기술에 대해 안다.
I 학습목표	1. 홈 네트워크 개요 2. 홈 네트워크 시장 3. 홈 네트워크 기술 4. 홈 네트워크 기술과 융합 IT

핵심 이슈	
2012	• 홈네트워크 기기간 호환성 제공을 위한 표준화 • 3D 산업 발전전략에 따른 핵심기술 개발 • 핵심 제품 – 유무선 통합 서비스 지원 홈플랫폼
2014	• 에너지 절감, 홈 엔터테인먼트 등 홈 기반 신규 서비스 시장 창출 • 핵심 제품– 초고해상도 3D 카메라
2018	• 기술·산업간 융·복합화를 위한 체계적 대응 • 선진국대비 기술수준 우위 확보 • 핵심 제품 – 저속 WPAN 통합 시스템

1 홈 네트워크의 개요

1) 홈 네트워크의 정의

홈 네트워크 기술을 정의하면 지능형 정보생활기기가 네트워크로 연결되어 사람과 자연스러운 상호작용으로 인간 중심의 서비스 환경(HOME: Human Oriented Mutual Environment)에서 유익한 그린 생활서비스를 제공하는 기술이다.

정보생활기기로는 통신기기, 정보기기, 가전기기, 제어기기 등을 포함하여 생활에 활용하는 모든 전자기기가 포함될 것이며 생활서비스에는 통신, 제어, 교육, 헬스, 엔터테인먼트 등 생활을 통하여 접하는 모든 형태의 서비스를 총칭한다.

- 협의의 의미
  - 홈 서버, 정보가전, 융합 단말 및 이를 하나의 가상 홈으로 연결하기 위한 네트워크 환경구축과 홈 서비스를 포함하는 산업

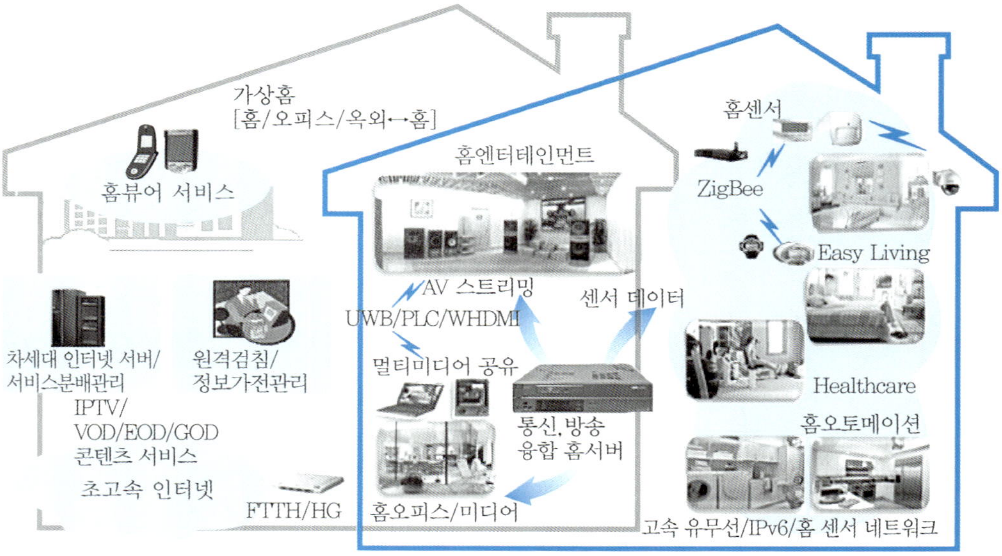

[그림 8-1] 협의의 홈네트워크 개념도

- 광의의 의미
  - 건설/주택 인프라와 전자/통신 기기 산업에서 융합된 형태의 서비스를 공급받는 신 산업으로 다양한 분야의 융합 산업

지능형 홈 산업의 범위는 다음과 같다.

- 홈 플랫폼
- 유무선 네트워킹
- 지능형 정보가전
- 그림 홈 기술

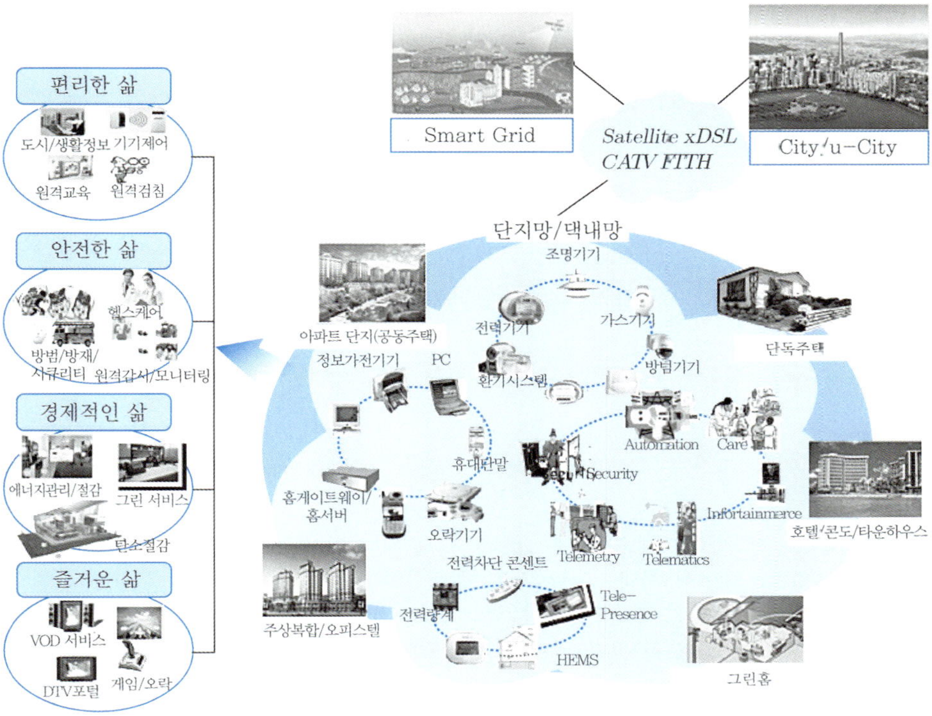

[그림 8-2] 광의의 홈네트워크 개념도

홈 플랫폼은 외부 망과 가정을 연결하고 융합된 콘텐츠를 기반으로 모든 자원을 자율/통합적으로 관장하여, 다양한 실감·감성형 홈 네트워크 서비스를 가능하게 하는 기반 기술을 말한다.

세부 기술에는 외부 망과 가정을 연결하고 가정 내 다양한 서비스를 관장하여 안전한 유/무선 통합 홈 네트워크 환경을 제공하는 홈 게이트웨이 기술, 홈 보안 및 인증기술, 서비스 및 컨텐츠 관리기술, 에너지 관리 기술과 공통기술인 미디어 플랫폼 기술이 포함된다.

유무선 네트워킹 분야는 말 그대로 유선과 무선을 적절히 활용하여 주택 환경에 구애 받지 않고 서비스가 요구하는 품질을 충족시키며 정보생활기기의 항시 접속을 보장하는 네트워킹 기술을 말하며 지능형 정보가전은 기존 정보생활기기나 센서들이 CPU, 네트워킹, S/W가 추가되어 지능화되고, 사용자가 어디서나 쉽게 지능형 홈 서비스를 이용할 수 있도록 하는 가전을 말한다.

마지막으로 사용자에게 쾌적하고 경제적인 생활을 제공하기 위해 스스로 에너지를 절감하고 적절한 생활환경을 유지하는 기술이 바로 그린 홈 기술이다.

세부 기술에는 Ethernet[1], PLC[2], IEEE 1394[3], HomePNA[4], FTTH 등의 유선 홈 네트워킹 기술과 Wireless LAN, Bluetooth[5], WPAN[6], ZigBee[7], UWB[8], Wireless 1394 등의 무선 홈 네트워킹 기술로 구분된다.

다음 그림 중 왼쪽의 그림은 전화선을 이용한 홈 네트워크 구성도이며, 오른쪽 그림은 전력선을 이용한 홈 네트워크 구성도이다.

1) 미국의 DEC, 인텔, 제록스 3사가 공동 개발한 구내 정보 통신망(LAN)의 모델로 데이터 단말간의 거리가 약 2.5km 내에서 최대 1,024개의 데이터 단말 상호 간에 10Mbps의 전송 속도로 정보를 교환할 수 있는 지역적인 네트워크이다. IEEE 802.3 표준을 구현한 모델의 하나

2) PLC(전력선통신; Power Line Communication): 가정에 설치되어 있는 전력선을 통하여 50/60 Hz인 저주파 전력신호에 수백 KHz ~ 수십 MHz 의 고주파 신호를 실어 전송하는 통신 방식. 홈 오토메이션을 위한 저속 전력선 통신은 100KHz ~ 450KHz 대역을 사용하며 10Kbps 이하의 속도를 제공하며, 2MHz ~ 30MHz 대역을 사용하는 고속 전력선 통신은 댁내 데이터 통신을 위한 1 ~ 10 Mbps 속도와 멀티미디어 백본을 위한 수십 Mbps ~ 수백 Mbps 속도를 제공한다.

3) IEEE 1394: 디지털 AV 기기가 취급하는 실시간 동영상 데이터를 100Mbps~3.2Gbps의 빠른 속도로 전송할 수 있는 시리얼 버스 기술. IEEE 1394는 DTV의 표준 인터페이스로 정의되면서 관심이 집중되고 있으며, AV 기기 간 통신 방식으로 중요시되고 있다.

4) 가정에서 전화선을 이용하여 2대 이상의 컴퓨터들을 서로 공유할 수 있도록 하는 네트워킹 솔루션이다. 원래는 미국 3Com, 루슨트 테크놀러지스, IBM, 휼렛 패커드(HP), 컴팩(Compaq) 등이 참가한 홈 네트워킹 표준화 단체를 의미한다.

5) 무선 통신 기기 간에 근거리에서 저전력으로 무선 통신을 하기 위한 표준이다. 현재 세계적으로 2,400개 이상의 회사가 블루투스 SIG(Special Interest Group)를 형성, 장비 간 상호 운용을 보장하기 위해 협력하고 있다.

6) WPAN (개인영역무선통신, Wireless Personal Area Network): UWB, ZigBee 등 무선 통신으로 이뤄진 네트워크로 802.15는 IEEE가 지정한 WPAN 표준이며 PC, PDA, 주변기기, 무선전화기, 호출기, 가전제품 등이 서로 통신하고 상호 작동한다.

7) ZigBee: 반경 30m 내에서 20~250kbps의 속도로 데이터를 전송하는 IEEE 802.15.4(MAC, PHY 계층) 저속 WPAN 표준 (2003.5). ZigBee Alliance에서 IEEE 802.15.4 기반으로 Network Layer 및 응용프로파일 표준(2004.12 V1.0) 제정하고 있다.

8) UWB (초광대역 통신, Ultra Wide Band): IEEE 802.15.3a에서 표준화하고 있는 무선전송 기술로 3.1~10.6GHz의 넓은 대역을 활용하여 매우 낮은 전력으로 송수신하므로 기존의 서비스와 주파수를 공유하며 사용할 수 있음. 전송거리가 10m 안팎으로 짧지만 전송속도가 빨라(100Mbps~400Mbps) 홈 네트워킹 시스템이나 유비쿼터스 환경을 구현할 무선통신기술로 주목하고 있다.

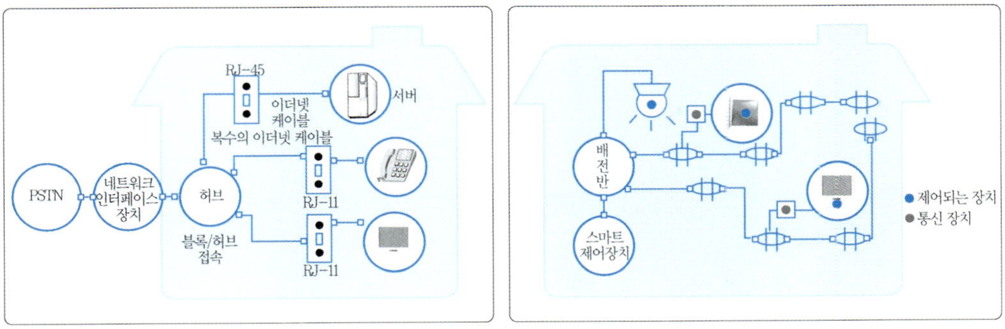

[그림 8-3] 홈 네트워킹 분야의 유선 기술

위의 기술 분류를 세부 단계로 표시하면 다음 표와 같다.

〈표 8-1〉 홈 네트워크 기술 분류

중분류	소분류	관련 요소기술
홈 플랫폼	홈 서버 /게이트웨이	홈 서비스 프레임워크 기술
		콘텐츠 처리·관리 기술
		사용자 인증·보안 기술
		이종 서비스 연동 기술
	홈 미들웨어	홈 자원 구성·관리 기술
		상황 인지 기술
		장애 처리(수집, 분석, 처리) 기술
		콘텐츠 스트리밍 기술
		정보가전간 상호연동 기술
		홈 디바이스 가상화 기술
		객체(기기, 사물, 콘텐츠, 사람)간 협업 기술
	망간 연동 기술	이종망 (액세스망, 댁내망 등) 정합 기술
		외부 서버(단지, 사업자 등)와 연동 기술
		원격 홈 유지보수 및 단지관리 기술
유무선 홈 네트워킹	유선 홈 네트워킹	저속 유선 모뎀(전력선, 전화선, RS-485 등) 기술
		고속 유선 모뎀(전력선, 전화선, 이더넷 등) 기술
		노이즈 제거 및 필터링 기술
	무선 홈 네트워킹	저속 무선 모뎀(Zigbee, Bluetooth, Binary-CDMA, VLC 등) 기술
		고속 무선 모뎀(UWB, mmWave, WLAN 등) 기술
		무선 위치 인식 기술
		주파수 간섭 회피 기술
		Power-Aware Mesh 네트워킹 기술

중분류	소분류	관련 요소기술
	유무선 연동 기술	이종 응용 프로토콜 추상화 기술
		이종 네트워크 프로토콜 변환 기술
		이종 연동 브릿지/Femtocell AP 기술
		QoS 보장/대역폭 가상화 기술
지능형 정보가전	정보가전기기	가전 모듈별 자가 진단 기술
		가전용 미들웨어 기술
		유무선 연동 인터페이스 기술
		가전 기기 별 프로파일링 기술
		무선 전원 공급(전자기 유도/방사) 기술
	홈 센서	홈 센서 네트워킹 기술
		상황·생체 정보 센싱 기술
		홈 센서 별 프로파일링 기술
	사용자 인터랙션	UI 프레임워크 기술
		멀티 모달 지원 입출력 기술
		지능· 감성용 에이전트 기술
그린 홈 기술	그린 홈 관리 기술	에너지 인지 및 프로파일링 기술
		에너지 제어/관리 프로토콜 기술
		그린 홈 환경 관리 기술
	그린 홈 네트워크 기술	그린 네트워크 프로토콜 기술
		스마트 유틸리티 무선 전송 기술
	가정용 스마트 그리드 연동 기술	가정용 신 재생 에너지 생산/저장/계통 연계 기술
		스마트 DR(Demand Response) 서비스 기술
		플러그인 하이브리드 전기 자동차(PHEV) 연계 시스템 기술
		그린 홈 DC 전력 관리 및 제어 기술

2) 홈 네트워크에서의 홈의 종류

가정 내 가전기기 및 시스템을 상호 또는 외부의 정보 기기와 연결하여 원격접근 및 제어가 가능하고, 음악, 비디오, 데이터 등과 같은 컨텐츠를 사용할 수 있도록 양방향 통신 서비스 환경을 구현하는 기술로 유무선 네트워크를 통하여 누구나 기기, 시간, 장소에 구애 받지 않고 다양한 서비스를 제공받을 수 있는 기술을 포함하고 있다. 여기서 우리는 홈의 종류를 편리한 홈, 안전하고 건강한 홈, 효율적인 홈, 즐거운 홈으로 분류할 수 있다.

- **편리한 홈**: 사용자는 시간과 장소에 구애 받지 않고 정보가전기기를 이용하여 다양한 서비스를 제공받을 수 있는 미래지향적인 가정환경이다.

- **안전·건강한 홈**: 남녀노소 누구나 특별한 교육 없이도 정보·가전기기를 통하여 원격교육 및 원격의료 등의 복지서비스 혜택이 가능한 가정환경이다.
- **효율적인 홈**: 통신 인프라 구축의 성과를 극대화한 서비스 활성화 및 국민의 IT 생활화가 구현된 가정환경이다.
- **즐거운 홈**: 가정 내 네트워크와 외부의 유무선 네트워크를 통하여 디지털TV, 지능형로봇 및 디지털 컨텐츠 등 타 산업 분야와 융합된 다양한 서비스를 쉽게 이용할 수 있는 가정환경이다.

그 개념도는 다음과 같다.

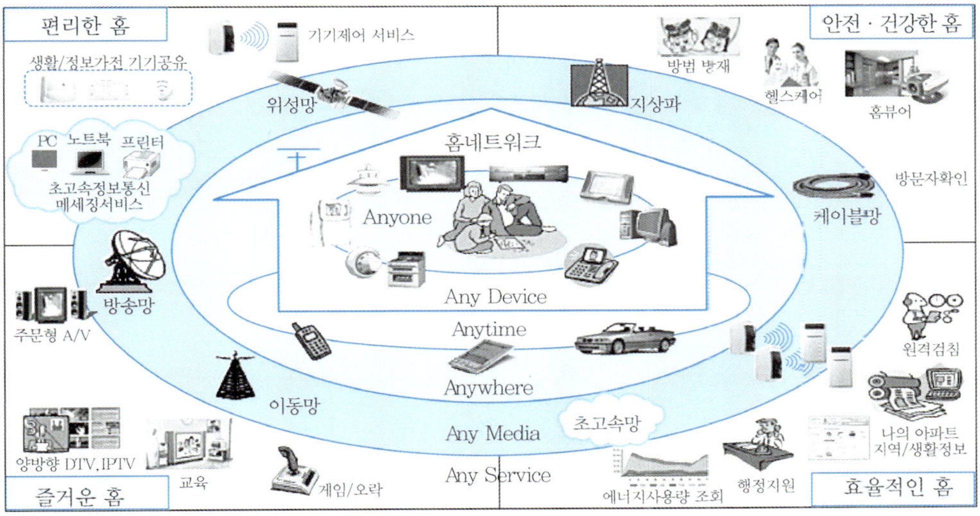

[그림 8-4] 홈 네트워크의 개념도

3) 홈 네트워킹 기술의 특징

홈 네트워킹 기술의 특징은 다음과 같다.

- 지능형 홈은 생활편의 극대화를 제공하는 정보생활기기·시간·장소에 구애 받지 않는 미래지향적인 가정환경 제공
- 거주 환경의 지능화 및 네트워크화를 통한 이종산업의 융합 확산의 견인차 역할 수행

이렇게 지능형 홈 네트워크 산업은 통신, 방송, 가전, 건설, 콘텐츠, 로봇, 보건 등

다양한 분야로 구성되는 융합 산업 최대 수요처이며 유비쿼터스 서비스 실현의 출발점이 될 것으로 예상된다. 또, 정보가전산업, IT인프라, 고밀도 주거환경의 융합을 통해 홈 네트워크 기반의 안전하고 편리하고 건강한 삶 제공할 것이다.

여기서 우리나라는 정보가전 산업 경쟁력 세계 4위, 휴대폰 보급률 세계1위, 아파트보급률 세계1위, 초고속 인터넷 서비스 1,200만 가구, 홈 네트워크 구축 가구 570만 세대의 이력을 가지고 있다.

홈 네트워크 구축 추세는 다음과 같다.

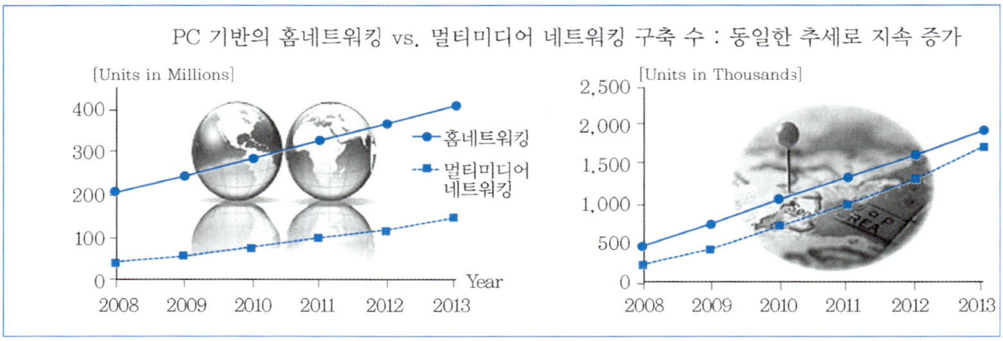

[그림 8-5] 홈 네트워크 구축 추세

2 홈 네트워킹 기술

홈 플랫폼 분야에서는 통신/방송/게임 융합화 추세에 따라 액세스 망과 유/무선 홈 네트워크를 이음새 없이 연결하고 다양한 양방향 디지털 서비스를 안전하고 효율적으로 제공할 수 있는 기술로 구성된다. 홈 서버 기술과 홈 게이트웨이 기술이 대표적일 것이다.

1) 홈 서버 기술

홈 네트워크 서비스를 제공하는 중추 시스템으로 홈 미디어 서버기술, 가정용 인터넷 서버 기술, 홈 오토메이션 컨트롤 서버 기술 등이 요구 된다. 말 그대로 집에 있는 가전기기와 정보기기와 통신기기를 제어하고 관리하는 메인 시스템인 것이다. 최근에는 고품질 멀티미디어를 실시간으로 처리하고 가전기기 특성에 맞게 컨텐츠를 자동으로 변환하며 융합하는 서비스를 제공하는 기술이 나오고 있다. 따라서, 멀티미디어 컨텐츠를 저장, 관리, 분배, 압축, 복원 기술뿐만 아니라 멀티미디어 컨텐츠 보안 기술까지 포함되고 있다. 기기 별 특성에 맞도록 컨텐츠를 변환하는 적응형 컨텐츠 변환 기술은 미래 가정에 제공될 다양한 엔터테인먼트 서비스 제공을 위한 통신/방송/게임 융합화 기술로 새롭게 떠오르고 있다.

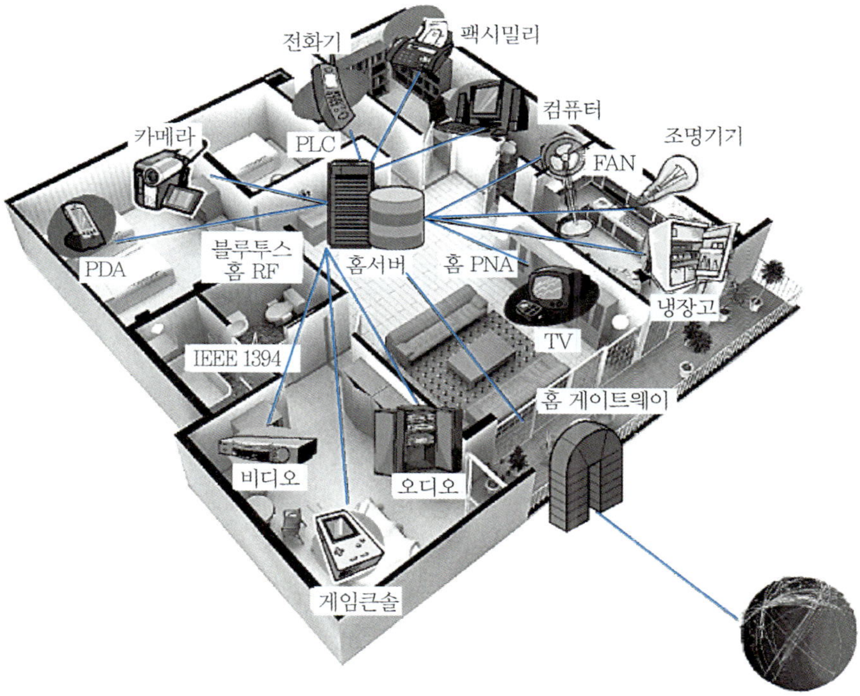

[그림 8-6] 가정에서의 홈 서버와 홈 게이트웨이

2) 홈 게이트웨이 기술

홈 게이트웨이가 홈 네트워크에서 관문 역할을 수행한다 홈 게이트웨이를 광홈랜(FTTP), 이더넷, WLAN, WAPN/UWB, IEEE1394 등으로 구성되는 가정 내 내부 통신망과 외부 통신망인 xDSL, FTTH, Ethernet(이더넷) 기술 등으로 구성된 가입자 액세스망을 연동시켜준다. 또한 공중망 주소 체계를 홈 네트워크 주소 체계로의 변환 연동 기술로 구성된다.

3) 유선 홈 네트워킹 기술

유선 홈 네트워킹 분야는 가전기기, 정보기기, 통신기기들을 다양한 방식의 유선 홈 네트워크에 연결하고 각종 기기 사이의 다양한 데이터와 명령어 교환을 위한 수단을 제공한다.

초고속 인터넷과 연계한 이더넷, 가전기기 제어를 위한 전력선 통신(PLC), AV 기기를 위한 IEEE1394 등 유선 기술이 그것이다. 최근 200Mbps급의 전력선 통신 핵심 칩이 발표되었으며, 미국에서도 가정 내 AV네트워크용 200Mbps급의 전력선 통신 기술의 표준화 작업이 마무리 단계에 있는 등 고속 전력선 통신 기술개발이 활발히 이루어지고 있다.

〈표 8-2〉 유선 홈 네트워킹 기술

종류	표준	전송속도	최대전송거리
Home PNA	Home PNA v 2.0	10Mbps	150m
전력선	HNCP (Home Network Control Protocol)	1~2Mbps	100m
IEEE 1394	IEEE 1394-1995	100~400Mbps	72m
Ethernet	IEEE 802.3	10~100Mbps	100m

Home PNA은 전화선을 이용하기 때문에 제일 간단하고 안정적인 특징이 있다. 하지만 전송 속도는 저속이다. 전력선도 이미 설치가 되어 있는 전력선에 데이터 전송을 하는 것으로 가정 널리 활용 될 가능성이 높다. 또한, 높은 신뢰성을 확보하고 있다. IEEE 1394 기술은 실시간 데이터 전송과 멀티미디어 데이터 전송에 최적으로 사용이 용이하다. 여기에 이더넷은 설치가 용이하여 가장 보급이 많이 된 규격으로 알려져 있다.

4) 무선 홈 네트워킹 기술

무선 홈네트워킹 기술은 무선통신 기술을 이용하여 가전기기들을 홈 네트워크에 연결하고 다양한 데이터와 명령어를 교환할 수 있는 방법을 제공한다. 이는 가정 내에 통신 회선을 포설할 필요가 없게 하며 기기의 이동성을 보장할 수 있는 기술이다. 광대역 무선기술인 UWB와 ZigBee 등 위치기반의 저속 센서기술이 등장하여 앞으로 유선보다는 무선기술이 시장을 지배할 것으로 전망된다.

〈표 8-3〉 무선 홈 네트워킹 기술

종류	표준	전송속도	최대전송거리	활용 분야
Wireless LAN	IEEE 802.11	5.5~11Mbps	80m	데이터 통신
Bluetooth	IEEE 802.15.1	1~3Mbps	10m	10m
UWB	IEEE 802.15.3	100~480Mbps	10m	10m
Zigbee	IEEE 802.15.4	250Kbps	10m	10m

Bluetooth 기술의 경우 일대일 통신과 일대다 통신을 지원하며 데이터와 음성 전송이 가능하다. 또한 양방향 전송도 지원 가능하다. WPAN(Wireless Personal Area Network)로 구분하여 Bluetooth, Zigbee, UWB가 이에 속한다. 아래 그림은 Bluetooth을 이용한 WPAN을 묘사해 보았다.

[그림 8-7] 가정에서의 무선 네트워킹 기술

5) 지능형 미들웨어 기술

지능형 미들웨어 분야에는 컴퓨팅과 통신 기능을 갖는 정보가전기기들을 홈 네트워크에 연결하여 자동으로 구성 및 관리하고 주변 환경에 따른 맞춤형 서비스를 가능하게 하는 미들웨어 기술이 있는데, 이 기술은 홈 디지털 서비스 통합 미들웨어 기술과 상황인지 기반의 지능형 홈 에이전트 기술로 세분화 된다. 또한, 자연스러운 사용자 인터페이스를 위한 멀티 모달 인터페이스로 구성된다.

〈표 8-4〉 지능형 미들웨어 기술 분류

기술	주요 내용
홈 디지털 서비스 통합 미들웨어	-HAVi[9], Jini[10], UPnP[11]와 같은 개별 단체 표준의 상호 운용성을 보장하는 통합 미들웨어 및 표준 API 기술 개발
상황인지 기반 지능형 홈 에이전트	-홈 네트워크에 편재된 다양한 센서 정보 및 사용자 기호를 기반으로 지능형 서비스를 제공하는 상황 적응형 홈 에이전트 개발
멀티 모달 인터페이스	-가정내의 사용자의 다양한 입력형태를 고려한 데이터의 수집과 이에 대한 인식기술로 각 인식 요소 기술(uni-modal)을 개발하게 된 후 통합적으로 연결(multimodal)하여 사용자에 대한 다중 입력 요소의 작업 및 인식 인터페이스를 이용할 수 있도록 하는 기술

2000년 초반부터 선진기업들이 치열하게 표준화 선점을 위한 경쟁을 전개하면서 다양한 미들웨어에 의한 상호호환성 문제를 보장하고 무선 기반의 기기들을 안전하게 구성 관리하여 홈 네트워크 시장을 확산시킬 수 있는 기술이 이슈로 부상했다. 다양한 AV 기기 간에 원활한 컨텐츠 전송을 보장하기 위해 미디어 포맷에 대한 표준을 정의하고 있으며, 최근에는 다양한 포맷 지원을 위한 포맷 변환 기술과 무선 홈 네트워크를 기반으로 20Mbps급의 고품질 멀티미디어 데이터 전송을 위한 QoS(Quality of Service) 보장 기술에 대한 개념이 정립되고 있다.

9) HAVi(Home Audio/Video Interoperability): 홈네트워크 사용자 접속 및 응용 프로그램 구현을 위한 상위 계층 구현방법의 하나로 Sony, Philips, Toshiba, Thomson, Matsushita, Sharp, Hitachi 등 8개사가 제안했다.

10) JINI(Java Intelligent Network Infra-structure): 가정 내 통신망에 접속하는 AV 기기나 컴퓨터용 컴퓨터, 인쇄기 등에 미국 선 마이크로시스템사가 개발한 프로그램 언어인 자바로 작성한 프로그램을 장착하여 각 자바 객체 간의 통신 방법을 정한 것이다.

11) UPnP(범용 플러그 앤 플레이, Universal Plug and Play): PC, 주변장치, 지능형 가전제품, 무선 장비 등과 같은 장치들을 네트워크에 접속시켰을 때, 인터넷과 웹 프로토콜을 사용하여 서로를 자동으로 인식할 수 있도록 해주는 표준. 인텔, 마이크로소프트사 등 컴퓨터 관련 업체가 중심이 되어 홈 네트워크 미들웨어 표준을 정의하게 2000년에 설립된 단체로 모두 700여 개 업체가 참여하고 있다.

〈표 8-5〉 홈 디지털 서비스 미들웨어

종류	전송 매체	추진 기업	응용 제품
UPnP	IP 기반으로 모든 매체 가능	MS	PC 주변 기기 및 홈 오토메이션 기기
JINI	모든 매체 가능	SUN	PC 주변 기기 및 백색 가전
HAVi	IEEE 1394	소니 등 가전사	AV 기기간 접속

3 홈 네트워크에서의 융합 IT

지능형 홈 구축을 위한 홈 네트워크/정보가전 기술은 연결성(Connectivity)과 지능(Intelligence)의 2가지 축으로 진화될 것이다.

- 연결성
- 지능화

인간에게 가장 쾌적하고 안락한 환경을 제공할 수 있도록 자율적으로 관리하고 실

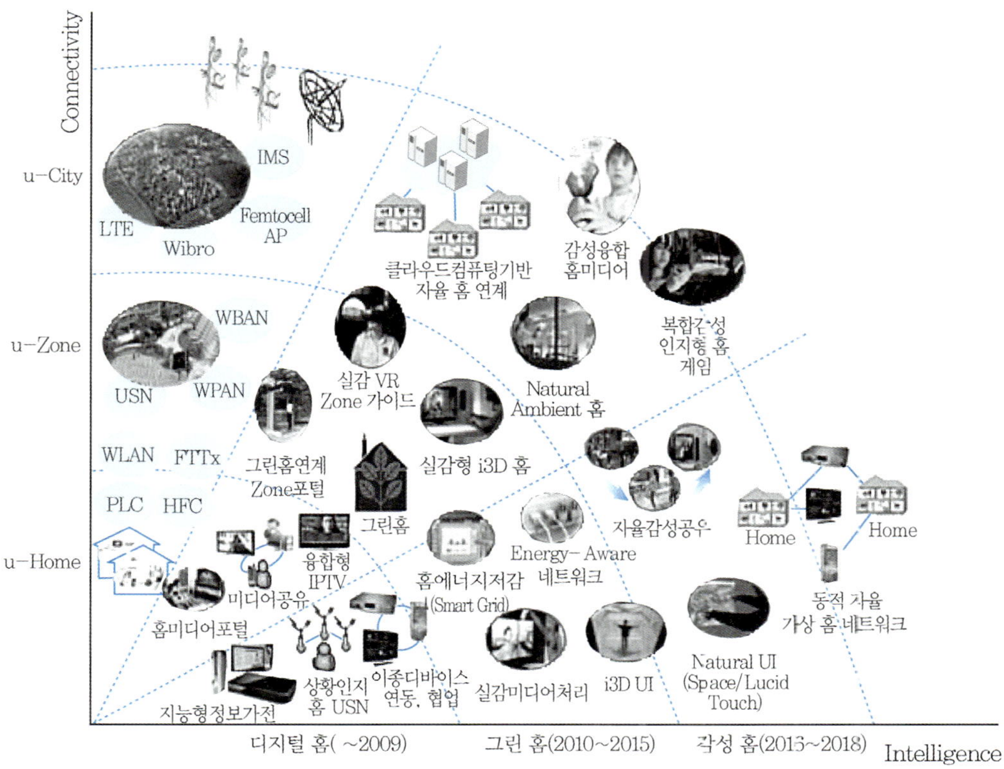

[그림 8-8] 지능형 홈 기술 발전 전망

감·그린·감성화 되기까지는 향후 약 10년이 소요될 것으로 예측되며, 2020년경에는 사용자가 느끼지 못하고 서비스를 제공받는 Invisible 홈이 출현할 전망이다.

지능형 홈 기술 발전 전망은 [그림 8-8]과 같다.

최종적으로는 개별 주거공간을 벗어나 단지 및 도시와 연계하여 삶의 질을 향상시킬 수 있는 진보된 실감/감성화 기술, 자율홈 관리 기술, 초광대역 무선 및 휴먼 인터페이스 분야의 기술발전이 지속적으로 진행될 전망이다. 또, 홈 플랫폼 기술은 자율협업 기반 실감형 서비스로 발전될 전망이다.

따라서, 홈 서버 기술은 댁 내외 이종 디바이스 간 Seamless 네트워킹을 기반으로 실시간 멀티미디어 콘텐츠를 댁내 단말 간에 자유로이 분배하고, 부가 콘텐츠를 자동으로 수집하여 상호작용적인 실감형 서비스를 자동으로 구성하여 제공하는 실감 홈 엔터테인먼트 서비스를 제공하는 기술로 발전하고, 홈 네트워크 미들웨어 기술은 다양한 서비스를 포괄적으로 지원하고 이질적인 기기간 상호호환성을 제공하는 상호운용성 (Interoperability) 지원과 누구나 쉽게 지능형 홈 서비스를 제공받을 수 있도록 자율 관리 (Autonomic Management)의 단계로 발전하게 된다.

홈 서버 기술을 정리하면 다음과 같다.

- Seamless 네트워킹 기반의 실시간 실감/감성화 기술
- 자율 관리
- 상호운용성 지원
- 지능형 홈 서비스 제공

마지막으로 그린 홈 기술은 에너지 절감을 시작으로 점차 생활환경을 제어하며 스마트 그리드와 연동하는 형태로 발전해 나가고 있다.

세계 홈 네트워킹 프로젝트

미국, 유럽, 일본 등은 인간의 풍요로운 삶을 위해 다양한 정책이 진행되고 있는데 다음과 같다.

〈표 8-6〉 세계 홈 네트워킹 프로젝트

사업명	추진기관	수행내용	서비스
Aware House	Georgia Tech. (미국)	가족간유대감 제공, 생활편의, 위급상황대처 등 노약자를 위한 스마트홈 모델 - 전자액자 서비스, 잃어버리기 쉬운 물건 위치 추적 서비스 등 제공	

사업명	추진기관	수행내용	서비스
Place Lab	MIT (미국)	거주자의 행동을 인식하여 가전기기를 제어하는 거주자 맞춤형 미래주택모델 – 센싱 기반 맞춤형 홈 오토메이션, 헬스케어, 위치추적 서비스 제공	
EasyLiving	MicroSoft (미국)	시간과 장소에 관계없이 거주자에게 컴퓨팅 환경을 제공하는 지능형 홈 모델 – 사람과 컴퓨터간 원활한 의사소통을 지원하는 지능형 환경 구축을 통하여 언제나 구성원에게 컴퓨팅 환경 제공	
Cooltown	HP (미국)	유무선통신 네트워크기술과 웹기반 정보통신 기술을 기반으로 하는 미래도시 모델 – ITS, e-비즈니스, 원격의료, 맞춤형 커스터머 서비스 등	
Adaptive House	Colorado Univ. (미국)	환경정보를 학습한 후 거주자가 필요한 것을 미리 예측하여 제공하는 스마트홈 모델 – 출퇴근 시간에 맞추어 빛의 밝기, 씻는 물의 온도를 조절하는 맞춤형 서비스 제공	
inHaus	프라운호퍼 연구소 (독일)	주거환경 내에 있는 모든 시스템을 통합제어할 수 있는 미래 지능형홈 모델 – 지능형 환경에서 어떤 단말기로나 모든 시스템을 통합 제어하는 서비스 제공	
Dream House PAPI	Toyota (일본)	지능적 홈 환경 제어로 거주자의 풍요로움을 두 배로 만들어 주는 스마트홈 모델 제시 – 거주자 및 환경정보를 통하여 실내 공기와 조명, 에너지 등을 자동제어하는 서비스	

- 미국

지능형 홈 산업 활성화의 기반이 되는 유비쿼터스 환경 조성을 위해 적극 투자하고 있으며 2003년부터 전력과 IT를 결합한 스마트 전력망인 IntelliGrid 구축 사업을 추진하였으며, 2007년도에는 에너지 독립 및 보안법을 시행하였다. 특히 구글, 인텔, MS 등이 "Climate Savers Computing Initiative"를 발족하고, IT 장비의 전력소비와 탄소배출량 절감 방안을 마련하였다.

세계 전력 시장에서 입지를 회복하고자 ABB, Siemens, Areva, Schneider 등 유럽 4사가 80%를 장악하고 있고, 미국은 GE가 맞서고 있는데, 스마트 그리드는 기존의 시장 질서를 뒤엎고, 배전단을 중심으로 새로운 시장을 창출하자는 것인 만큼, 유럽에 비해 미국이 적극적인 것으로 보인다.

※ Xcel Energy사는 콜로라도 Boulder시에 스마트 그리드 시티를 구축했으며, 1차 1만 5천 가구에 스마트 미터를 공급하고, 추가로 3만 5천 가구에 공급할 예정

- 일본

기존 e-Japan 전략을 대체하는 IT를 활용한 환경 친화적 사회를 위한 "신IT개혁전략"을 발표하고 유비쿼터스 사회 구축을 위한 홈 네트워크와 그린IT 전략을 발표하였다.

e-Life Initiative, e-Japan 중점계획, 차세대 주택 정보화 프로젝트, TRON House 프로젝트 사업 등을 추진하고 있다.

- 유럽

2010년까지 IT 분야 최우선 과제로 디지털 홈을 선정하여, IPTS(Institute for Prospective Technological Studies) 프로젝트를 추진하고 있으며 리빙투모로우, Inhous, Integer 등 다양한 홈 네트워크 환경을 시험할 수 있는 테스트베드를 구축하여 기술의 실용화 및 상용화를 추진하고 있다.

유럽은 신 재생 에너지 등 고효율 저탄소 분산형 전원의 보급 확대, 환경 보전, EU 국가간 전력 거래에 초점을 두고 있다.

- 한국

지식경제부는 14대 지식경제 IT 기술의 일환으로 홈 네트워크/정보가전 기술 개발을 지원 중이며, 정부 주도로 지속적인 시범사업 추진하고 있다. 지능형 홈 신시장 창출 및 활성화를 위해 에너지 절감형 홈 가이드라인, u-City 연계형 가이드라인, 실감형 홈 가이드라인 도출을 목표로 하는 '지능형 홈 네트워크 산업 기반 조성 사업'을 시행 중에 있다.

주요국가별 사례와 시사점을 요약해 보면 다음과 같다.

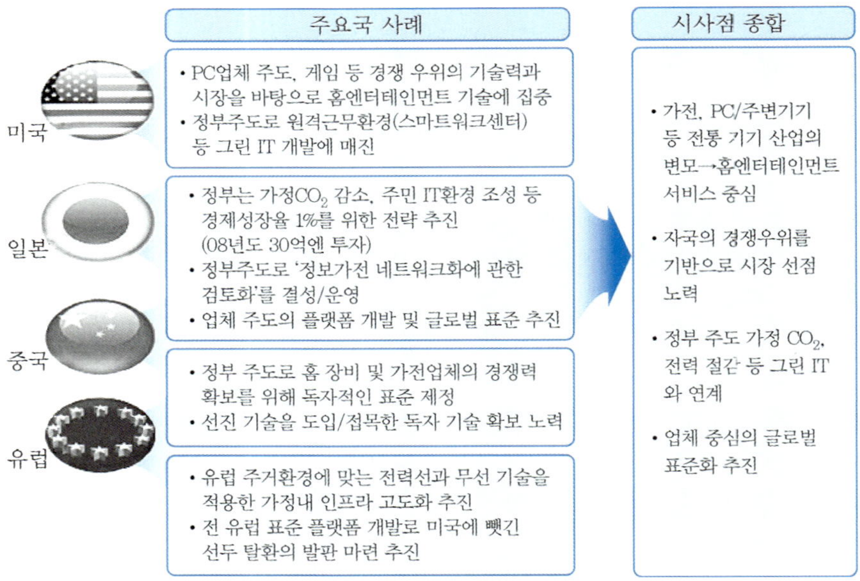

[그림 8-9] 주요국 사례 및 시사점

테크는 수다

차세대 SNS 서비스

차세대 SNS 서비스에 대해서 생각해 보자.

모든 것에는 원형리정(元亨利貞)이라는 생명주기가 있다.

원(元)은 혼돈의 시절로 우주에 비유하자면 아직 낮과 밤이 갈리기 이전으로 사람으로 따지면 출생 전에 어머니의 태안에서 성장하는 임신 기간인데 이 때는 시간과 공간뿐만 아니라 그 안에서 움직이는 객체들의 존재조차 그 누구도 알 수 없는 시기이다.

다음은 형(亨)의 시기로 창조의 시기인데 우주에서는 낮과 밤이 생기고 만물이 탄생하여 음과 양으로 구분되는 때다. 사람으로 본다면 어머니 뱃속에서 나와 살아갈 수 있는 기초가 마련되는 시절인 것이다. 형(亨)의 시기를 지나면 리(利)의 시절을 맞는다.

리(利)의 시기는 왕성한 활동과 결실이 맺히는 시절로 배움을 마치고 때를 얻어 가장 왕성하게 활동하는 장년과 비유되며 우주에서는 황극의 시대라 한다. 황은 곧 황금을 뜻하며 물질적으로 풍요로워지는 시기이다.

현존하는 SNS 서비스 중에 지금의 페이스북이 맞이하고 있는 시대라 생각한다.

하지만 마지막 시절인 정(貞)이라는 소멸의 시대가 있다.

우주가 수명을 다해 쓰러지는 최후의 순간, 사람으로 따진다면 노쇠하여 병들고 죽음에 이르는 시기!

안타깝지만 누구든 맞이해야 하며 페이스북도 다른 사적인 공간으로 탈바꿈되어야 한다.

하지만 주위에 새로운 것만 있는가?

고전이라는 것이 존재하며 긴 세월 함께 공존하고 있다.

페이스북은 이 부분을 고민해 봐야 할 것이다.

글로벌화 되어 있고, 전통과 가치가 있으며 참여자가 진정한 주인이 되는 그런 SNS가 차세대 SNS가 아닐까?

제 9 장 차세대 이동통신

학습개요	차세대 이동통신(B4G) 표준 기술에 대해 안다.
학습목표	1. 차세대 이동통신 개요 2. 차세대 이동통신 시장 3. 차세대 이동통신 기술 4. 차세대 이동통신 기술과 융합 IT

핵심 이슈	
2012	• LTE-Adv.(4G) 이동통신 기반 시험시스템 개발 • 핵심 제품 – LTE-Adv. 이동통신 계측기
2014	• LTE-Adv.(4G) 이동통신 시범서비스 제공 • 핵심 제품 – LTE-Adv. 분산기지국 시제품
2018	• 차세대 이동통신(B4G) 표준 기술의 선제적 확보 • 핵심 제품 – 차세대 이동 통신(B4G) 시험시스템

1 차세대 이동통신 개요

1) 차세대 이동통신의 정의

차세대 이동통신은 고속·고품질 이동통신시스템, 서비스 플랫폼, 휴대용 멀티미디어 융·복합단말을 이용하여 언제 어디서나 정지 및 이동 중인 고객에게 멀티미디어 기반의 다양한 응용 서비스 및 융·복합 서비스를 제공하는 고부가가치 기술이다.

그 개념도는 다음과 같다.

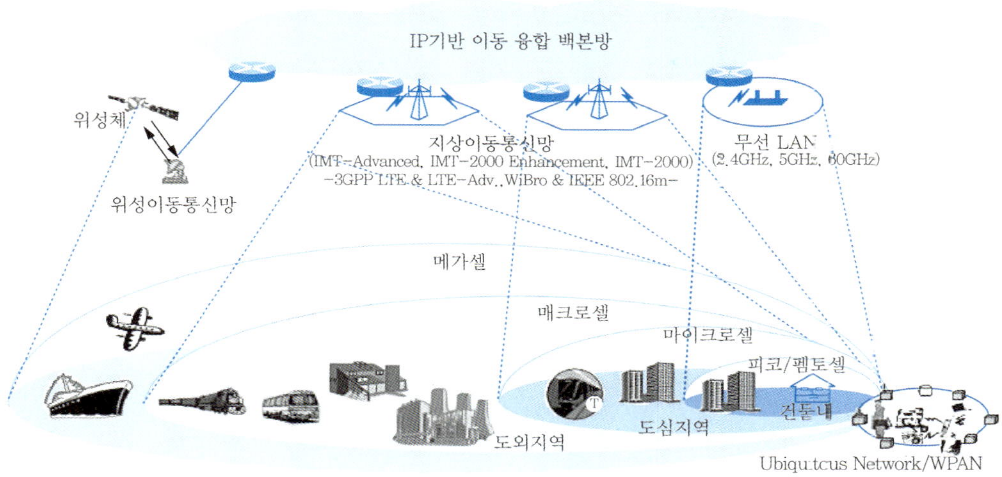

[그림 9-1] 이동통신 개념도

무선 LAN은 피코 셀, 휴대인터넷은 마이크로 셀[1], 지상이동통신(Enhanced IMT-2000, 4세대이동통신) 은 매크로 셀, 위성통신은 메가 셀로 구축되며 복합단말기 및 IP망을 통해 상호 연동된다.

2) 차세대 이동통신 산업의 분류

- 이동통신 기반 다양한 응용 서비스 및 융 복합 서비스 산업
- 차세대이동통신 시스템 산업
- 차세대 융·복합 단말·부품 산업
- 차세대 무선계측 및 인증·시험 산업
- 타 산업 영역과 융합된 신 산업

이와 같이 5가지 산업으로 분류해 볼 수 있다.

차세대 이동통신은 유비쿼터스 사회에서 타 산업과의 컨버전스를 위한 핵심 기술 및 융·복합서비스 제공을 위해 다양한 이동통신 요소 기술 군으로 구성되어 있으며 첨단 이동통신 기술을 바탕으로 한 신 산업 창출을 통한 에너지 저 소비 사회 구조 전환의 중심적인 역할을 담당하게 된다.

1) 이동 통신 방식의 일종으로, 하나의 통신 가능 구역의 반경 400m 이하인 방식이다. 이때의 통신 가능 구역을 좁은 구역을 셀(Cell)이라고 하고, 셀 커버리지에 따라 반경 100m 이하를 피코 셀, 반경 1km 이하를 메크로 셀이라고 한다.

차세대 이동통신 개념은 다음과 같이 볼 수 있다.

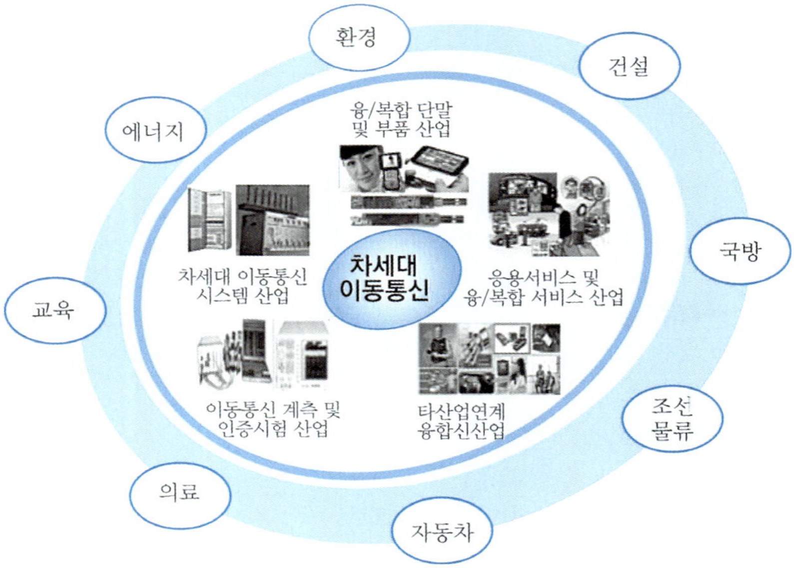

[그림 9-2] 차세대 이동통신 개념

사용자 요구사항과 다양한 신규 비즈니스 모델 발굴이 지속적으로 추진됨으로써 산업구조의 변화와 타 산업인 자동차, 조선, 국방, 건설, 환경, 에너지, 교육, 의료 등과의 융·복합화가 촉진될 것으로 예상된다.

3) 이동통신의 세대별 분류

흔히 1세대 이동 통신을 아날로그 이동 통신이라 하고, 2세대 이동 통신은 디지털 이동 통신으로 채널 대역폭이 1.25MHz로 최대 전송 가능한 데이터의 양은 64Kbps인 통신을 말한다. 이때 전송 효율을 높이기 위해서 우리나라는 1996년 CDMA(code division multiple access)[2]를 채택하여 이동통신의 강국이 된다. 이어 PCS(Personal Communication Service)라는 서비스가 2.5세대 이동 통신 기술로 포장되어 CDMA 서비스 확대를 이룬다.

2) 미국의 퀄컴(Qualcomm)이 개발한 확산대역기술을 채택한 디지털 이동통신 방식으로 코드분할 다중접속이라고도 한다.

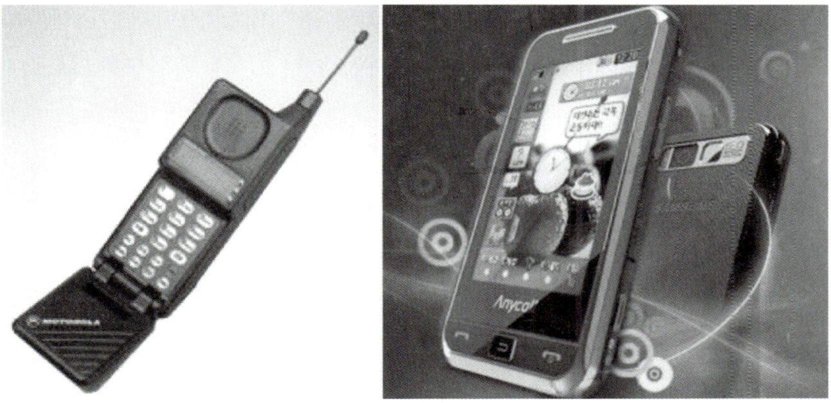

[그림 9-3] 휴대전화

왼쪽의 그림은 구형 휴대전화이다. 그림에서와 같이 두껍그, 투박하며, 액정 표시 부분도 디지트 숫자만 표시되는 정도였다. 그런데, 지금의 3세대 이동 통신 휴대 전화는 세련되고, 슬림하며 액정화면 자체가 터치스크린이다. 사진이며, 동영상, 스케줄까지 입력가능하고, 영상을 보면서 통화를 한다. 뿐만 아니라, 사진기 기능은 기본적으로 내장된다. 이렇게 휴대전화만 보더라도 차이가 난다.

이동통신의 세대별 진화 로드맵은 다음 그림과 같다.

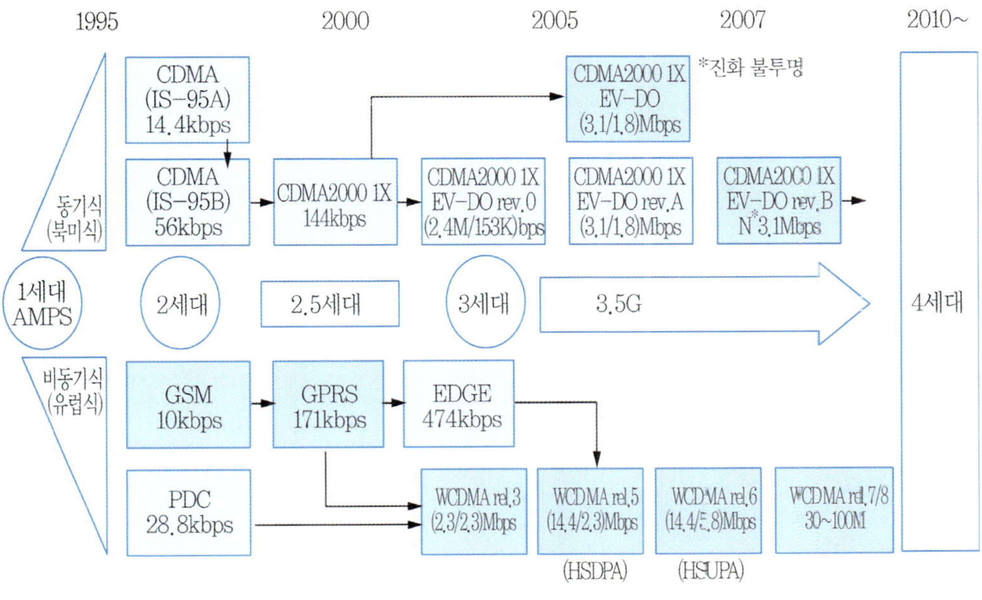

[그림 9-4] 이동통신 진화 로드맵

2세대 이동 통신에서 사용하는 주파수 대역 및 방식이 국가마다 다르므로 범세계적 로밍이 불가능했다. 이런 단점을 극복한 것이 3세대 이동통신으로 IMT-2000[3]이라 한다. 기존 전화 망(ISDN)과 같은 고정 통신망 서비스에 하나 이상의 무선 링크를 사용하여 접속하도록 하는 이동 통신 시스템으로서, 기존 통신 시스템의 가장 큰 문제점인 단말기의 이동성과, 전송속도의 한계를 극복하며 지구상의 어떤 곳, 즉 사막이나 바다 같은 오지 한가운데서도 다양한 정보를 빠른 속도로 주고 받을 수 있도록 하는 통신 시스템이다.

사용 주파수 대역은 1885MHz에서 2200MHz로 기존의 통신 시스템에 의해 제공되던 서비스를 제공할 뿐만 아니라 보다 향상된 기술에 의한 차원 높은 서비스도 제공할 수 있는 이동 통신 시스템으로 지상망 또는 위성망에 연결될 수 있어 세계 어느 나라에 가든 통신이 가능한 기술이었다. 이 기술은 ITU(International Telecommunication Union)에서 전 세계 동일한 주파수를 채택하여 전 세계 하나의 통화권역이 되게 하였다. 1978년 이동통신의 단일 표준화를 연구과제로 삼은 프로젝트의 코드명이 FPLMTS(Future Public Land Mobile Telecommunication System, 프림스)였는데, 발음하기가 어렵고 기억하기가 어려워 1996년 IMT-2000으로 이름을 바꾸어 사용하였다.

〈표 9-1〉 2세대 이동통신과 3세대 이동통신의 비교

구분	디지털 이동통신	PCS	IMT-2000
세대	2세대	2.5세대	3세대
서비스	음성위주의 저속데이터		데이터위주의 고속데이터
시장활성화요인	단말기 가격, 서비스영역 확대		다양한 컨텐츠 제공
주파수 대역	824~849MHz 869~894MHz	1.75~1.78GHz 1.84~1.87GHz	1.885~2.025GHz 2.110~2.2GHz
채널당 대역폭	1.25MHz		5/10/20MHz
채널당 데이터 전송속도	9.6~64Kbps	14.4~128Kbps	이동: 144~384Kbps 실내: ~2Mbps
제공서비스	음성, 저속데이터		고속 멀티미디어
로밍 범위	국가, 지역적		범세계적
영화다운로드시간(800MB)	6시간 4분		9분 43초

3) 지상이나 위성에서 음성, 고속 데이터, 영상 등의 멀티미디어 서비스를 제공하고, 글로벌 로밍 서비스를 제공하는 유무선 통합 통신서비스이다.

우리나라에서는 1998년 동기식 IMT-2000 시스템을 개발 완료하였고, 1999년 중에 비동기식도 개발에 성공했다.

하지만, 이 기술은 단일 표준 도출에 실패하고 만다. 유럽과 일본이 주도한 비동기 방식의 W-CDMA(Wideband CDMA)와 미국이 주도한 동기방식의 CDMA2000으로 양분화되어 진행된다.

3세대 IMT-2000보다도 최대 전송속도가 10배 이상이나 빠르고, 동영상 · 인터넷방송 등 대용량 데이터 역시 수백Mbps 속도로 보낼 수 있는 4세대 이동통신이 등장을 한다.

참고로 800MB 크기의 영화 다운로드는 1세대 이동통신에서는 불가능했던 일이 4세대 이동통신에서는 시간은 5.6초 정도 예상한다.

4세대 이동 통신이 등장하기 전에 과도기 형태를 띠게 되는데 그 내용은 다음과 같다.

〈표 9-2〉 3세대 이동통신 기술의 비교

구분	3.9세대 3GPP LTE / SAE	3.5세대 HSDPA	3세대 WCDMA, CDMA 2000
특징	고속 이동중에도 초고속 멀티미디어 서비스가 가능	비동기식 광대역 CDMA 시스템을 향상시킨 시스템으로 영상통화 가능	2세대 이동통신 시스템을 향상시켜 기본적인 무선 인터넷 서비스를 제공
Upload 속도	65 Mbps	1.4 Mbps	1.8 Mbps
Download 속도	105 Mbps	14.4 Mbps	3.1 Mbps
데이터 전송이 가능한 이동속도	시속 350km 이상	시속 250km	시속 250km
상요화 시기	2009년	2006년	2000년

4세대 이동통신은 3세대 이동통신이 데이터 위주의 고품질 음성서비스이자 이동면에서 불완전한 글로벌 로밍 시스템인 반면, 3차원 영상데이터를 통해 현장감 있는 통화가 가능하고, 글로벌 로밍도 완전하다.

하나의 단말기를 통해 위성망·무선랜·인터넷 등을 모두 사용할 수 있는 서비스로 이동전화 하나로 음성·화상·멀티미디어·인터넷·음성메일·인스턴트메시지 등의 모든 서비스를 해결할 수 있다.

이동통신의 진화 방향은 다음과 같다.

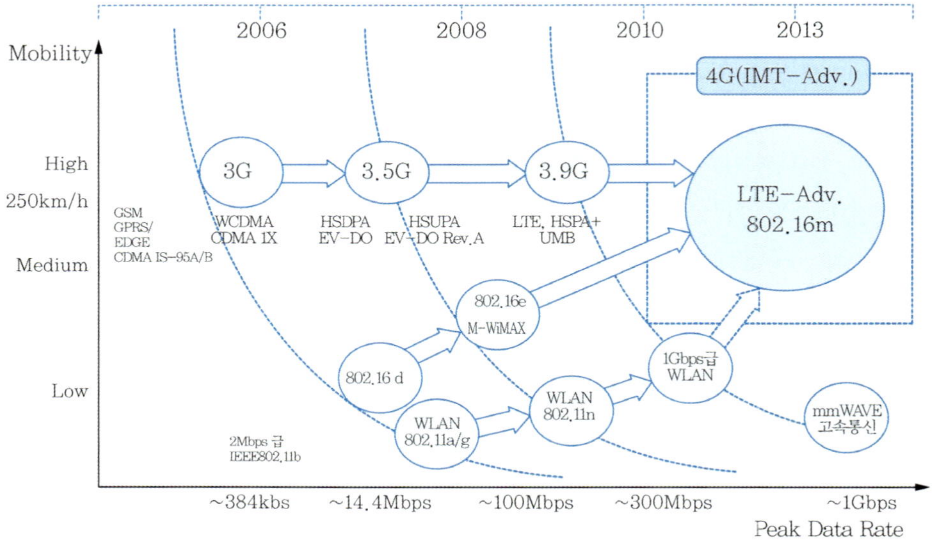

[그림 9-5] 이동통신 진화 방향[4)5)]

차세대 이동통신의 정의를 내리면, 정지 및 이동 중에 다양한 형태의 멀티미디어 정보를 이동통신망, 위성통신망 등을 이용하여 고속·고품질로 송수신하는 기술이다. ITU-R[6)]에서는 4세대 이동통신, 휴대인터넷, Enhanced IMT-2000 및 초고속 무선 LAN을 포함하는 전송속도는 고속 이동할 때 100Mbps 이상, 노매딕 환경에서는 1Gbps 이상을 목표로 차세대이동통신 서비스가 2012년경 제공될 것으로 예상하고 있으나, 지금 생각대로 쇼를 하면 된다.

4) 차세대 이동통신의 특징

통신·방송 및 모바일 휴대 환경에서 고품질의 이동 실감 멀티미디어 콘텐츠를 생성, 소비할 수 있는 차세대 이동 서비스 구축을 통해 개방·공유·협력·참여의 사회

4) 3GPP(http://www.3gpp.org) 에서는 기존의 WCDMA 기반의 3세대 이동통신 시스템의 기술적 한계를 극복하기 위해 2004년 말에 3rd Generation Long Term Evolution(3G LTE) Plan을 발표했다.

5) 와이브로(WiBro)는 우리나라가 개발한 무선 광대역 인터넷 기술이다.

6) 국제전기통신연합(ITU)의 조직을 개편한 1992년 헌장 및 협약에 따라 전파 통신에 관한 기술 및 운용상의 문제점에 대한 연구를 수행하고 그 결론을 권고로 공표하는 것을 주 임무로 하는 ITU의 상설 기관인 국제무선통신자문위원회(CCIR)는 폐지되고 그 기능을 신설된 국제전기통신연합 전파 통신 부문(ITU-R)이 계승하였다. 종전의 CCIR 권고는 계속 유효하지만 기구 개편(1993. 3. 1) 이후에는 ITU-R 권고로 명칭이 변경되어 발간되고 있다.

적·문화적 새로운 트랜드의 중추적인 역할을 수행할 것이다. 또한, 세계 최고 수준의 이동통신 인프라 제공을 통해 전국 모든 지역에서 국민 실생활과 관련된 의료, 교육 및 문화생활 등의 지역간 격차를 해소함으로써 국가 균형적 발전을 도모할 것이며 누구나, 언제, 어디서나, 다양한 이동통신 서비스 제공에 의해 공공, 교육, 의료, 생활 등에 혁신적인 차세대 이동단말 제공으로 삶의 질이 향상될 것이다.

- 개방, 공유, 협력, 참여의 객체
- 차세대 이동통신을 이용한 문화생활과 교육, 그리고 의료 서비스 제공
- 사용자들의 삶의 질 향상

5) 차세대 이동통신의 기술 분류

〈표 9-3〉 차세대 이동통신의 기술 분류

중분류	소분류	관련 요소기술
이동통신 서비스 플랫폼	융합서비스 플랫폼 기술	차세대 IMS 기술(개방 API 기술)
		서비스 융합 플랫폼 기술
		위치 및 상황인지 서비스 플랫폼 기술
		분산형 모바일 네트워크 서비스 플랫폼 기술
	이동성 지원 플랫폼 기술	위치등록 및 관리 기술
		이동통신 보안/인증 기술(UICC 기반 SIM 기술)
		이동통신 엔지니어링 플랫폼 기술
이동통신 액세스 시스템	광역 이동통신 시스템 기술	3GPPx 기반 이동통신 기술
		IEEE802.16 기반 이동통신 기술
		Beyond IMT-Advanced 이동통신 기술
		광대역 무선 백홀 기술
	근거리 이동통신 시스템 기술	차세대 WLAN 무선통신 기술
		차세대 WPAN 무선통신 기술
	이동통신 응용 시스템 기술	국방 이동통신 기술
		공공안전 및 기타 무선통신기술
이동통신 단말 및 부품, 시험인증	융복합 단말기술	단말 플랫폼 기술
		서비스 융복합 단말 기술
		CR/SDR 플랫폼 기술

중분류	소분류	관련 요소기술
	융복합 부품기술	광대역 모뎀 및 Baseband 부품 기술
		광대역 RF 및 안테나 기술(디지털 RF 포함)
		멀티미디어 및 개방형 사용자 인터페이스 융합 부품 기술
	이동통신 인증 시험 기술	시험/계측 및 인증 장비 기술
		인증장비 검증기술

2 차세대 이동통신 기술

1) Ad-hoc 기술

(1) Ad-Hoc 네트워크의 정의

우선 무선 네트워크를 토폴로지(Topology)[7]로 구분하면 2가지 방법으로 구분할 수 있다.

첫 번째는 인프라기반 네트워크이고, 나머지 하나는 Ad-hoc 네트워크이다.

인프라기반 네트워크는 말 그대로 기반 인프라를 이용하여 무선 네트워크를 구성하는 것을 의미한다. 그럼, Ad-Hoc 네트워크라는 것은 무엇일까?

사람들은 개인적, 혹은 직업적 필요에 의해, 노트북 컴퓨터나 휴대폰, PDA, MP3 플레이어와 같은 휴대용 기기들을 들고 다닌다. 대체로 이들 기기들은 독립적으로 사용된다. 그런데 만약 직접 연동이 된다면 어떨까?

통신기기간 특별한 무선 통신을 'ad hoc 네트워크'라고 하는데, Ad hoc 네트워크는 기반 인프라가 없다, 즉, 유선망에 연결되어 있지 않아도 무선 LAN카드가 장착되어 있는 기기들이 자체적으로 무선 LAN망을 구축하는 것이다. 무선LAN의 기본단위로 접근점은 없으며, 각 기기와 대응한 관계의 위치에서 상호 통신이 가능한 통신 방식이다. 가정에서도 가전 기기들이 블루투스와 같은 통신 모듈만 내장되어 있다면, 무선 네트워크 구축은 간단하게 된다.

Ad-Hoc 네트워크는 독립적으로 존재할 수도 있고, 기간 망과 연동하는 경우가 있는데, 기간 망에 연결하고자 할 때는 위의 그림처럼 게이트웨이를 통해 연결하면 된다.

7) 토폴로지란 네트워킹 구조내에서의 네트워크 노드와 미디어의 물리적 구성이다

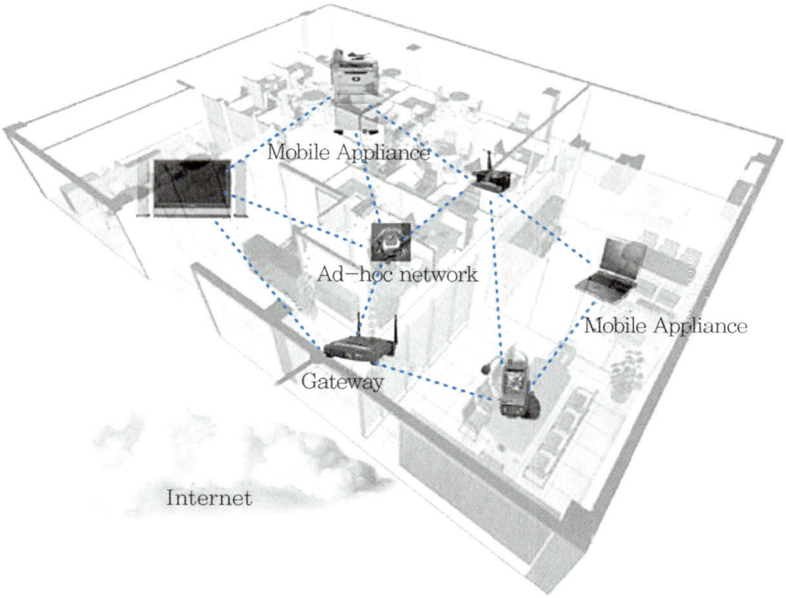

[그림 9-6] Ad-Hoc 네트워크 개념도

(2) Ad-Hoc 네트워크의 특징

- **분산 운영 기능:** 노드 일부나 전체가 무선인 네트워크 환경과 같은 다이나믹한 환경에서 노드가 갑자기 사라지거나 나타날 수 있기 때문에 네트워크 기능이 분산 방식으로 작동한다.

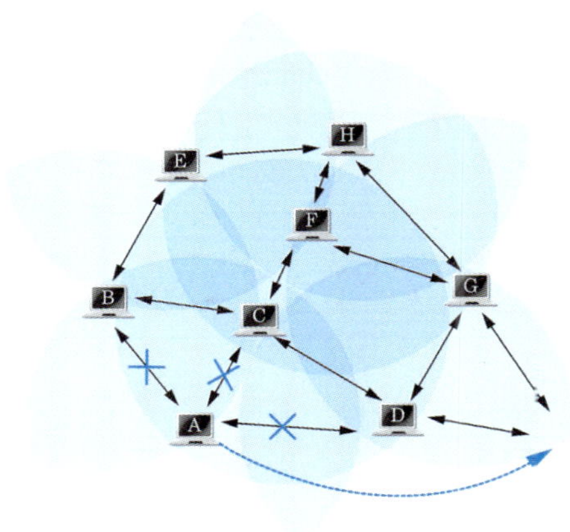

[그림 9-7] Ad-Hoc 네트워크 동적 구성도

- **동적 네트워킹:** 노드가 무선이기 때문에 네트워크 형태가 다양해진다. 한 노드가 통신이 단절이 되면, 다른 노드로 동적으로 네트워크를 구성하는 자동 네트워킹 기능과 자가 치유 기능을 포함하고 있다.
- **Peer-to-peer 통신:** 이동 컴퓨터 능력의 호스트이자 Ad-Hoc 라우팅 기능을 가진 이동 노드들 간의 무선 인터페이스를 사용하여 통신한다.

2) 안드로이드 플랫폼

특정 회사에 종속되어 모바일 혁신을 더디게 만든 독점적인 장애물 없이, 휴대폰을 실행하는 모든 소프트웨어와 모바일 장치를 위한 최초의 진정한 종합 오픈 플랫폼이다. 특징은 다음과 같다.

- 오픈 소스 모바일 운영체제
- 어플리케이션 프레임워크: 컴포넌트의 재사용과 대체가 가능함
- Dalvik 가상 머신: 모바일 디바이스에 최적화
- 통합 브라우저: 오픈 소스 WebKit 엔진 기반
- 그래픽 최적화: 2D/3D(OpenGL ES 1.0 사양) 그래픽(hardware accelatation optional)
- SQLite: 데이터 저장을 위한 구조
- 미디어 지원: 오디오, 비디오, 이미지(MPEG4, H.264, MP3, JPG, PNG, GIF 등)
- GSM 기술(hardware dependent)

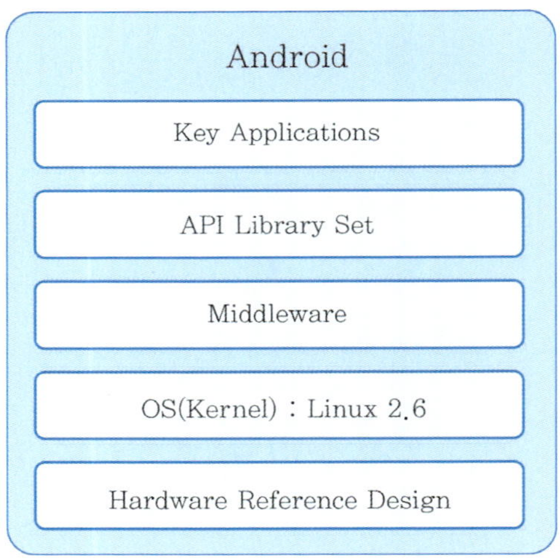

[그림 9-8] 안드로이드 오픈 소스 소프트웨어 스택 구조

- Bluetooth, EDGE, 3G, and WiFi(hardware dependent)
- Camera, GPS, compass, and accelerometer(hardware dependent)
- 풍부한 개발 환경

• Android Platform 1.5

- 화면상의 가상 키보드를 통한 빠르고 부드러운 타이핑
- 홈 스크린 위젯과 라이브 폴더를 통한 어플리케이션, 북마크 등으로의 쉬운 접근
- 비디오 레코딩, 플레이, 공유
- 고성능 브라우저를 통한 최고의 웹 사용성
- 스테레오 블루투스를 통한 핸드프리 전화 통화
- 전체적인 폰 사용성 증대를 위한 UI 지원 강화와 성능 개선
- 개발자들의 혁신적인 어플리케이션 개발을 위한 새로운 API와 요소들

• Android Platform 2.0

- Google I/O 개발자 컨퍼런스 2009에서 공개된 플랫폼
- 한번의 Search로 음악, 웹, 북마크, 어플리케이션 등을 검색할 수 있고 단말기 내의 어플리케이션뿐만 아니라 어플리케이션 내의 데이터 검색드 가능
- Text-to-Speed API를 이용하여 음성인식뿐만 아니라 문자를 음성으로 출력 가능
- 목록 내에서 해당 글자의 첫 문자를 화면에 그리면, 그 문자로 시작하는 목록 표시하는 기능인 Handwriting Gestrue 추가

• Android Platform 2.1

- Live Wallpapers: 터치에 따라 반응하는 바탕화면 기능
- Telephony: 인터넷 전화 기능

안드로이드 플랫폼의 구조는 다음과 같다.

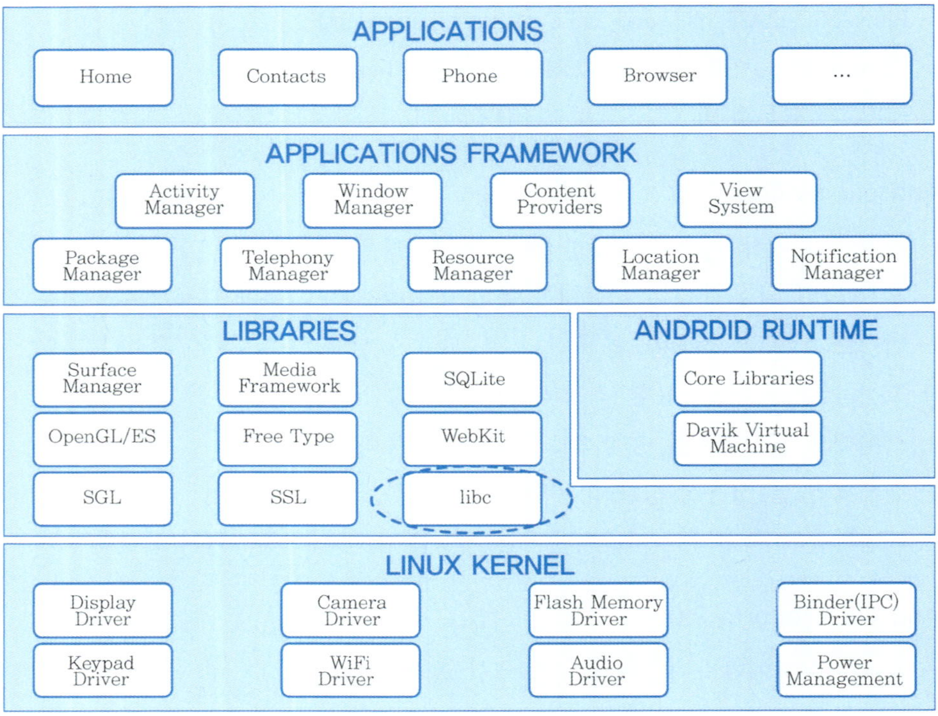

[그림 9-9] 안드로이드 플랫폼 구조

Libc는 UNIX 기반이며 시스템 아키텍처는 다음과 같다.

[그림 9-10] 안드로이드 시스템 아키텍처

위의 구조에서처럼, XML 언어를 지원하며 SUN사의 JVM과 대조적으로 안드로이드 Dalvik 가상 머신을 이용하여 이벤트 처리를 한다. 또 리눅스 커널 2.6에 네트워크 디바이스를 추가한 후 모바일 기기인 휴대폰과 차세대 가전기기의 GUI를 핸들링하게 된다.

어플리케이션의 화면 구성을 다음과 같으며 휴대용 장치의 제한된 메모리 때문에 액티버티 생명주기에 의해 소멸되고 재생성되는 어플리케이션으로 구현된다.

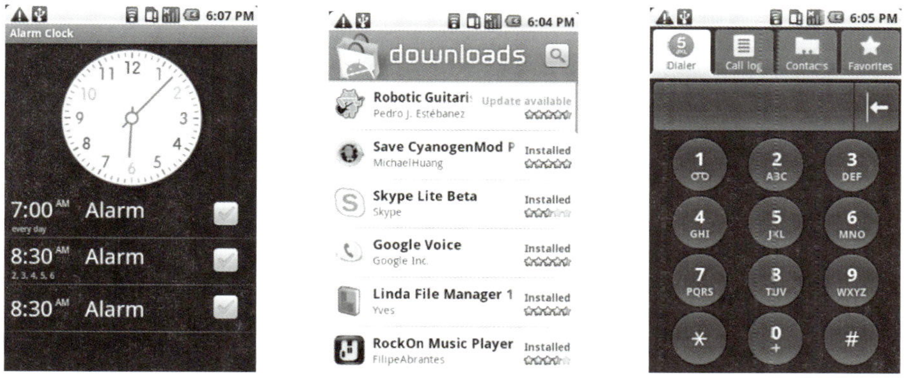

[그림 9-11] 어플리케이션의 화면 구성

스마트 폰의 시스템 소프트웨어인 OS의 개방성을 비교해 보았다.

〈표 9-4〉 스마트폰 OS의 개방성 비교

	Android	iPhone OSX	Windows Mobile	Symbian
License	Apache Software License	Comm. EULS	Comm. EULS	Eclipse Public License
Kernel	Linux	Mach	Windows CE	Symbian OS
Market Share	Not availtable	6.5% (2007)	12% (2007)	65% (2007)
SDK	Yes, Cross Platform	Yes, OS X	Yes, Windows	Yes, Cross Platform
Open Source	Yes	Limited	No	Limited

다음은 앱스토어와 안드로이드 마켓을 비교해 보았다.

안드로이드 마켓은 iPhone의 앱스토어처럼 자신에게 맞는 어플리케이션을 구입, 설치할 수 있는 서비스 상점으로 2008년 8월에 안드로이드 탑재 휴대폰 유저들 간의 어플리케이션 공유를 위하여 런칭된 마켓이다. 2009년 10월부터는 전면 유료화로 전화되었다.

구분	앱스토어	안드로이드 마켓
서비스 시기	2008년 7월 11일	2008년 8월 28일
운영 주체	애플	자율적
어플리케이션 등록	애플 허가 필요	자율적
SDK 다운로드	등록해야 가능	누구나 가능
폰 출시 시기	아이폰 2007년 6월	구글폰 2008년 10월

3) 차세대 이동 통신 응용분야

차세대 이동 통신 응용 분야를 분류해 보면, 먼저 이동통신 서비스 분야에서는 유비쿼터스 핵심 기술인 위치 인식 시장을 손 꼽을 수 있다. 또한 이동 통신 시스템 분야는 4세대 이동통신 시스템과 WiBro 시스템, IMT-2000 고도화 시스템, 그리고 무선 LAN 시스템으로 나누어 응용 분야를 세분화할 수 있다. 마지막으로 휴대단말은 유무선 통합 서비스를 지원하는 단말기와 멀티 모드 단말기로 응용할 수 있다.

〈표 9-5〉 차세대 이동 통신 응용 분야

<table>
<tr><th colspan="2">구분</th><th>응용분야</th></tr>
<tr><td colspan="2">이동통신
서비스</td><td>• 위치인식 등 이동데이터 시장
• 이동통신 기지국
• 이동통신 단말기</td></tr>
<tr><td rowspan="4">이동통신 시스템</td><td>4세대 이동통신
시스템</td><td>• 4세대 이동통신 모뎀 등 핵심기술 시장
• 4세대 이동통신 기지국/ 단말기</td></tr>
<tr><td>WiBro 시스템</td><td>• WiBro 시스템, 단말기
• WiBro 모뎀
• 초고속인터넷 인프라가 빈약한 국가의 기간망 활용</td></tr>
<tr><td>IMT-2000 고도화
시스템</td><td>• IMT-2000 Evolution 지원 시스템, 단말기</td></tr>
<tr><td>무선 LAN
시스템</td><td>• 무선 LAN 카드 (NIC)
• Access Point (AP)
• Switch/Controller
• VoIP 송수신장비</td></tr>
<tr><td colspan="2">휴대 단말</td><td>• 유무선통합서비스 지원 단말기
• 멀티모드 단말기 등
• 이동통신 서비스의 보안 및 안정성 제공</td></tr>
</table>

3 차세대 이동 통신에서의 융합 IT

Mobile 2.0[8] 신규 비즈니스 모델 개발 확산 및 유비쿼터스 통신환경 구축으로 개방·공유·협력·참여의 사회 메커니즘에 따른 Mobile 2.0 트렌드가 국내외 시장에 확산되고 있다.

- 휴대폰은 인터넷, 모바일 방송, IPTV 등의 다양한 콘텐츠를 언제 어디서나 자유롭게 서비스 이용이 가능한 멀티미디어기기로 진화
- 동영상을 포함한 개인콘텐츠가 휴대폰, PDA 등을 통해 IPTV 등 차세대 정보매체와 융합되어 '정보상품'이 무한대로 생산, 유통 가능

또한, 센서기반 상황정보의 실시간 수집, 유무선 통신망을 통한 전달·가공 처리 기술의 발전으로 유비쿼터스 네트워크가 구축되고 있으며 네트워크 및 단말에 종속되지 않는 사람·기기간의 커뮤니케이션 서비스가 가능한 상황정보 및 지식기반의 융합서비스 플랫폼으로 진화하고 있다.

- 동종·이종 산업분야별 상황 정보 연계가 가능한 서비스 지향적 구조 (SOA)의 융복합 통신서비스 플랫폼(IMS, SDP, MDS) 기술의 발전이 예상된다.

스마트 폰

스마트 폰(smartphone)은 PC와 같은 기능과 더불어 고급 기능을 제공하는 휴대전화이다. 스마트폰의 산업 표준에 대한 정의는 없다.
어떤 사람들에게 스마트폰은 응용 프로그램 개발자를 위한 표준화된 인터페이스와 플랫폼을 제공하는 완전한 운영 체제 소프트웨어를 실행하는 전화로 볼 수도 있겠고 어떤 사람들에게 스마트폰은 전자 우편, 인터넷, 전자책 읽기 기능, 내장형 키보드나 외장 USB 키보드, VGA 단자를 갖춘 고급 기능이 있는 전화로 비칠 수 있다.
다시 말해 스마트폰은 전화 기능이 있는 소형 컴퓨터라 볼 수 있다.
고급 휴대 기기들의 수요가 늘면서 강력한 프로세서, 풍부한 메모리, 큰 화면, 개방형 운영 체제를 많이 쓰게 되자 여러 해 동안 휴대 전화 시장을 빠르게 채우고 있다.
다음은 애플사의 스마트폰인 iPhone이다.

8) Mobile 2.0은 휴대폰 등 무선통신기기를 이용하고 이동통신 네트워크를 통하여 Web 2.0의 개방/공유/협력/참여 메커니즘에 모바일 기반의 이동성이 부가되어 나타난 소비자의 새로운 문화와 행동패턴까지 포괄하는 개념

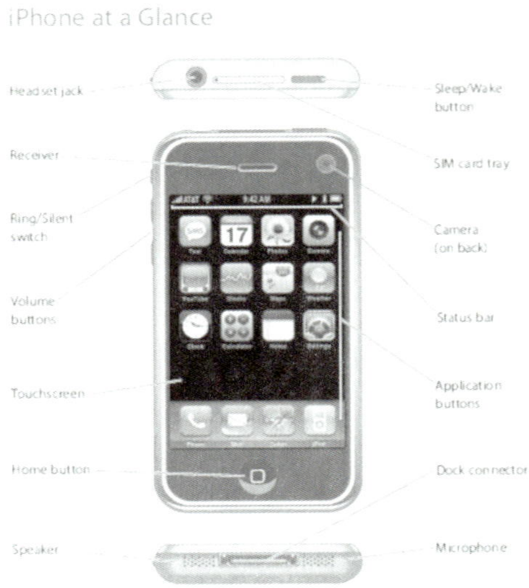

[그림 9-12] Apple 사의 스마트폰

스마트 폰의 역사는 다음과 같다.

PDA를 개발하던 업체에서 이동통신 모듈을 집어 넣어 전화 기능이 되는 PDA폰을 시작한 것과 같이, 이동통신 단말기를 개발하던 업체에서 PDA 기능을 휴대전화 안으로 집어넣어 이를 스마트폰이라 불렀다. 대체로 PDA폰과 비슷하며 보통의 PDA들과는 조금 다른 방향으로 기능이 되어 있거나, 휴대전화 기능에 부가 기능 탑재로 덩치는 큰 편이었다. 하지만 점차 PDA폰과 스마트폰의 경계가 허물어지면서 이 둘을 통칭하여 스마트폰으로 통칭하고 있다.

최초의 스마트폰은 시몬 (Simon)이었다.

IBM사가 1992년에 설계하여 그 해에 미국 네바다 주의 라스베이거스에서 열린 컴댁스에서 컨셉 제품으로 전시되었다.

1993년에 대중에게 공개되었고 벨사우스에게 팔렸다. 휴대 전화의 기능을 할뿐 아니라 계산기, 주소록, 세계 시각, 계산기, 메모장, 전자 우편, 팩스 송수신, 오락까지 할 수 있었다. 전화 번호를 누르기 위한 물리적인 단추는 없었지만 터치 스크린을 사용하여 손가락으로 전화 번호를 입력할 수 있었다. 또, 팩시밀리와 메모를 수행하기 위해 부가적인 스타일러스 펜을 사용할 수 있었다. 문자열 또한 화면 상의 키보드로 입력이 가능하였다. 오늘날의 표준에서 시몬은 매우 저가 제품으로 여겨져 있으나 당시에는 믿기지 못할 정도로 기능이 고급이었다고 평가 받았다.

노키아 커뮤니케이터 라인은 1996년에 노키아 9000을 시작으로 노키아의 첫 스마트폰을 장식하였다. 이 눈에 띄는 팜탑 컴퓨터 스타일의 스마트폰은 당시 노키아의 베스트셀러의 휴대전화와 휴렛패커드의 초기의 성공적인 값비싼 PDA 모델의 협동 결과로 탄생한 것이었으며 이 두 개의 장치들은 힌지 (hinge)를 통해 고정되었다. 노키아 9210은 최초의 컬러 스크린 커뮤니케이터 모델이면서 개방형 운영 체제를 가진 최초의 진정한 스마트폰이었다. 9500 커뮤니케이터 또한 노키아의 첫 카메라폰이었고 다른 제조사의 제품보다도 20%~40% 정도 더 비쌌다.

스마트폰 시장의 41.2% (2009.1분기)를 점유하고 있는 심비안은 심비안 Foundation을 통해 개방형 플랫폼으로 전환을 준비 중이고 2009.7월 OS 베타를 공개, 연내에 기존 심비안과 Nokia S60, MOAP, UIQ를 통합한 심비안2 OS를 발표할 계획이다.

스마트폰 시장 점유율은 다음과 같다.

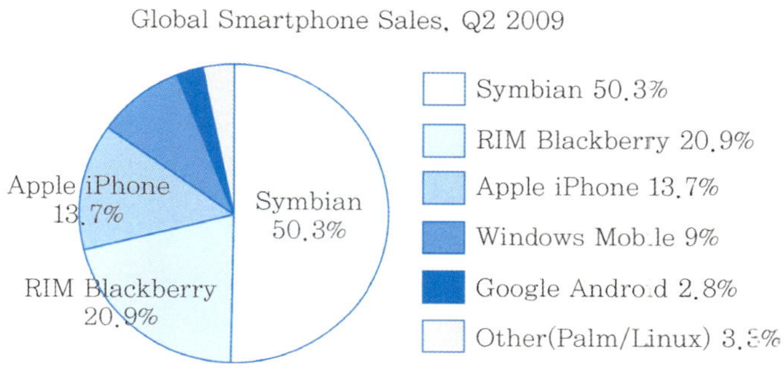

[그림 9-13] 스마트폰의 시장 점유율 2009년 2분기

QR코드(Quick Response code)는 흑백 격자 무늬 패턴으로 정보를 나타내는 매트릭스 형식의 이차원 바코드이다. QR코드는 주로 일본에서 많이 사용되며 명칭은 덴소 웨이브의 등록상표 Quick Response에서 유래하였다. 종래에 많이 쓰이던 바코드의 용량 제한을 극복하고 그 형식과 내용을 확장한 2차원의 바코드로 종횡의 정보를 가져서 숫자외에 문자의 데이터를 저장할 수 있다. 보통 디지털 카메라나 전용 스캐너로 읽어들여 활용한다.

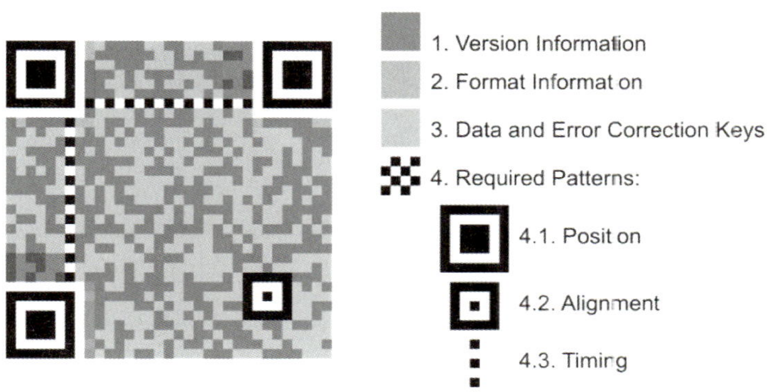

일반 바코드는 한쪽 방향으로 숫자 정보가 저장가능한 반면 QR코드는 종횡으로 2차원 형태를 가져서 더 많은 정보를 가질 수 있으며 숫자 외에 알파벳과 한자등 문자 데이터를 저장할 수 있다. 농담의 판별이 가능한 색조라면 색상이 들어가도 상관없다.
모델1과 모델2가 있는데 크기는 버전1에서는 21X21셀을 버전40은 177×177 4셀 간격으로 정해져 있다. 모서리 중 3곳에는 사각형의 코너 기호가 있어 위치 검출 패턴으로 이용되며 7번째 열과 7번째 줄의 셀은 타이밍 패턴 그리고 부분적으로 작은 사각형의 위치맞춤 패턴(모델2에만 적용)이 있다.
위치검출패턴과 정열마크는 증강현실에서 실제 오브젝트에 가상 삼차원 모델을 합성시키는 수단으로 사용되기도 한다.
QR코드는 숫자 최대 7089자, 문자(ASCII) 최대 4296자, 이진8비트 최대 2953바이트, 한자등 아시아 문자 최대 1817자를 담을 수 있다.

테크는 수다

스티브 잡스

"I would trade all of my technology for an afternoon with Socrates."

스티브 잡스의 말이다.

여기서 잡스는 소크라테스와 오후시간을 보낼 수 있다면, 그에게 모든 기술을 줄 수도 있다고 했을까?

소크라테스는 올바르다고 생각하는 것을 선택하고 행동하는 것을 두려워하지 않았다. 계속 생각했다. 아마도 스티브 잡스는 이런 소크라테스의 새로운 생각을 가지고 싶었을까?

제10장 차세대 컴퓨팅

| 학습개요 클라우드 컴퓨팅 상용화 서비스 시장 확대되면서 저전력 IT 기술 필요성 대두 되고, IDC 인증제 등 관련 정부정책 수립이 활발해지고 있다. 이에 저전력 IT 기술이 접목되는 차세대 융합 컴퓨팅 기술에 대해 안다.

| 학습목표

1. 차세대 컴퓨팅 개요
2. 차세대 컴퓨팅 시장
3. 차세대 컴퓨팅 기술
4. 차세대 컴퓨팅 기술과 융합 IT

핵심 이슈	
2012	• 클라우드 컴퓨팅 상용화 서비스 시장 확대 • 저전력 그린 IT 기술 필요성 대두 및 IDC 인증제 등 관련 정부정책 수립 • 핵심 제품 – 페타급 클라우드 컴퓨팅 플랫폼
2014	• 고성능, 저전력 차세대 스토리지 서버 수요 확대 • 클라우드 서비스 확대에 따른 데이터센터 증가 및 전력소비 절감 기술 적용 • 핵심 제품 – 1mW/MIPS급 이하 전력 소비를 위한 그린서버 시스템
2018	• 인간친화형 컴퓨팅 기술의 확대 • 국가기간산업군을 중심으로 효율적 운용 및 제어를 의해 고신뢰 자율제어 CPS 수요 확대 • 핵심 제품 – 오감/감성 UX 단말

1 차세대 컴퓨터의 개요

1) 차세대 컴퓨터의 정의

미래 정보사회에서 요구되는 자율형 서비스 제공을 위해 성능, 경계, 형태 등의 제약을 극복하는 창의적 컴퓨팅 기술을 말하며 사용자에 적합한 형태로 IT 자원 및 서비스를 언제 어디서나 제공하는 고효율, 저전력의 친환경 컴퓨팅 기술을 지칭한다.

그 분류는 다음과 같다.

- 휴먼 컴퓨팅 　　- 클라우드 컴퓨팅 　　- 그린 컴퓨팅

차세대 컴퓨팅 개념도는 다음과 같다.

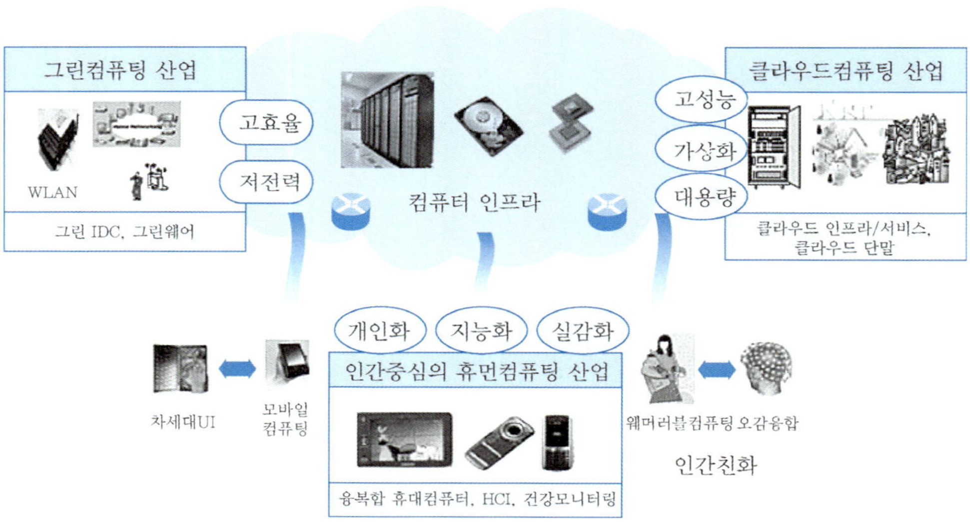

[그림 10-1] 차세대 컴퓨팅 개념도

여기에 POST PC[1]와UMPC[2](Ultra Mobile PC)에 대한 개념도 알아보자. 일단, 차세대

1) 일반적으로 포스트 PC는 문서작성, 전자우편, 인터넷 검색등과 같은 PC의 주요 기능을 효율적으로 제공하기 위해 만든 정보기기를 통칭하는데, 저렴하고 사용하기 쉬운 소비자 중심의 디지털 가전제품 또는 컴퓨팅 기술에 기반을 둔 하나 또는 그 이상의 유사 기능을 특화시킨 저렴하고 사용하기 용이한 기기 등으로 정의된다. 포스트 PC는 관점에 따라 인터넷 정보단말(Internet Appliace), Non-PC, PC-플러스 및 컨수머 NC등으로 불리기도 하고, 포스트 PC산업은 크게 H/W, S/W, 인프라 및 서비스로 구별할 수 있다.

컴퓨팅은 최적의 유비쿼터스 환경의 구축과 인간친화적인 서비스 제공이 가능한 미래 컴퓨팅 기술을 의미한다. 쉽게 생각해보면, 차세대 컴퓨터는 현재의 컴퓨터가 다음세대로 진화한 것이고, POST PC는 컴퓨터의 대체품 정도, UMFC는 휴대용 컴퓨터라고 생각하면 된다. 차세대 컴퓨터는 RFID/USN 등으로 IT화된 사물들이 전송하게 되는 대량의 연속적인 데이터들을 지능적으로 골라내 실시간 처리를 하는 능력이 필요하다.

정보처리와 통신기능을 갖춘 사물간의, 사물과 사람간의, 사람과 사람간의 상호작용을 back-end(프로세스의 마지막 단계)에서 가상화하여 유연하게 처리해야 한다. 이렇게 되기 위해서는 다양한 지능형 사물들의 자율 조직형(Self-organic) 컴퓨팅 기술이 필요하다.

다양한 형태의 인간 친화적인 정보단말기기를 통해 개인화된 서비스를 제공하는 휴대 및 착용형(wearable), 신체 내장형, 대체형 컴퓨터 단말 기술이 현재 연구되고 있다. 뿐만 아니라 인간이 느끼는 감정 정보를 처리하는 스마트 인터페이스 기술도 연구 중에 있다.

2) 출현 배경

- 유비쿼터스 컴퓨팅 환경의 등장

  사물의 지능화, 네트워크화로 다양한 기술 및 서비스가 융합되고, 복합화 되는 유비쿼터스 컴퓨팅 환경으로 급속히 전환되면서 개인, 기업, 정브 등 각자 소유한 IT자원에 구애 받지 않고 원하는 IT자원을 필요한 만큼 활용할 수 있는 유틸리티 컴퓨팅이 현실화 되고 있다.

- u-IT 환경 구축을 위한 정보 서비스 패러다임 변화

  RFID, u-ID, IPv6 등의 보급에 따라 급격한 증가할 객체 정보에 대해서 실시간 처리가 요구되고, u-IT 환경의 정보를 수집·분석·예측하는 자동화되고, 지능적인 처리기술이 부각되고 있다. 여기에 지능형 사물, 시설물, 환경의 실시간 모니터링, 추적, 분석, 예측을 통한 상황 인지 서비스가 등장하면서 컴퓨터가 바뀌어야 한다는 목소리가 높아지고 있다.

2) 마이크로소프트, 인텔, 삼성 등이 합동하여 개발한 오리가미 프로젝트로 8인치 정도의 모바일 타블렛 PC의 표준 규격으로 소리, 영상, 게임을 처리하는 데 충분한 전력을 가지고 있으며 인터넷 탐색뿐 아니라 다른 통신과 네트워킹 응용 프로그램을 풍부하게 지원한다. "오리가미"는 종이 접기를 뜻하는 일본어이다.

- **인간친화적 · 개인맞춤형 IT 사용 환경을 제공하는 차세대 PC 기술 발전**
  멀티미디어 단말기, UMPC, Smart phone 등 획기적인 이동성의 개선과 입출력 기기들의 소형화, 각 기능의 세분화로 컴퓨터의 기능을 시계, 목걸이, 반지, 안경 등을 통해 제공받을 수 있는 인간 친화적인 정보서비스 환경을 요구한다. 여기에 휴대형, 착용형 정보단말기에 개인의 감정을 처리하는 기술로까지 발전되고 있는 추세이다.

- **다양한 단말의 가상 자원과 가상 컴퓨팅 플랫폼 제공을 위한 협업 컴퓨팅 출현**
  차세대PC, 지능형 사물 등 다양한 서비스를 수행하는 단말과 서버 및 저장 장치의 유기적 협업을 통하여 한정된 자원의 제약을 극복하기 위한 가상화 기술이 필요하고, 차세대PC를 중심으로 네트워크 연결형 주변기기, 다양한 지능형 사물 등이 동적으로 구성하는 자율 조직형 컴퓨팅 기술과 분산 시스템의 자원 통합에 의한 자원의 유틸리티화도 한 몫하고 있다.

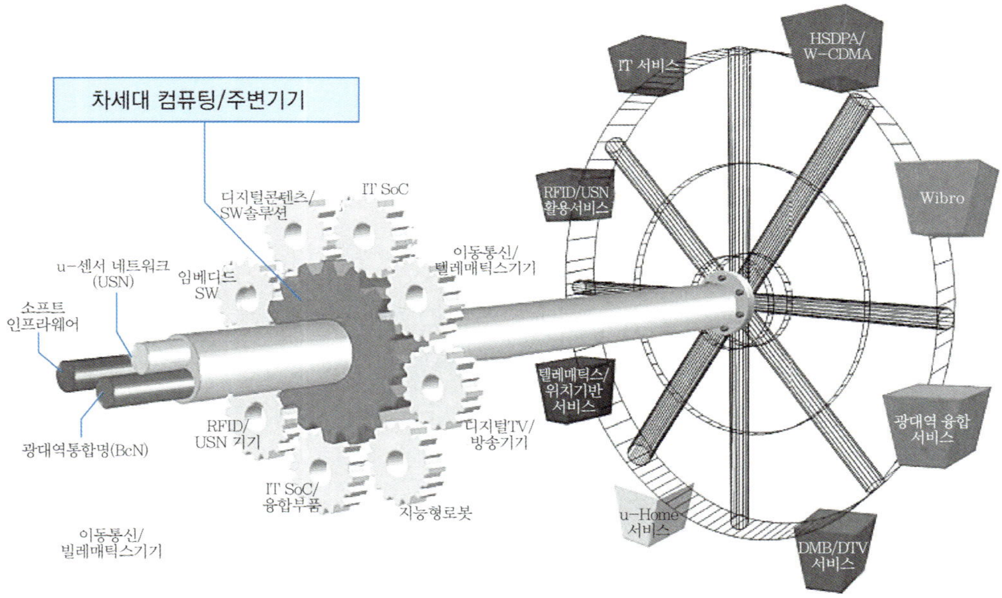

[그림 10-2] 차세대 컴퓨팅과 주변기기의 포지셔닝

3) 포스트 PC의 유형

• PDA

PDA는 그 동안 많은 기술적 진보 및 신기술과의 융합을 통해 휴대형 정보기기 시장을 이끌고 있어 휴대폰과 함께 21세기 포스트 PC시대를 주도할 제품으로 인식되었으나 스마트폰의 등장으로 그 성장세는 주춤하는 추세이다.

PDA는 데이터 중심적인 이동단말로 단독형이거나 통합된 무선통신 단말 또는 주변기기 접속이나 모듈을 통해 무선 접속할 수 있는 단말로 CPU, 메모리, 운영체제 등으로 구성되어 있고 소형 키보드, 터치스크린 또는 펜 등 다양한 데이터 입력방식이 사용된다.

• 스마트폰

스마트폰은 많은 기업 사용자들이 궁극적인 휴대 단말로 인식하고 있는 스마트폰을 정의하는데 사람마다 약간의 이견을 보이고 있는데, 어떤 사람은 셀룰러와 PDA가 결합된 통합 단말로 보기도 하고 다른 사람은 기존의 셀룰러 전화에 PIMS(Personal Information Management Systems) 기능이 추가되어 약간 똑똑해진 단말로 보기도 한다. 스마트폰은 컴퓨터를 내장하고 음성통신 이외에 다양한 데이터 처리기능을 가진 휴대 단말로 전자 메일 기능과 웹 브라우저를 갖추고 인터넷에 접속이 가능하고, 개인정보의 관리와 스케줄 관리, 메모 등 이전에 전자수첩 및 휴대정보 단말이 가지고 있던 기능과 IC카드 및 전자화폐 기능을 내장하여 전자상거래도 가능하며, 데스크톱 및 서버와의 동기화를 지원한다.

• 태블릿 PC

태블릿 PC (Tablet PC)는 외형적으로 LCD 패널에다 PC 기능을 합친 제품으로 키보드가 없는 대신 PDA처럼 펜 입력 방식이나 음성인식을 통해 데이터를 입력하며, 웹 패드와 비슷하지만 CPU 처리속도와 OS에서 차이를 보이고 있다. 기존 웹 패드의 경우 300MHz 이하의 CPU와 윈도우 CE를 OS로 사용하지만 태블릿 PC는 최소 800MHz이상의 CPU 처리속도와 윈도우 XP를 OS로 이용하여 현재 노트북 PC가 수행하는 대부분의 기능을 구현할 수 있다.

• PC 시장의 최근 추세

지금 세계는 포스트 PC 전쟁 중이라는 말이 공공연하게 회자되고 있는데, 그 동안 기능이나 용도에 따라 영토가 확실히 구분되었던 컴퓨터, 가전, 통신 및 게임

등의 경계가 사라지고 기존에 있었던 모든 영역의 제품이 모두 포스트 PC가 될 수 있다는 사실 때문이다. 마이크로소프트, 노키아, 삼성전자 등 초대형 IT 업체들이 이미 포스트 PC 시장을 장악하기 위한 걸음을 내디뎠고, 새로운 수익원을 확보하려는 PC업체들도 이 시장으로 몰려들고 있는 실정이다. 이동전화 단말 시장이 정체에 빠져들고 PC 시장도 포화상태에서 헤어나지 못하면서 주요 정보기기 업체들이 새로운 수요창출과 수익개선을 위해 높은 성장세가 예상되는 포스트 PC에 더욱 매달리고 있다. 최근 이동전화 단말을 통해 대용량의 정보 송수신이 가능해진데다 초고속 인터넷과 디지털 기술의 급속한 발전으로 가전기기, 통신기기, PC등 기존 정보기기의 고유 경계가 사라지면서 신개념의 단말들도 등장하고 있다. 현재 PC와 통신이 융합된 PDA, TV와 통신이 통합된 인터넷 TV, 그리고 이동전화 단말과 PC가 결합된 스마트폰 등이 대표적인 포스트 PC선두주자로 부각되고 있다.

영화 '마이너리티 리포트'에 등장한 배우 톰 크루즈가 사용했던 마우스의 정체가 세상에 공개됐다.

바로 '에어마우스(Air Mouse)'다.

씨넷은 캐나다의 딘마크(DaenMark)라는 회사가 공개한 웨어러블 컴퓨터 마우스이다.

이 에어마우스의 장점은 영화에 나온 톰크루즈의 유연한 조작 모습에서처럼 보기에 멋들어진 것은 물론이고 타이핑 등을 해도 손목이 전혀 아프지 않다는 점이다.

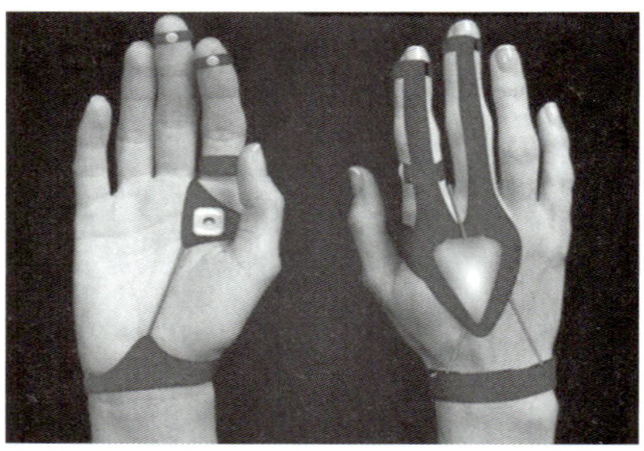

[그림 10-3] 에어마우스

이 제품은 무선컴퓨팅용이며 광 레이저를 사용한다. 한번 충전하면 1주일간 사용할 수 있다. 또한 사용자의 손과 손목에 줄로 연결돼 있어 매우 빠르며 정확하다.

4) 차세대 컴퓨팅

• 휴먼 컴퓨팅

오감기반 사용자 입출력기능으로 편의성 및 실감이 극대화된 휴대, 착용 또는 신체에 내장할 수 있는 인간중심 사용자 단말 기술 및 제품으로, 먹고, 입는 것과 같이 따로 배우지 않더라도 자연스럽게 인간 본성과 어울려 상호작용하며, 의사소통의 효율성과 자연성을 극대화 시키는 인간 친화적인 기술이다. 기존의 정해진 형태의 틀을 벗어나 다양한 센서를 통해 동작, 의도를 파악하고 사용자의 상황을 인식하여 맞춤형 서비스를 제공하며, 컴퓨터와 사람의 교감을 가능케 하는 인간 중심 컴퓨팅 기술이다.

그 개념도는 다음과 같다.

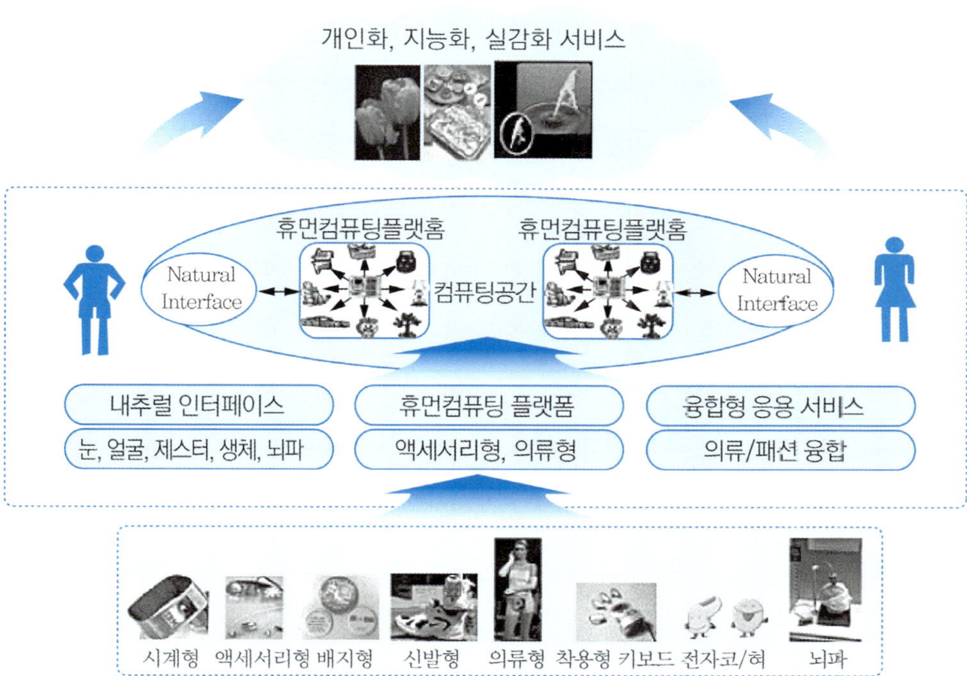

[그림 10-4] 휴먼 컴퓨팅의 개념도

• 클라우딩 컴퓨팅

모든 소프트웨어 및 데이터는 클라우드 (IDC[3] 등 대형컴퓨터의 연합체)에 저장되고 네트워크 접속이 가능한 PC나 휴대폰, PDA 등의 다양한 단말기를 통해 장소에 구애 받지 않고 원하는 작업을 수행할 수 있는 컴퓨팅 기술로 사용자는 서버, 디스크, 소프트웨어 등을 임대해서 사용하고 사용한 만큼의 요금을 서비스 회사에 지불하는 컴퓨팅 사용 방식과 단말기에는 소프트웨어의 설치가 불필요하여 HW를 단순화할 수 있고 사용자는 소프트웨어를 구매할 필요가 없으며 보안 패치, 업그레이드 등의 관리도 불필요한 차세대컴퓨팅 기술이다.

클라우드 인프라, 클라우드 플랫폼, 클라우드 서비스 영역을 포함한다.

그 개념도는 다음과 같다.

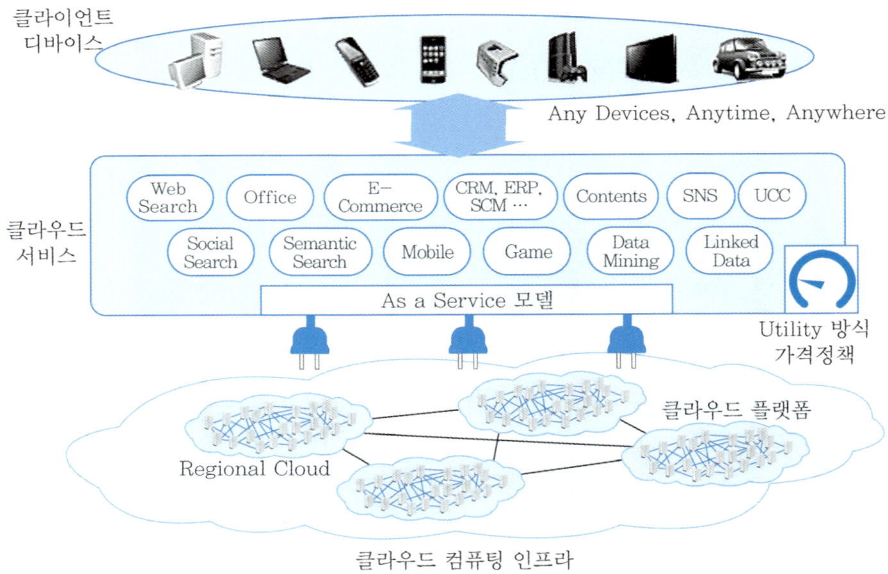

[그림 10-5] 클라우딩 컴퓨팅의 개념도

3) 기업의 전산시설을 위탁 관리하는 곳으로 Internet Data Center: IDC 라고도 한다.
인터넷 비즈니스의 성장과 함께 생겨난 용어로 기업 및 개인 고객에게 전산 설비나 네트워크 설비를 임대하거나 고객의 설비를 유치하여 유지·보수 등의 서비스를 제공한다. 개별 기업이 운영하기에는 부담이 큰 서버 장비 및 통신장비의 운영과 관리를 대행하며 최첨단 시설과 보안, 완벽한 통신 네트워크를 갖추고 있어 인터넷 사업이 크게 증가함에 따라 수요가 많이 늘고 있다.
주요 기능
– 서버 보안과 관리
– 서버 보관 공간 임대하거나 공간은 물론 서버까지 임대

• 그린 컴퓨팅

서버, 스토리지, 네트워크 장비 등 HW 및 인프라의 자체적인 전력 사용량과 발열량을 줄이고, 가상화 등의 컴퓨팅 자원 효율화를 통해 저전력화를 지원하는 기술로 Power Delivery와 쿨링이 포함된다. 시스템 전력과 발열 관리, 효과적 에너지 관리를 위한 시스템 구축, 시스템 사용률 향상을 통해 그린컴퓨팅을 구현하는 것이 그린 컴퓨팅의 목적이다.

그린컴퓨팅 응용기술, 자원 관리 기술, 인프라 기술 등의 기술을 IT Resource(서버, 스토리지, 네트워크, 데이터센터 등)에 적용하게 되는데, 그린컴퓨팅을 구현을 위해서는 Chip, Architecture, Module, Hardware, Software에서 그린화를 지원해야 한다. 그 개념도는 다음과 같다.

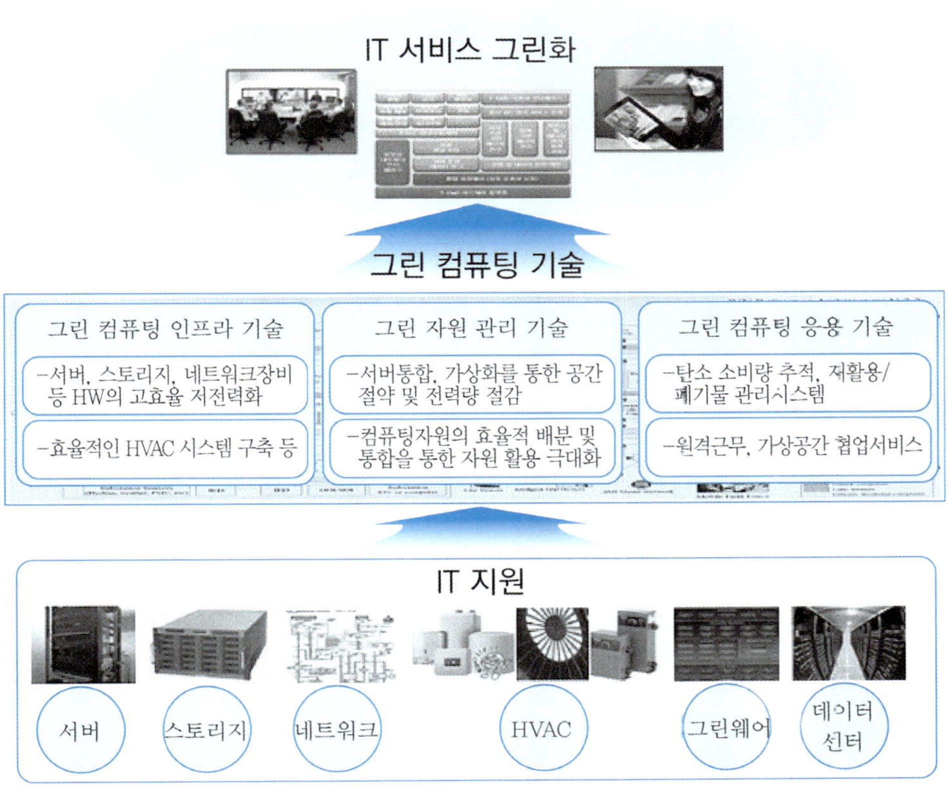

[그림 10-6] 그린 컴퓨팅의 개념도

5) 차세대 컴퓨팅 기술의 범위

- 휴먼 컴퓨팅 기술의 범위

  휴먼 컴퓨팅 기술의 범위는 다음과 같이 나누어 볼 수 있다.

  - 인간 친화형 플랫폼 기술
  - 내추럴 인터렉션 기술
  - 휴먼 컴퓨팅 응용서비스 기술

자세한 요소 기술은 다음과 같다.

〈표 10-1〉 휴먼 컴퓨팅 기술의 범위

중분류	소분류	관련 요소기술
인간 친화형 플랫폼 기술	웨어러블 플랫폼기술	One-chip 컴퓨터기반의 액세서리형 플랫폼 기술
		직물회로기반의 의류일체형 플랫폼 제작 기술
		FAN(Fabric Area Network)기술(의류내, 의류간)
	임플랜터블 플랫폼기술	Implantable MEMS
		BAN(Body Area Network) 기술
		무선 전력 공급 기술
	단말협업 플랫폼기술	단말 간 상호작용 기술
		협업 단말 동적 탐색 및 재구성 기술
		협업 단말 자원 가상화 기술
내추럴 인터렉션 기술	대화형 인터페이스기술	멀티 모달 인터페이스 기술
		감성 인식/처리 기술
	실감 인터페이스 기술	OUI(Organic User Interface) 기술
		3차원 실감 터치 인터페이스 기술
		촉/후각 인식 및 표현 기술
		모바일 프로젝터 UI 및 입력 기술
휴먼컴퓨팅 응용서비스 기술	개인용 헬스 케어 기술	생체신호 감지 센서 기술
		개인용 건강 모니터링 기술
	개인화 서비스 플랫폼기술	개인정보 센싱/가공 및 경험 정보 추출 기술
		개인성향 추론 및 개인 상황 인식 기술
		라이프로그 서비스 구축 및 관리 기술
	공공복지 응용기술	장애인용/노인용 기기 및 가이드 서비스
		재난구조용/경찰용 기기 및 지원 서비스
	패션산업 융합기술	액세서리형 기기 및 서비스
		의료서비스 지원 의복, 멀티미디어 의복

- 클라우딩 컴퓨팅 기술의 범위

클라우딩 컴퓨팅 기술의 범위는 다음과 같이 나누어 볼 수 있다.

- 클라우드 서비스 및 응용기술
- 클라우드 플랫폼 기술
- 클라우드 인프라 기술

자세한 요소 기술은 다음과 같다.

〈표 10-2〉 클라우딩 컴퓨팅 기술의 범위

중분류	소분류	관련 요소기술
클라우드 서비스 및 응용기술	SaaS 플랫폼 기술	Multi-tenant 기술
		SaaS 어플리케이션 성성 환경 기술
		Legacy 서비스 연동 기술
	클라우드 응용컴포넌트기술	서비스 및 응용 Open API
		클라우드 SW 컴포넌트 기술
		컴포넌트 연동기술
	클라우드 서비스 개발기술	웹 기반 개발 도구
		분산 클라우드 서비스 디버깅 기술
	클라우드 클라이언트기술	클라우드 경량 단말 플랫폼 기술
		클라우드-모바일 Sync. 기술
		클라우드 푸쉬 (Push) 에이전트
클라우드 플랫폼기술	서비스 배치 및 관리기술	클라우드 SLA 제공 기술
		서비스 생성 및 자동 프로비저닝 기술
		이종 클라우드 서비스/데이터 호환 기술
		서비스 과금 기술
	클라우드 분산시스템기술	분산 파일시스템 기술
		분산 데이터 저장 및 관리 기술
		분산 병렬 처리 기술
		분산 실시간 데이터 스트림 처리 기술
	클라우드 보안 기술	프라이버시 및 데이터 보안 기술
		Trustworthy 컴퓨팅 기술
		클라우드 SSO 기술
		클라우드 네트워크 보안 기술
클라우드 인프라기술	인프라자원 관리기술	개방형 자원 모니터링 및 스케줄링 기술
		지능형 동적 부하 관리 기술
	인프라자원 가상화 기술	서버 가상화 기술
		스토리지 가상화 기술
		네트워크 가상화 기술
		입출력 가상화 기술
	클라우드 네트워크기술	확장형 고속 네트워크 기술
		클라우드간 연동기술

• 그린 컴퓨팅 기술의 범위

그린 컴퓨팅 기술의 범위는 다음과 같이 나누어 볼 수 있다.

– 그린 컴퓨팅 응용 기술 – 컴퓨터 자원관리 기술 – 그린 컴퓨팅 인프라 기술

자세한 요소 기술은 다음과 같다.

〈표 10-3〉 그린 컴퓨팅 기술의 범위

중분류	소분류	관련 요소기술
그린컴퓨팅 응용기술	친환경 라이프사이클 관리기술	탄소소비량 추적 관리 기술
		재활용/폐기물 관리시스템 기술
		가상공간 협업 기술
컴퓨팅 자원관리 기술	하드웨어 모니터링 및 관리기술	소비전력 모니터링 기술
		전력제어 프로토콜 (APM, ACPI) 기술
		표준기반서버자원관리 (IPMI, CIM, SMASH, DMTF) 기술
	고효율 저전력 미들웨어 기술	전력정책 기반 동적 부하 관리기술
		저전력 시스템소프트웨어 기술
		그린컴퓨팅 솔루션 기술
	고효율저전력 가상화 기술	고효율 저전력 하이퍼바이저 기술
		가상 머신 고효율화 기술
		가상 머신 이동성 관리 기술)
		스토리지 자원 고활용 기술
		중복 데이터 제거 기술
		네트워크 자원 고활용 기술
그린컴퓨팅 인프라기술	그린하드웨어 기술	저전력 프로세서 기술
		저전력 스토리지 기술 (SSD, MAID, HDD)
		저전력 서버 기술
		저전력 통신 네트워크 기술
	그린IDC설비 기술	고효율 쿨링 기술 (에어 플로우, 쿨링, 쿨링관리)
		고효율전력공급기술 (PSU, AC-DC/DC-DC변환)
		전력 절감형 IDC 설계 기술
		그린 IDC 인증 및 표준화 기술
		모듈(확장)형 데이터센터 기술

2 차세대 컴퓨팅 기술

1) 시멘틱 웹

• 시멘틱 웹의 등장 배경

차세대 컴퓨터를 이야기 하면서 웹이라니 잘 맞지 않는 토픽이라고 생각할지 모르겠지만, 지금의 컴퓨터는 인터넷과 운명을 같이한다고 해도 과언이 아닐 정도로 웹 상에서 운영되는 것이 기본이다. 따라서, 웹 플랫폼에 대한 얘기가 반드시 언급이 되어야 된다고 생각되므로 웹부터 짚고 넘어가 보자. 웹은 팀 버너스리(Tim Berners-Lee)에 의해 1989년 웹 기술이 출현한 이래로, 웹 플랫폼 역시 진화를 한다.

2000년 닷컴 버블 붕괴 이후, 구글(Google)이 유튜브(YouTube)를 1억6천만 달러에 인수하면서 인터넷 비즈니스가 황금시장으로 인식된다. 그러면서, 비즈니스 업계의 화두는 웹 2.0으로 관심을 모으면서 웹 기술은 급속도로 성장하게 된다.

아래 그림에서와 보는 거와 같이, 초기 모델의 웹은 일방적으로 사용자는 정보를 얻는 형태의 모델이었다. 하지만, 현재 모델의 웹은 웹 플랫폼의 개방으로 정보를 공개하고, 사용자의 참여를 유발하여 웹의 쌍방향성을 갖는다. 미래의 모델은 이미 다 예상하겠지만 컴퓨터뿐만 아니라, 정보 기기, 가전기기, 통신 기기 등의 모든 디바이스들이 네트워크를 형성하기 때문에 웹 또한 네트워크형으로 진화할 수밖에 없다.

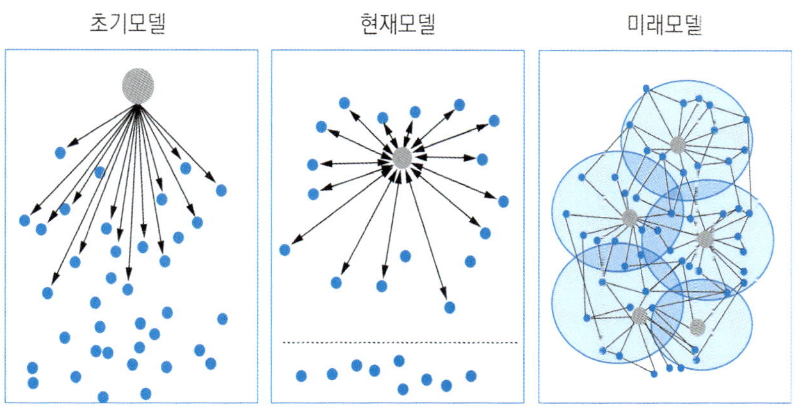

[그림 10-7] 웹의 진화 과정

• 시멘틱 웹의 개념

이제는 웹 상에 축적된 정보가 방대해짐에 따른 문제를 생각해 보아야 한다. 웹 기술은 축적 된 방대한 데이터에 대하여 키워드(keyword)에 의한 정보 검색이 되어, 불필요한 정보도 추출이 된다. 이 모든 정보를 사용자가 직접 개입해서 원하는 정보를 찾아야 하는 불편함도 존재한다. 이러한 웹 기술은 팀 버너스리가 초창기에 구상하였던 웹과도 거리가 있다. 2001년 팀 버너스리 등에 의해 웹 기술의 비전으로 새로운 웹이 제시하게 되는데, 2010년경부터 기계들이 지능적인 일을 하기 시작한다고 보고, 웹 상에 존재하는 자료에 의미를 부여하여 컴퓨터 스스로가 이를 이해하고, 처리할 수 있는 차세대 지능형 웹이 등장한다고 했는데, 그것이 바로 시멘틱 웹이다. 개념도를 보면 다음과 같다.

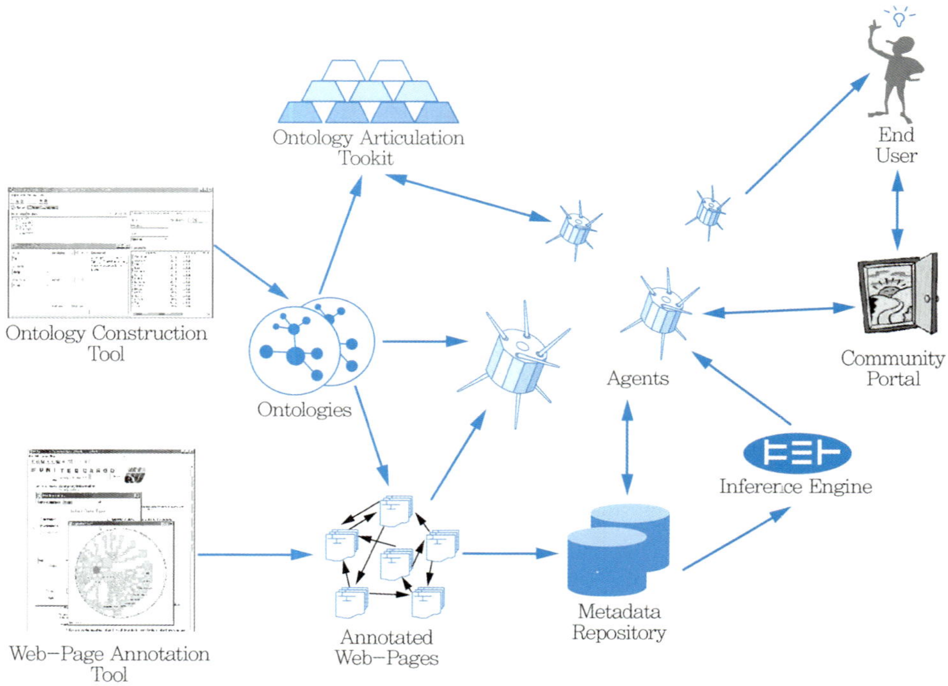

[그림 10-8] 시멘틱 웹의 개념도

기존 웹을 확장하여 웹 페이지를 잘 정의된 의미로 자동적으로 생성시킨다. 모든 정보를 의미기반으로 정의하기 때문에 의미적 상호 운용성(semantic inteoperability)을 실현할 수 있다. 이런 의미들은 메타데이터로 가공이 되고, 온톨로지에 저장이 된다. 이러한 무수히 많은 의미가 있는 정보 자원들은 그 내부에 존재하는 지능형 에이전트(intelligent agent)들이 사용자를 대신해서 사용자가 원하는 일을 스스로 알아서 수행하게 된다.

여기서, 온톨로지라는 개념이 등장을 하게 되는데, 이 말은 BC 360년에 아리스토텔레스가 처음 사용하였다고 한다.

영어로 보면,

"An ontology is a formal, explicit specification of a shared conceptualization of a domain of interest."

로 표현한다.

IT 관점에서 이 문장을 해석해보면,

첫 번째, 형식적(formal)이다. 이것은 기계가 읽을 수 있어야 한다는 의미다. 웹 상에서 메타데이터를 XML(Extensible Markup Language)로 작성하면 된다.

두 번째, 명시적(explicit)이다. 개념의 종류와 그들의 관계, 개념들의 제약 조건들이 명백하게 기술 되어 있어야 한다.

세 번째, 공유(Shared)되어야 한다. 사람과 사람, 사람과 기계, 기계와 기계가 합의된 표현 체계에 따라 개념을 공유한다.

네 번째, 개념화(Conceptualization)이다. 표현하고자 하는 대상 세계의 개념들을 특정 모델로 추상화하는 과정을 의미한다.

마지막으로 관심영역(Domain)이다. 개념을 표현, 공유하고자 하는 지정된 영역에 제한된다.

이것을 정리하면, 사람들이 관심 있는 사물에 대해 생각하는 바를 형식화하고, 명시화시킨 후 공유 모델로 하여 개념을 정의하는 기술을 말한다.

• 시멘틱 웹의 구조

다음은 시멘틱 웹의 계층 구조이다.

XML을 알고 있다면 위의 계층 구조나 너무나도 당연한 구조로 보일 것이지만, 처음 접하는 사람의 시점에서는 이 구조도를 한번에 이해하기란 쉽지 않을 것이다.

제일 하단 계층에 위치한 유니코드(Unicode)는 전 세계의 언어들을 2바이트 크기의 문자 체계로 만든 표준 코드로 전 세계 모든 언어들을 하나의 단일 코드로 표현한 것이다. URI(Uniform Resource Identifier)는 인터넷에 있는 자원을 나타내는 유일한 주소이다. 유일한 주소를 부여하는 이유는, 어떤 자원의 주소가 중복될 경우 그 자원을 탐색할 때 충돌이 발생하기 때문이다. URL과 비슷한 의미라 생각하면 이해가 쉽다.

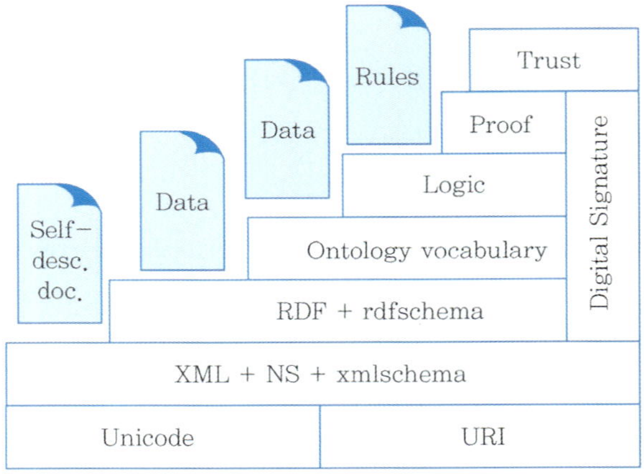

[그림 10-9] 시멘틱 웹의 계층 구조도 (2001)

유니코드와 URI는 웹 정보 자원을 서술하고 식별하기 위한 표준 체계라고 얘기를 하는데, 아래의 표시는 URL의 표시로 프로토콜과 URI로 구성된다. 흔히 우리가 인터넷 Exploer의 주소 입력 창에서 보는 내용일 것이다.

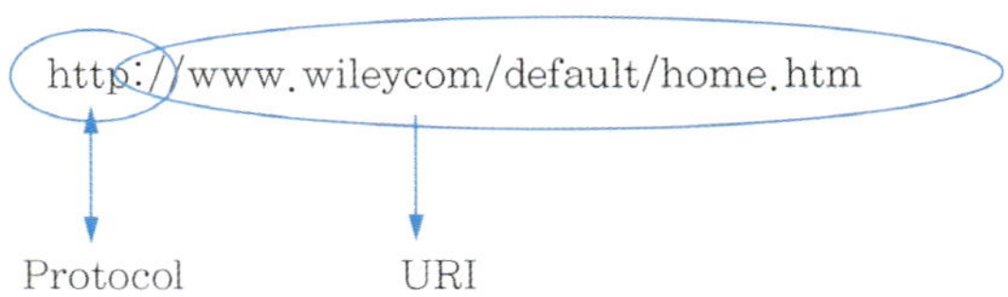

두 번째 계층에 있는 XML은 W3C에서 권장하는 다목적 마크업 언어로 HTML처럼 제한된 태그만을 이용해서 웹 페이지를 구성해야 하는 단점을 극복하여 사용자가 태그를 원하는 대로 정의해서 만들면서도 표준화된 문서 포맷을 가지기 때문에 주로 다른 시스템, 특히 인터넷에 연결된 시스템끼리 데이터를 쉽게 주고 받을 수 있게 만들어진 언어이다. NS(Namespace)는 XML의 일부분이라고 할 수 있는데, 변수나 태그의 이름을 정의할 때 이름의 충돌을 막기 위해서 이름 공간을 두어 같은 이름이더라도 명확하게 구분하는 기능이다. 예를 들어, CML(Customer Markup Language)로 정의한 고객의 정보, PML(Product Markup Language)로 정의한 상품의 정보, 그리고 OML(Order Markup Language)로 정의한 주문 정보는 정보라는 이름은 같지만, 네임 스페이스를 정의한다면, 고객 정보, 상품 정보, 주문 정보를 구분해서 사용할 수 있는 것이다. 여기서, CML, PML, OML은 XML로 작성된 표준 문서라 생각하면 된다.

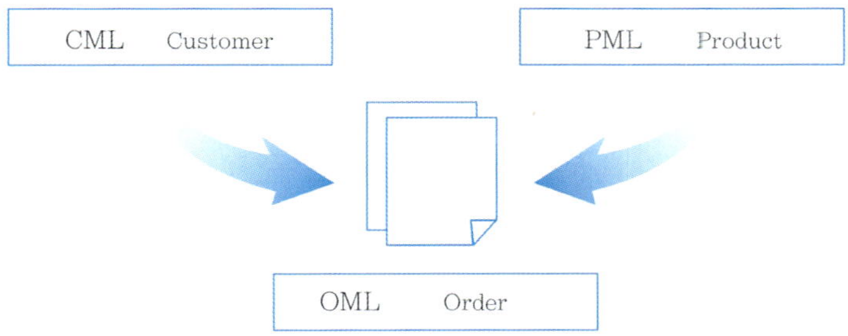

[그림 10-10] XML로 작성된 표준 문서들

여기에 표준화된 문서를 만들기 위해서는 XML Schema를 제일 먼저 선언해 주어야 한다. 스키마는 말 그대로 현재 문서에 어떤 요소를 쓸 것이지 미리 정해놓기 때문에 문서를 표준화 시킬 수가 있다. 이로서 XML, NS, XML 스키마는 정보 구조와 전달하고자 하는 정보를 표현하는 형식을 표준화 시키게 된다.

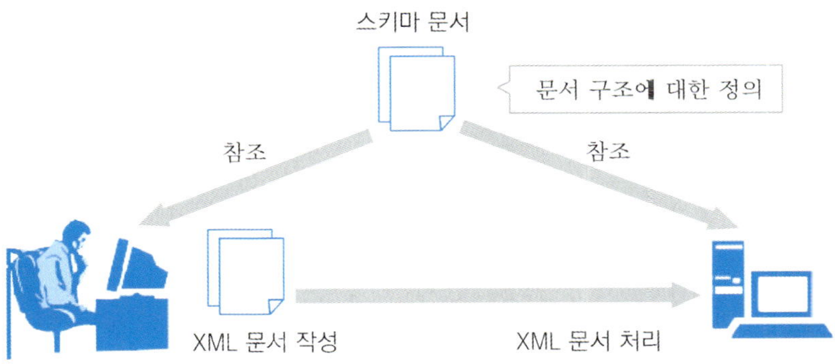

[그림 10-11] XML 스키마

세 번째 계층에는 RDF(Resource Description Framework)가 존재한다. 이 프레임워크는 메타 데이터 (의미)기반의 정보 자원이나 자원의 타입을 기술하게 된다. 따라서, RDF와 RDF 스키마는 정보 자원의 의미적 연결 관계를 정의하여 메타 데이터 수준의 의미로 표현하게 된다.

이렇게 기술된 의미를 온톨로지에 저장해 데이터베이스를 구축하게 되는 것이다.

이렇게 하여 Logic이라는 온톨로지 기반의 표준 논리 체계와 Proof, Trust라는 증명되고, 신뢰성 있는 표준 체계를 이용하여 데이터의 룰을 만들게 된다.

위에서 살펴본 시멘틱 웹의 계층구조는 2001년도에 정의된 구조이고, 이를 다시 2006년도에 다시 정의하게 되는데, 그 구조는 다음과 같다.

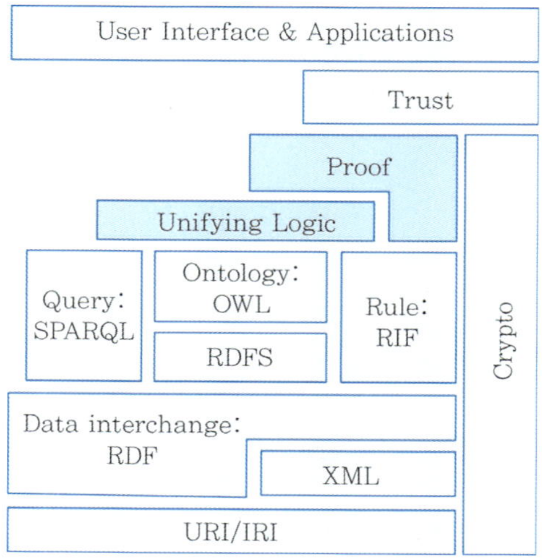

[그림 10-12] 시멘틱 웹의 계층 구조도(2006)

- **기존 웹과 웹 2.0, 그리고, 시멘틱 웹**

기존 웹은 HTML 기반의 데이터 표현 중심이라면, 시멘틱 웹은 XML 기반의 의미인 메타 데이터 중심이다. 따라서, 시멘틱 웹은 에이전트가 온톨로지를 참조하여 의미를 논리적으로 추론할 수 있는 사람과 컴퓨터 중심의 웹이라고 할 수 있다.

그럼, 웹 1.0인 기존의 웹과 웹 2.0은 어떻게 다를까?

〈표 10-4〉 웹 2.0과 시멘틱 웹의 비교

항목	웹 2.0	시멘틱 웹
제안자	Tim O'Reilly	Tim Berners-Lee
주체	사람 개인 중심	사람과 컴퓨터, 컴퓨터와 컴퓨터
관점	비즈니스 측면에서의 플랫폼으로서의 웹	연구 개발 측면에서의 지식정보자원인 웹
특징	개방, 공유, 참여, 협력	개방, 공유, 지능화
핵심 요소	Mashup, Open API	온톨로지, 규칙
표준 요소 기술	다양한 일반 정보 기술	RDF, RDFS, OWL, RIF 등
응용 방향	RIA(Rich Internet Application)으로 Library 2.0, Enterprise 2.0, Government 2.0 등	지능형 서비스 에이전트를 이용한 시멘틱 라이브러리, 시멘틱 그리드, 시멘틱 웹 서비스 등

기존의 웹은 포탈 위주의 정보를 제공만 하는 폐쇄적인 웹이라면, 웹 2.0은 플랫폼으로서의 웹으로 다양한 서비스를 이용하는 것뿐만 아니라, 사용자가 웹 서비스에 직접 참여하고 정보를 공유할 수 있는 다양성을 가지고 있다. 웹 2.0은 철저히 개인 중심의 웹으로 Syndication(배포)라는 단어로 대표할 수 있다.

마지막으로 웹 2.0과 시멘틱 웹은 어떻게 다를까? 정리하면 다음과 같다.

시멘틱 웹을 웹 3.0이라고 하기도 하는데, 아직까지는 웹 2.0과 웹 3.0은 상존하고 있지만, 궁극적으로는 자연스럽게 통합되어 차세대 웹 기술인 웹 4.0으로 융합 될 것이다. 새롭게 등장할 차세대 웹 4.0은 인간중심의 RIA[4](Rich Internet Application) 인터페이스와 컴퓨터 중심의 시멘틱 비즈니스 프로세스를 기반으로 새로운 엔터프라이즈 네트워킹 시스템 형태로 개발될 것으로 예상된다. 웹의 발전 방향을 그림으로 그려 보았다.

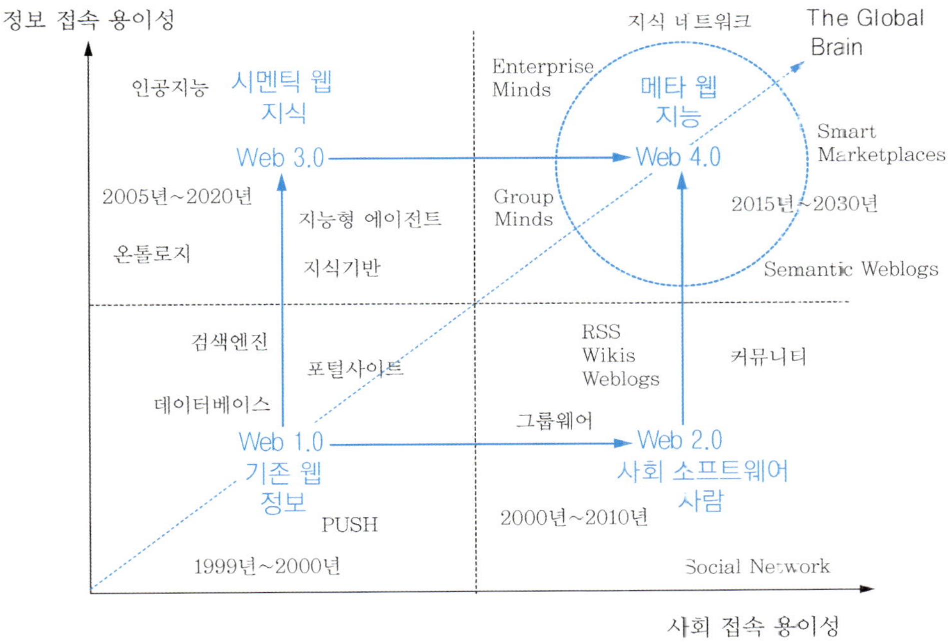

〈자료 출처: Nova Spivak, Radar Networks & Mills Davis, Project 10x, 2007년 2월〉

[그림 10-13] 웹의 발전 방향

4) 전통적인 데스크톱 애플리케이션의 기능과 특징을 구현한 웹 애플리케이션으로 복잡한 조작을 할 수 없었던 웹 브라우저 기반의 애플리케이션을 대체하기 위한 "X인터넷" 솔루션이다.

2) 가상화 기술

• 가상화의 정의

가상화(virtualization)란 한마디로 컴퓨터에서 리소스를 간추려내는 기술이다. 리소스, 즉 자원은 하드웨어적인 요소로는 프로세서, 메모리, 서버가 있고, 소프트웨어적인 요소로는 이를 운영하는 시스템 소프트웨어인 운영체제와 응용 프로그램을 들 수 있다. 다른 시스템, 응용 프로그램, 최종 사용자들이 리소스와 상호 작용하여 리소스를 감추는 기술이다. 앞에 어려운 말들을 쉽게 생각해보면, 가상화란 컴퓨터가 활용하는 여러 개의 리소스(자원)를 하나의 리소스로 활용하거나, 하나의 리소스로 여러 가지의 리소스로 만들어내는 기술이다. 한정된 리소스들의 추상화를 통해 여러 운영체제나 애플리케이션이 하나의 물리적인 서버를 공유하도록 만들어주기 때문에 유지관리비용 절감이 가능하다. 이 용어는 1960년대 이후로 널리 사용되고 있다.

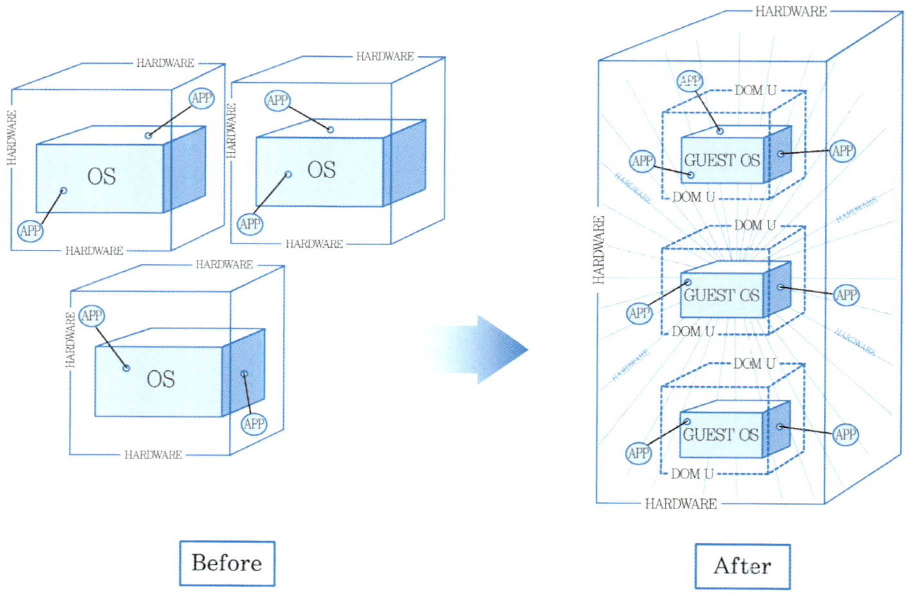

[그림 10-14] 가상화의 개념도

• 가상화의 종류

종류는 리소스의 종류에 따라 프로세서 가상화, 스토리지 기반 가상화, 서버 기반 가상화, 네트워크 기반 가상화로 나눌 수 있다.

프로세서 가상화는 CPU 하나에 여러 운영체제를 동시에 가동할 수 있는 기술이다. 단, 여러 운영체제를 사용할 때, 라이선스 문제가 발생한다.

스토리지 기반 가상화는 컨트롤러에 가상화 솔루션을 탑재하는 방식으로 구현이 간단하고, 안정성 면에서 뛰어나긴 하지만 범용성이 떨어지고, 가상화 범위가 하나의 스토리지로 제한이 되는 단점이 있다.

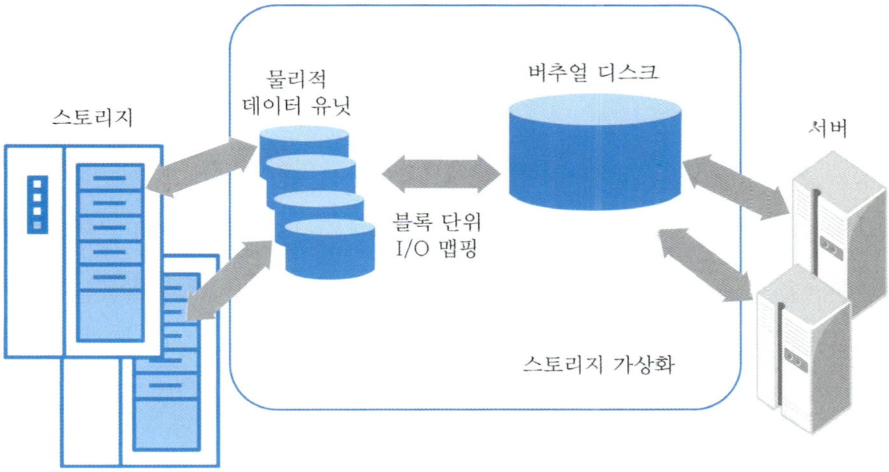

[그림 10-15] 스토리지 가상화의 개념도

서버 기반 가상화는 서버에 가상화된 스토리지 볼륨에 액세스하는 에이전트를 설치하는 방식으로 융통성 있는 관리 기법을 제공하나 서버가 가지고 있는 자원을 사용하지 못하는 단점이 있다.

네트워크 기반 가상화는 네트워크 장비와 고성능 컴퓨터 플랫폼을 통합한 장비를 사용하는 방식으로 가장 이상적인 방법이긴 하지만 제품화 하기 어려운 단점이 있다.

- **가상화 구성 방법**

구성 방법은 Out-of-Band 방식과 In-Band 방식이 있다.

Out-of-Band 방식은 모든 데이터의 입출력을 서버를 통허 이루어지는데, 이 서버(Appliance)는 NT, 리눅스, 유닉스로 운영되어야 한다. 이 방식은 스토리지 도메인 별로 두 대의 서버로 제한되어 확장성이 떨어지고, 데이터의 무결성 둔제가 발생된다.

In-Band 방식은 서버는 는 호스트와 스토리지의 메타 데이터만을 관리한다. 따라서 모든 데이터의 입출력은 호스트와 스토리지에서 직접 이루어져 단순하고, 중앙 집중화된 시스템에 많이 이용되면, 스토리지 자원의 활용 효율이 높다.

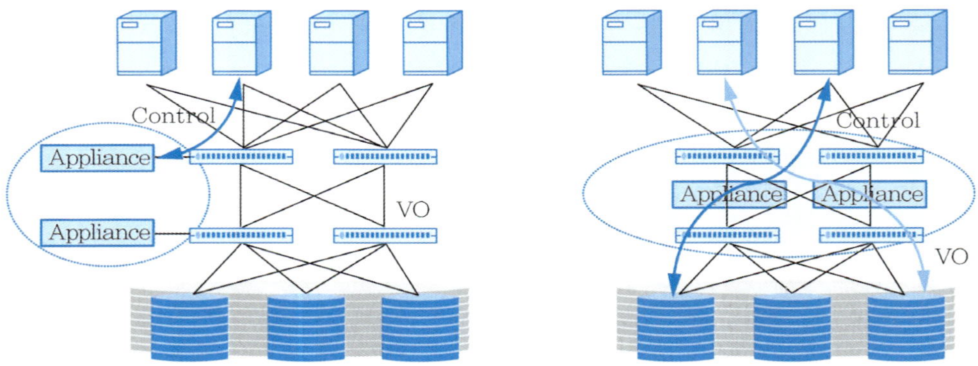

[그림 10-16] 가상화 구현 방법

위의 그림에서 왼쪽 그림이 Out-of-Band 방식이고, 오른쪽 그림이 In-Band 방식이다. 파란색 화살표는 제어의 흐름을 뜻하고, 빨강색 화살표는 데이터의 흐름을 뜻한다.

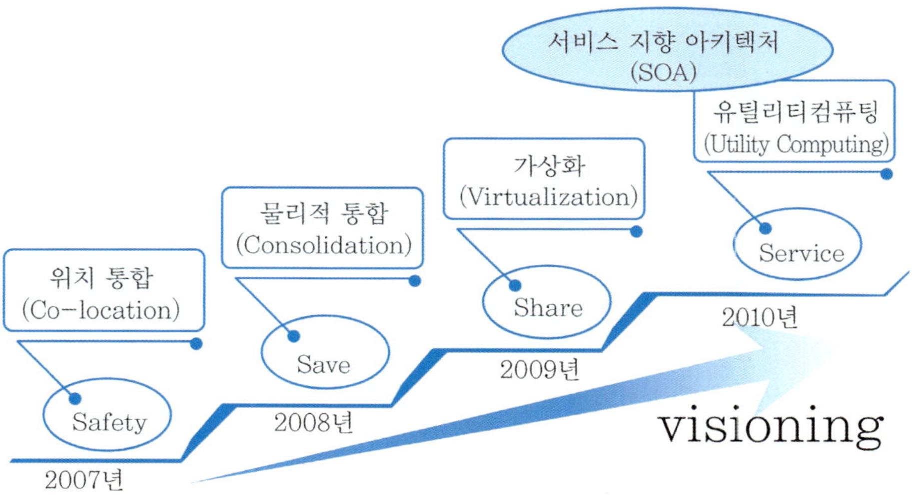

(출처: 가상화 기술현황과 공공기관 적용 시사점, 정보사회 현황 분석 2, 한국정보사회진흥원, 2007)

[그림 10-17] 가상화의 발전 단계

가상화 기술을 도입을 하면, 평균 30%이상의 물리적 공간 감소와 약 20~30% 정도의 총 소유비용이 절감된다고 한다. 국내 주요 기업에서는 가상화 기술을 이미 도입하였고, 전 세계적으로 2007년에 약 40%정도의 가상 서버가 증가했다고 한다. 현재

성능과 안정성에 중점을 두어 가상화를 선택하여 IT를 통합했다면, 2010년에는 서비스 중심의 가상화가 등장하여 유틸리티 컴퓨팅 시대로 전환될 전망이다. 유틸리티 컴퓨팅 시대에는 비용 관리와 인프라 관리를 자동적으로 해주고, 자원을 최적화하여 지원하는 단계로 진화할 것이다.

3) 클라우드 컴퓨팅

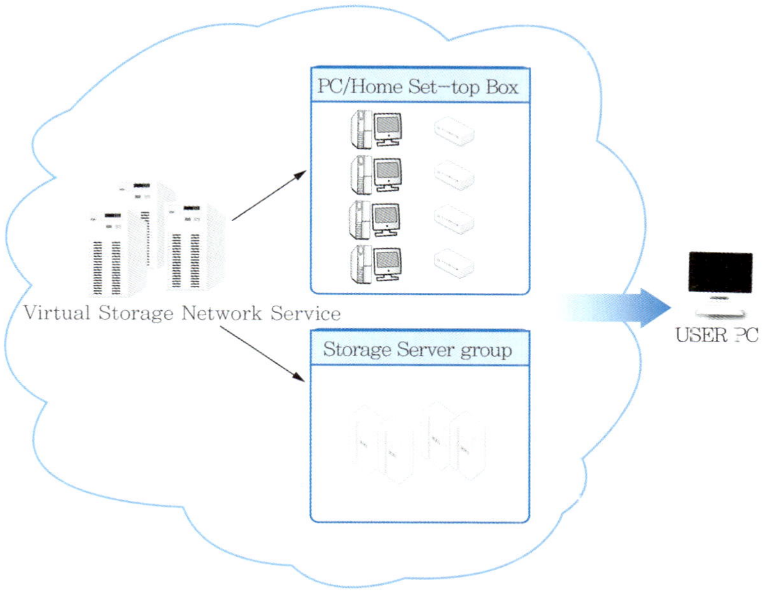

[그림 10-18] 클라이드 컴퓨팅 네트우크

2006년 9월 구글의 직원인 크리스토프 비시글리아가 에릭 슈미츠 CEO와의 회의에서 처음 제안 클라우드 컴퓨팅이랑 서로 다른 물리적인 위치에 존재하는 컴퓨터들의 리소스(스토리지, CPU, 네트워크 밴드위스)를 가상화 기술로 통합하여 제공하는 기술로 네트워크에 적용한 CCN(Cloud Computing Network)이 등장하여 서비스를 시작

CCN - 기존의 컨텐츠 전송 네트워크인 CDN(Contents Delivery Network) 서비스에 클라우드 컴퓨팅 개념을 도입한 것으로 IDC(Internet Data Center)에 위치한 서버와 고속 네트워크 자원을 보유한 유저들을 하나의 가상 네트워크로 통합하여 만든 가상 네트워크 자원을 일반 사용자가 대용량 파일, VOD 서비스를 요청할 때 분배하여 전송하는 서비스로 기존 CDN 방식보다 네트워크 효율이 높아지는 차세대 CDN 서비스

퍼스널 클라우드 컴퓨팅(Personal Cloud Computing; PCC)

PCC는 수많은 디바이스들을 보유한 이용자가 언제 어디서나 자신이 사용하던 사진, 동영상, 주소록, 오피스 문서, 게임, 메일 등의 콘텐츠들을 최신의 상태에 접근해 사용할 수 있도록 해주는 서비스다. 초기 시장에선 IT 분야의 포털과 통신사, 제조사들이 움직이고 있지만 클라우드 컴퓨팅 인프라를 통해 전통적인 기업들도 이 시장에 눈을 돌릴 것으로 보인다.

전통 산업에선 일반화 돼 있는 '동일한 사용자 경험'에 IT 업계가 눈을 돌리면서 본격적인 경쟁이 수면 위로 떠오랐기 때문이다. 사용자들은 PC 한대를 사용할 때와는 다르게 자신이 사용하는 애플리케이션이나 다양한 콘텐츠와 서비스들을 MP3 플레이어, 노트북, 휴대폰, 내비게이션, 휴대용멀티미디어플레이어(PMP), 태블릿, 디지털TV, 게임기 등 수많은 디지털기기에서도 동일하게 이용하고자 한다.

IT 기기 제조업체, 소프트웨어 업체, 인터넷 서비스 업체, 통신업체 등이 수없이 쏟아지는 다양한 기기들에 사용자들의 동일한 경험을 유지해 주기 위한 경쟁에 뛰어들었다.

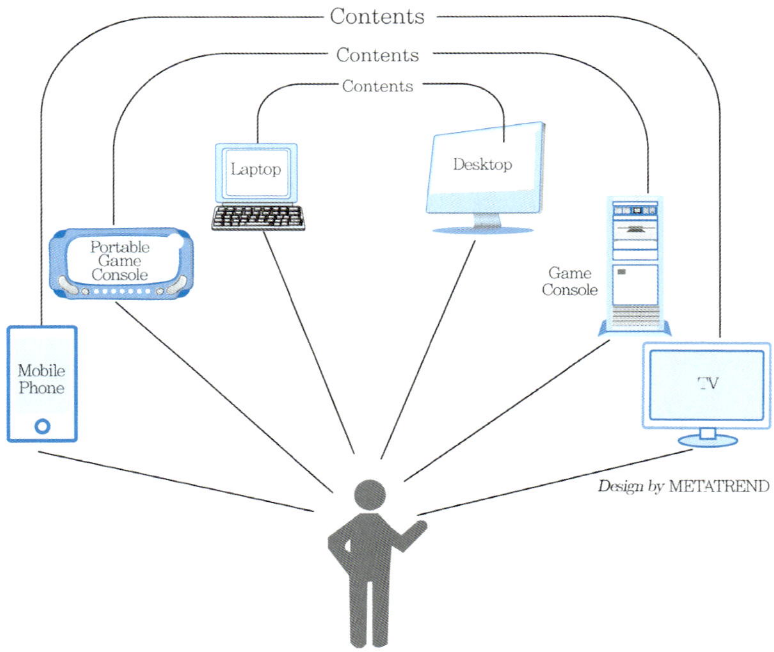

시장조사 업체인 포레스터리서치는 이런 시장을 'PCC'(Personal Cloud Computing 이하 PCC)라고 명명하고, 2013년에 PCC 시장이 157억 달러(18조원) 규모로 성장할 것으로 예상했다.

최근 발표된 아이폰의 운영체제인 iOS4에 '동기화' 기능이 들어갔다. 아이북스도 아이폰에서 사용할 수 있다. 이건 무엇을 하기 위해서일까?

아이패드에서 책을 읽다가 메모하거나 체크해 놓은 것을 아이폰을 통해 읽을 대도 확인할 수 있도록 한 것이다. 이는 아마존이 자신의 클라우드 인프라와 이북 리더인 '킨들'을 사용하는 고객들에게 동기화를 통해 북마크와 콘텐츠의 경험을 동일하게 제공하고 있는 것도 바로 이런 이유 때문이다.

통신사들은 자사 통신 서비스에 가입한 고객들의 데이터 사용량을 극대화하고, 포털 업체들은 새로운 서비스의 출현으로 이탈할 지 모를 고객들을 묶어두면서 전통적인 광고 수익을 유지하기 위해, IT 장비와 소프트웨어 업체들은 기업 시장의 영향력을 개인 시장으로 확대하기 위해 PCC를 넘보고 있다.

단적인 예로, NHN은 올 4월 6일 '네이버 쉬프트 2010' 행사를 열고 PCC 시장에 대한 야심작에 대해 슬쩍 공개했다. NHN의 무기는 '데스크홈'. 데스크홈은 개인화 서비스로 이 시장에 대응할 준비를 하고 있다. 데스크홈에는

- 네이버 웹메일과 쪽지 등 기본 기능
- 캘린더, 가계부, 계좌조회, 포토앨범, 주소록 등 개인화 서비스
- 개인 파일 저장 공간인 N드라이브
- 미투데이나 블로그, 카페의 새소식과 댓글을 확인하고 글을 남길 수 있는 커뮤니케이션 캐스트가 들어선다.

최근엔 주소록 동기화 서비스를 위해 베타테스터들을 대거 모집해 클로즈 서비스에도 나서고 있다.

네이버의 '웹오피스 워드'를 이용하면 N드라이브에 저장된 파일을 데스크홈에서 곧바로 수정 · 편집할 수 있으며, 한 문서를 다른 지인들과 동시에 편집 · 공유하는 기능도 선보일 예정이다.

데스크홈이라고 명명되긴 했지만 다양한 서비스 중 가장 유심히 살펴봐야 될 서비스는 N드라이브다.
나만의 무료 웹 저장공간, 엔드라이브는 NHN PCC의 가장 핵심이 되는 서비스이자 기간 인프라다.

3 차세대 컴퓨팅에서의 융합 IT

1) 휴먼 컴퓨팅

별도의 학습 없이 자연스럽게 인간 본성과 어울려 상호작용하며, 의사소통의 효율성과 자연성을 극대화시키고 언제, 어디서나 사용자 요구에 반응할 수 있는 인간친화적인 컴퓨팅 환경으로 발전되며, 컴퓨팅 기능이 주위환경에 내재되는 고도 분산 환경에서 다양한 이기종 기기의 통합, 관리, 상호 연동을 위한 가상화 및 협업 컴퓨팅 기술로 발전되고 있다.

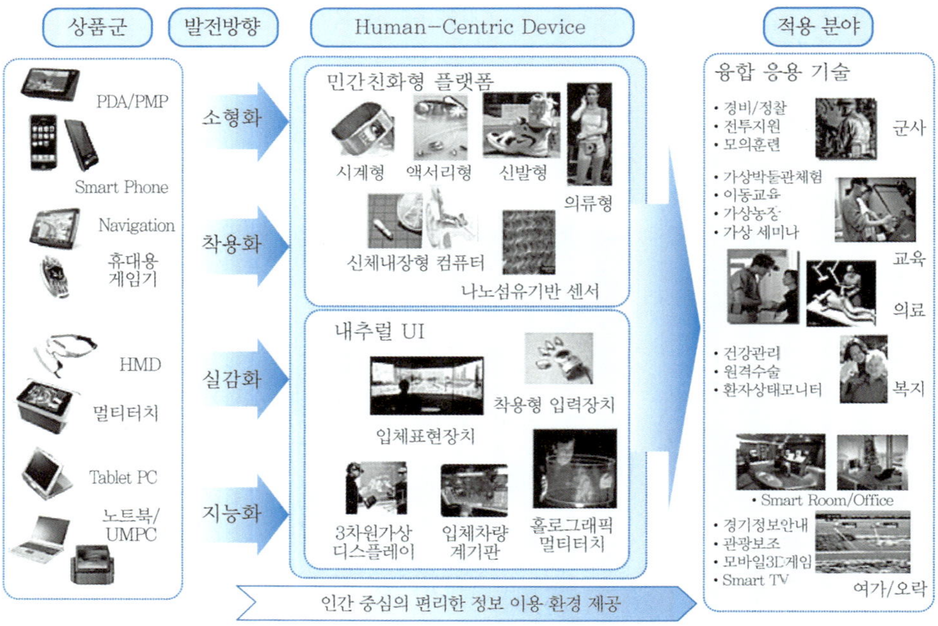

[그림 10-19] 휴먼 컴퓨팅 발전 전망도

사용자의 이동성과 휴대성, 편의성의 극대화로 입출력 기기의 소형화, 기능 세분화로 인간 친화적인 정보서비스 환경과 소형화, 에이전트 소프트웨어에 의한 지능화, 인간의 오감정보 메카니즘을 이용한 오감정보처리 기반 사용자 인터페이스에 의한 실감화 추세로 발전될 것으로 보이며 궁극적으로는 내츄럴(Natural) UI 수준으로 발전될 것으로 전망한다.

그 발전 전망 도는 다음과 같다.

2) 클라우드 컴퓨팅

그리드 컴퓨팅, 유틸리티 컴퓨팅 등에서 발전한 클라우드 컴퓨팅은 컴퓨팅 자원의 서비스라는 관점에서 새롭게 부각되고 있으며, Google, IBM, Amazon 등의 주요 업체들 중심으로 당분간 기술발전을 주도할 것으로 예상한다.

근래 각광을 받고 있는 RIA(Rich Internet Application), SaaS(Software as a Service) 기술들은 클라우드 컴퓨팅을 풍부하게 하는 기술로 대두되고 있으며, 일반 사용자들에게는 확장된 웹의 형태로 쉽게 보급될 수 있으리라 예상되고 향후 big player들에 의한 시장 확대와 많은 표준화 이슈가 나타날 전망이다.

3) 그린컴퓨팅

각종 장비 부품의 저전력화 필요성에 따라 FW, OS 레벨, 전원 공급장치 및 냉각장치 등에서의 저전력 관리에 대한 대응이 중요해질 것으로 예상한다.

- 서버, PC, 스토리지, 프린터기, 노트북, 모니터, 네트워크 시스템 등 IT 장비들의 전력 소모를 최소화 하는 저전력 프로세서 기술, 저전력 SoC 기술, 저전력 스토리지 기술 등이 발전할 것이다.
- 전원 공급장치 및 쿨링에 대한 전력 소모를 줄이기 위해서 고효율 쿨링 기술(에어 플로우, 쿨링 관리), 고효율 전력 공급 기술 등이 발전할 것이다.
- 컴퓨팅 장비들의 저전력, 고효율 정책에 따라 시스템을 운용하고 여러 장비의 특성에 맞는 로드 관리 정책 등이 중요해지고 있다.

전직 가트너 분석가이자 테크놀로지 블로거인 비니 미르칸다니(Vinnie Mirchandani)는 이렇게 말한다. "조언을 구하려는 CIO들은 1970년대에는 IBM에 달려갔으며 1980년대에는 앤더슨에, 1990년대에는 가트너를 찾았다. 그리고 21세기에는 CIO들끼리 서로 의존한다." CIO들이 편파적이지 않은 동료에게서 조언을 구하고 있으며 소셜 컴퓨팅이 더욱 중요해지고 있다는 뜻으로 한 말이지만 이런 점에서 가트너의 CIO 리서치 결과는 큰 관심을 모으고 있다. 1600명에 가까운 전세계 CIO들이 역점을 두고 있는 올해 우선순위의 IT전략과 도입 기술은 그 어떤 전망 보고서보다도 명확한 트렌드를 반영하기 때문이다.
가트너 CIO 리서치는 41개국 27개 산업의 자산 1260억달러 이상 기업들과 공공부문 CIO 1586명을 대상으로 설문조사를 실시해 2010년 IT예산과 주력 사업 결과를 발표했다. 국내에서는 지난 19일 서울 삼성동 인터콘티넨탈 호텔에서 200여명이 참석한 '가트너 2010 전망' 브리핑을 통해 설문 조사 결과를 공유했다.
이 조사에 따르면 2010년 전세계 IT예산은 2009년 대비 1.3% 증가할 것으로 보인다. 지역별로는 아태지역의 성장세가 두드러져 7.1% 증가하고, 반면 유럽은 1.8% 감소하며 북미지역은 2.5% 증가할 것으로 전망됐다. 그러나 2008년 이전의 상황으로 경기가 회복될 것인가 하는 질문에 대해서는 조사 대상 CIO의 절반 이상이 부정적인 견해를 보였다.

2010년 CIO 전략기술 우선순위

★CIO들이 2010년 주요 5대 기술을 선정하고 그 중 1개를 선택해 순위를 매긴 것임.

	2010년		2009년	2008년	2007년
• 가상화	①	⬆	③	③	5
• 클라우드 컴퓨팅	②	⬆	16	★	★
• 웹 2.0	③	⬆	15	15	★
• 네트워킹, 음성 및 데이터 커뮤니케이션	4	⬆	6	7	4
• 비즈니스 인텔리전스(BI)	5	⬇	①	①	①
• 모바일 기술	6	⬆	12	12	11
• 데이터/문서 관리와 스토리지	7	⬆	10	9	9
• 서비스 지향 애플리케이션과 아키텍처	8	⬆	9	10	7
• 보안 기술	9	⬇	8	5	6
• IT 관리	10		★	★	★
• 기업 애플리케이션	11	⬇	②	②	②

자료: 가트너(2010년 1월)

가트너 조사에 따르면 전세계 CIO들의 올해 전략 1, 2위는 지난해와 동일하다. 바로 비즈니스 프로세스 개선이다. 기업 비용 절감은 2008년을 제외하고는 2위를 고수해 왔다. 1, 2위가 변동 없는 반면 2010년 역점 사업 3위는 2008년 5위에 머물렀던 정보분석의 활용이 부상했다. 가트너가 올해 주목해야 할 기술로 고급분석(Advanced Analytics)을 꼽은 것도 이런 배경에서다.

흥미로운 것은 3년 뒤 CIO 전략의 우선순위다. 2013년 전략 CIO의 우선순의 1위는 2009년 8위, 2010년 6위인 변화관리(Managing change initiative)가 차지할 것으로 가트너는 전망하고 있다. 2년 가까운 경제 위기를 거치면서 IT의 역할이 바뀌고 있다는 뜻이다. 급진적인 비즈니스 프로세스의 변화, 상대적으로 소소한 운영상의 변화 등 크고 작은 비즈니스 변화를 지원하고 관리하는 것이 IT와 CIO의 주요 업무로 부상하고 있다.

이러한 경향은 앞으로 더욱 두드러질 것으로 보인다. 비즈니스 요구는 나날이 강력해지고 신속한 대응이 요구되는데 이를 이전보다 더욱 한정된 예산이서 수행해야 한다. 예산이 한정될수록 투자의 결과에는 더욱 민감해져 투자회수(ROI) 요구는 더욱 커진다. 한정된 예산, 보다 강력해진 비즈니스 요구, 그리고 신속한 대응, ROI 보장에 정보 활용이 중요해지고 있다.

생산성과 비용효율성 개선을 위해 IT에 거는 비즈니스의 요구

★CIO들이 2010년 주요 5대 기술을 선정하고 그 중 1개를 선택해 순위를 매긴 것임.

	2010년			2009년	2008년	2007년
• 비즈니스 프로세스 개선	①	⬌	①	①	①	②
• 기업 비용 절감	②	⬌	②	5	②	8
• 정보/분석 활용 증대	③	⬆	5	8	7	5
• 기업 업무환경(워크포스) 효율성 증가	4	⬇	③	6	4	7
• 신규 고객 획득과 유지	5	⬇	4	②	③	③
• 변화관리	6	⬆	8	③	10	①
• 새로운 제품과 서비스 개발	7	⬇	6	12	★	12
• 보다 효과적인 고객과 시장 타기팅	8	⬇	7	9	★	9
• 비즈니스 운영의 통합	9	⬆	11	13	★	16
• 현재 고객관계의 확장	10	⬇	9	7	★	10
• 법규제 지원과 컴플라이언스, 리포팅	11	⬆	12	14	13	15
• 새로운 경쟁력 원천 개발	12	⬆	13	11	8	4
• 새로운 시장과 지역으로 확장	13	⬇	10	4	★	6

자료: 가트너(2010년 1월)

스티브 프렌티스 가트너 부사장은 "정보의 99%는 이미 알고 있는 것을 반복하거나 강조하는 것"이며 "나머지 1%에 대응하는 방법이 기업의 미래를 결정짓는다"고 주장한다. 어떤 변화가 다가오고 있으며 변화에 적응하기 위해 무엇을 어떻게 수행할 것인가는 패턴 기반 정보 분석으로 가능하며, 기업이 변화의 본질을 알아차리고 적응할 수 있도록 실행에 옮기기까지 IT가 다리를 놔야 한다.

생산성을 위한 전략으로는 △프로젝트 납기준수 △비즈니스와 IT 전략과 계획의 연계 △IT 비용 절감 △IT 프로세스 개선 △IT 거버넌스 개선이 1~5위를 차지했다. 2013년에는 △프로젝트 납기준수 △정보/인텔리전스 활용 증가 △비즈니스와 IT 전략과 계획의 연계가 1~3위를 차지할 것으로 가트너는 전망했다.

전략의 순위에 상관없이 가트너 CIO 리서치에서 나타난 메시지는 일관된다. 바로 비즈니스 파트너로서 IT다. 스티브 프렌티스 가트너 부사장은 인류학자 출신으로 인텔 디지털 홈 그룹의 대표의 말을 인용하며 "기술이 성공하려면 사람이 중요시 여기는 문제를 해결해야 한다"고 지적했다. IT프로세스보다 비즈니스의 프로세스, IT비용 절감보다 기업의 비용 절감을 고민하라는 것이다.

인터넷 기사에서

테크는 수다

웨어러블

머리 42, 목 11, 가슴 7, 팔 8, 손목 85!

위의 단어와 숫자는 신체별로 착용 가능한 스마트기기의 개수이다. (2014년 5월 기준)

분야별로 보면 헬스분야가 가장 많고 그 다음이 휘트니스 분야이며 그 뒤를 게임분야에서 쫓아가고 있다.

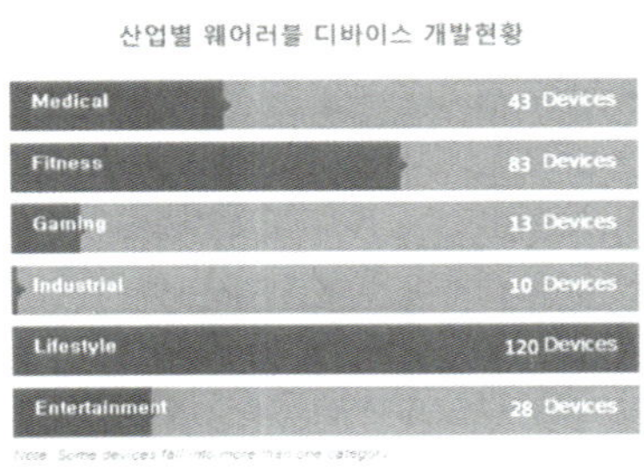

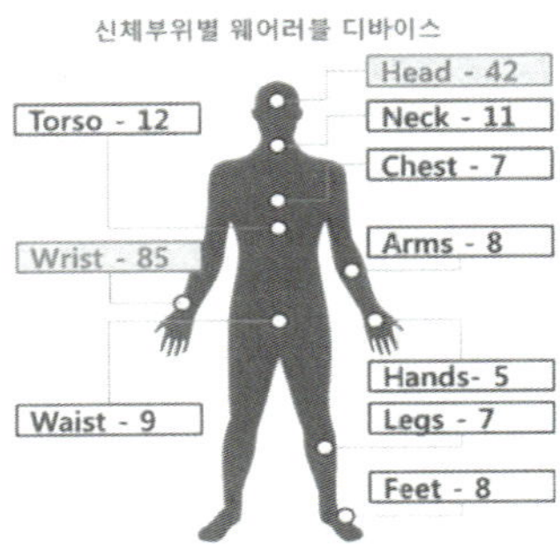

* 동일 제품이 여러 신체분위에 부착될 수 있다는 사실을 전제로 하여 분류함
(자료 : Vandrico Inc, Wearable Tech Market Insights)

대신 디자인은 패션 디자이너와 협업했으면 한다.

제 11 장 디지털 TV/방송

학습개요 고화질 / 모바일 양안식 3DTV 방송서비스 및 4K급 UHDTV 방송시스템 및 서비스 기술개발에 따른 스마트방송 표준화 및 방송 서비스에 대해 안다.

학습목표
1. 디지털 TV / 방송 개요
2. 디지털 TV / 방송 시장
3. 디지털 TV / 방송 기술
4. 디지털 TV / 방송 기술과 융합 IT

핵심 이슈	
2012	• 대구세계육상경기대회 등을 계기로 3DTV 시장 본격화 및 UHDTV 방송 원천기술 개발 가속화 • N-스크린 서비스, 클라우드 방송서비스 등 방통융합 기반의 스마트방송서비스 출현 • 핵심 제품 – Full-HD 3D / 스마트 TV
2014	• 고화질 / 모바일 양안식 3DTV 방송서비스 및 4K급 UHDTV 방송시스템 및 서비스 기술개발 • 스마트방송 표준화 및 방송 서비스 본격화 • 핵심 제품 – 4K급 UHDTV 방송 시스템
2018	• 무안경식 다시점 3DTV 및 8K급 UHDTV 방송서비스 및 홀로그래픽 방송기술 개발 • Beyond-스마트 TV 출현 및 방통융합 모바일 방송 본격화 • 핵심 제품 – 8K급 UHDTV 방송 시스템

1 디지털 TV와 방송의 개요

1) 디지털 TV와 방송의 정의

디지털방송이란 영상, 음향 및 데이터를 포함하는 고품질의 다양한 멀티미디어 콘텐츠를 다수의 시청자가 언제 어디서나 선택적으로 동시에 편리하게 이용할 수 있는 서비스이다. 여기에 고품질 방송 콘텐츠의 제작, 전송 및 재현에 이르는 전 과정을 디지털화하여 처리하는 기술로 디지털 TV/방송의 개념도는 다음과 같다.

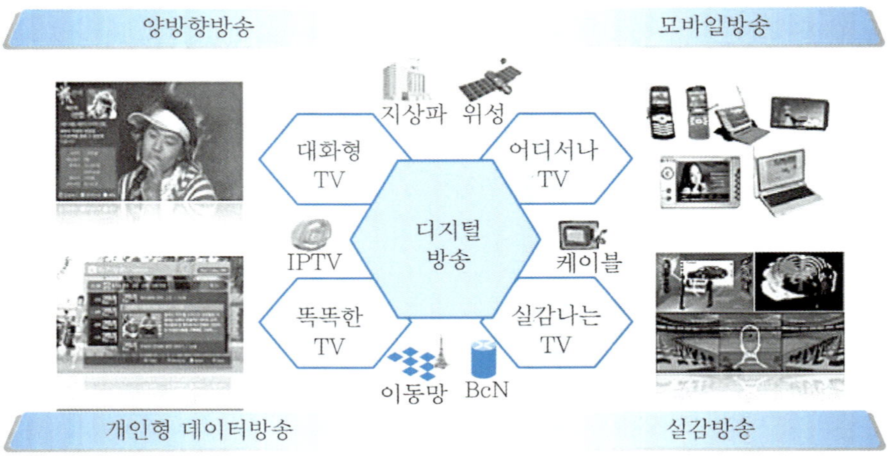

[그림 11-1] 디지털TV/방송의 개념도

2) 디지털 방송의 특징

- 이용자 참여형 방송기술은 양방향 방송, 개인 맞춤형방송, 인터랙티브 리치미디어 방송, 이용자 제작형 방송 등의 서비스를 지향
- 지상파, 케이블, 위성 등의 방송 매체를 통한 고품질의 멀티미디어 서비스 제공 및 통신망과 연계된 융합형 멀티미디어 서비스 제공
- 고속 이동 중에도 선명한 방송시청이 가능한 모바일 방송을 통한 공간적 한계 극복
- 사업자 및 망의 융합과 함께 초고속 인터넷, 통신망 서비스가 미디어와 융합하여 새로운 서비스를 창출하는 서비스 융합으로 발전
- 방송 서비스에 통신 서비스와 웹 서비스를 융합하고, Prosumer 개념으로 새로운

서비스를 창출

- 유무선 통합망으로 이동성을 부여하고, 통신망과 방송망 통합 등으로 망 중립성 기반 확보
- 휴대성을 높인 지능형 융합 단말을 통하여 최적 망 선택이 가능

디지털 방송의 기술 범위를 나누어 보면 다음과 같다.

〈표 11-1〉 디지털 방송의 기술 범위

대분류	중분류	기술개요
방송시스템	지상파 방송	• 방통융합환경에서 고정 및 이동 단말에 지상파를 통하여 양방향 멀티미디어서비스를 실시간으로 제공하기 위한 전송 및 통합 단말 기술
	케이블방송	• 케이블 망을 통해 고품질 양방향의 방통융합서비스를 제공하기 위한 기술로 개인형·개방형·맞춤형 기술 포함
	위성방송	• 위성을 통하여 도서벽지 등 장소에 구애 받지 않고 난시청 지역 해소 및 전국을 동일한 화질로 다채널 고화질 디지털 방송이 가능한 기술
	IPTV	• IP기반 방송, 통신, 유선, 무선 및 모바일 휴대 환경에서 언제 어디서나 고품질의 멀티미디어 콘텐츠를 성성, 소비할 수 있는 방송과 통신 융합 서비스 기술
방송서비스 및 미디어	맞춤형/참여형서비스	• 데이터 방송, 맞춤형 방송, 지능형 방송, 창조형 방송 등 이용자가 필요로 하는 부가정보를 제공하거나 선호하는 콘텐츠를 개인 취향에 맞게 골라볼 수 있도록 하는 방송 서비스 기술 • 이용자가 직접 제작한 콘텐츠 및 인터랙티브 기능을 이용하여 이용자가 방송의 저작, 전송, 유통 등에 능동적으로 참여하는 방송 서비스 기술
	방통융합 미디어 프레임워크	• 방송통신융합 환경에서 다양한 방송 콘텐츠의 생성, 전달, 소비가 QoS를 보장하면서 seamless하게 전달되도록 하는 미디어 프레임워크 기술 • 텍스트, 그래픽, 애니메이션 등의 다양한 요소로 구성되는 대화형 리치미디어를 통해 사용자가 원하는 서비스나 콘텐츠를 손쉽게 선택하여 소비할 수 있도록 하는 방송 기술

대분류	중분류	기술개요
방송서비스 및 미디어	3D 서비스	• 깊이정보 및 다양한 시야각을 이용하여 입체감을 느끼게 하여 사실감을 제공하는 기술 • 방송사가 제공하는 단일시점의 AV 콘텐츠만을 이용하지 않고, 통신망을 이용하여 이용자의 인터렉션에 의해 다른 다수 시점의 AV 콘텐츠를 이용하는 방송 서비스 기술
	UHD 서비스	• HD급 콘텐츠보다 4배 또는 16배의 비디오 품질이 향상되고, 10채널 이상의 오디오가 적용되어 현장감과 사실감을 높여주는 초고화질 방송 서비스 기술
	공공 및 안전서비스	• 이용자가 긴급 상황에 대처할 수 있도록 하거나 고령인, 장애인 등의 방송 접근권을 제공하는 기술
방송프로그램 생성 및 처리	방송프로그램 제작 및 편집	• 메타데이터의 표준적 활용과 개방적이고 사용자의 참여가 가능한 형태의 아키텍처를 구현하여 서비스의 다각화와 다형화를 이룰 수 있는 방송프로그램 제작 및 편집기술
	방송프로그램 보호	• 건전하고 합리적인 방송콘텐츠 유통서비스의 기반 조성을 위하여 방송프로그램의 저작권 보호와 불법복제를 방지하는 기술
	방송프로그램 검색	• 소비자의 요구를 충족시킬 수 있는 지능적 맞춤형 서비스를 가능하게 하는 지능형 콘텐츠 검색 및 검색 에이전트 기술

2 디지털 TV와 방송 기술

1) IPTV

• 출현배경

통신은 정보 강화에 대한 요구, 방송은 연결 강화에 대한 요구가 증대되면서, 통신과 방송을 융합하고자 하는 움직임으로 IPTV가 등장하게 된다. 디지털 기술을 근간으로 망기술, 전송기술, 교환기술, 압축 기술 및 저장 기술을 접목하고, 이런 기술을 바탕으로 새로운 수익 창출을 위한 서비스가 등장한 것이다.

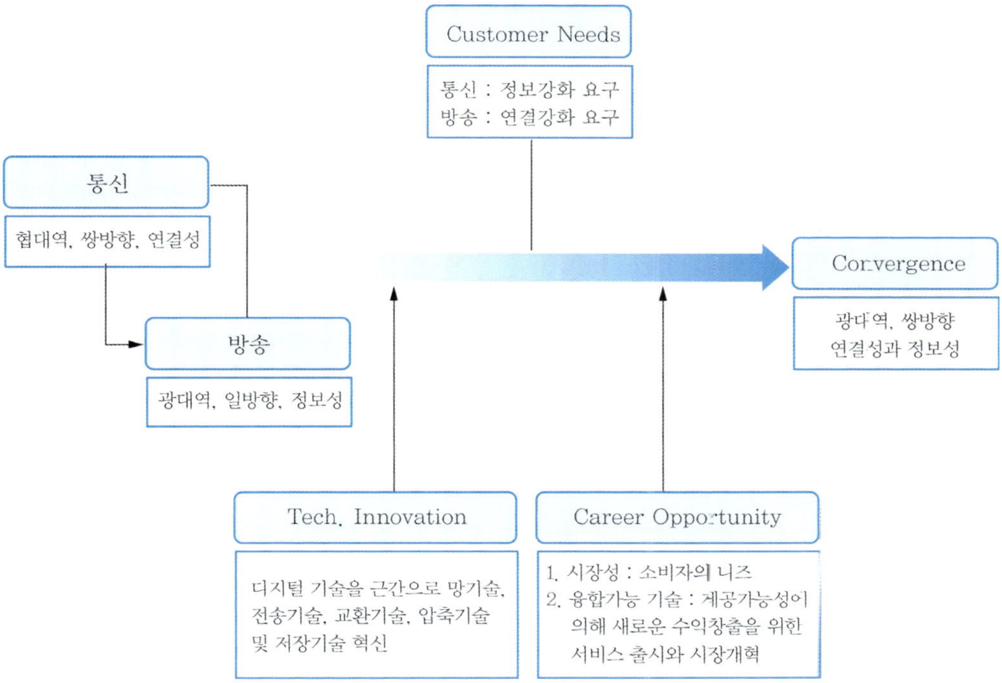

[그림 11-2] IPTV 출현배경

• **IPTV 정의**

IPTV를 정의해 본다면, 기반의 통신망(xDSL, FTTH)을 통하여 다양한 컨텐츠(방송, Video)를 기존의 TV를 이용하여 제공 받을 수 있는 서비스 또는 기술이라고 할 수 있다.

좁은 의미에서는 초고속 인터넷의 부가 서비스로 서비스 제공영역을 PC에서 TV로 확장한 것이지만, 넓은 의미로는 초고속 인터넷망을 물리적인 방송매체로 활용하여 방송채널을 적극적으로 수용하는 것이기도 하다. 케이블 TV 망 대신에 초고속 인터넷 망을 TV에 직접 연결하여 영화, 드라마, 스포츠 등을 즐기는 멀티미디어 서비스이다.

이런 IPTV의 이름은 미국에서 유래되었는데, 유럽에서는 ADSL TV, 일본에서는 Broadband 방송이라고 부른다고 한다. 유럽을 중심으로 2002년 시범서비스로 2003년 상용 서비스가 진행 중에 있고, 우리나라에서는 KT가 IP 미디어, 정보통신부에서는 iCOD (Internet Contents on Demand)라고 불렀다.

이 IPTV의 개념도는 다음과 같다.

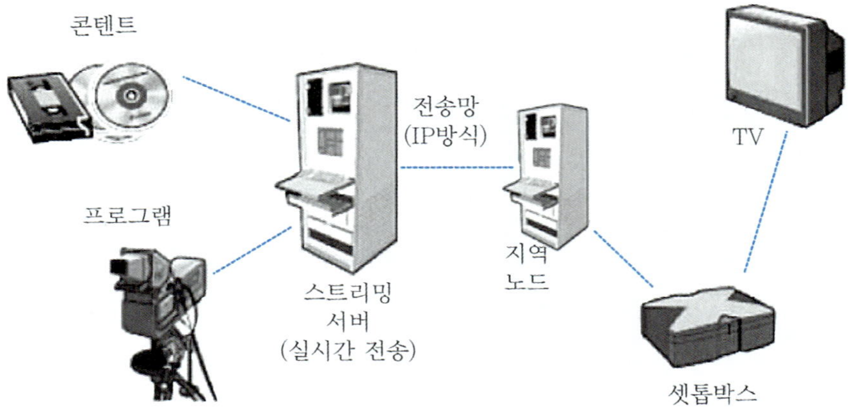

[그림 11-3] IPTV 개념도

방송 컨텐츠를 스트리밍 서버를 통해 실시간으로 전송한다. 이때 사용하는 액세스 기술은 VDSL이나 FTTH 등이 있다.

방송 컨텐츠는 비디오 압축 기술 MPEG-2, MPEG-4 visual, MPEG-4 AVC(H.264[1])를 이용하여 압축한 후 지역 노드들로 전송된다.

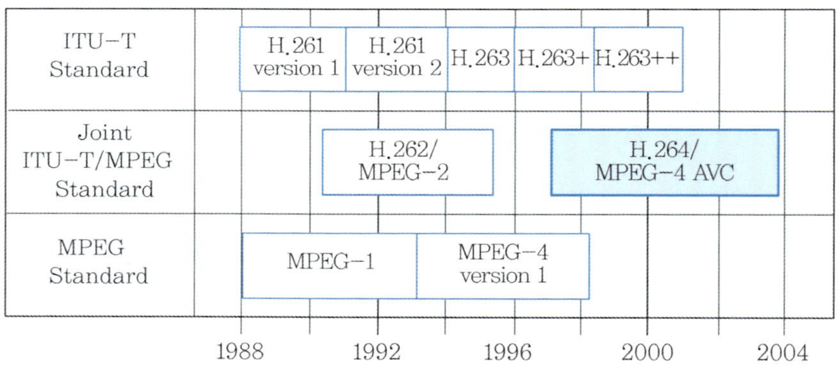

[그림 11-4] 비디오 압축 표준의 역사

각 지역 노드는 셋톱 박스를 통해 외부 망과 연결이 되며, 이 셋톱 박스는 가입자가 채널 선택, 쌍방향 디렉터리 보고, 쌍방향 TV에 접근, 게임 수행, 인터넷 엑세스, PVR, 가입자 관리, 과금 처리까지 담당하게 된다.

1) 뛰어난 비디오 이미지 압축 성능을 약속하는 새로운 표준안이다.

- **IPTV 특징**

IPTV 특징은 다음과 같다.

- 쌍방향(Interactive) 서비스: 소비자가 원하는 대로 비디오 서비스(VOD)와 T-Commerce 구현이 용이하다.
- 개인화 서비스 가능: Point-to-Point 전달 방식으로 개인화된 채널을 볼 수 있고, 개인화된 TV 포털이 등장하게 된다.
- 번들 서비스 용이: 초고속 인터넷, VoIP와의 결합을 통해 TPS 제공이 가능하다.

지금 있는 케이블 TV와 비교하면 다음과 같다.

〈표 11-2〉 IPTV와 케이블 TV 비교

구분	케이블 TV	IPTV
사업 주체	종합유선방송 사업자	기간통신 사업자 KT, SKT
서비스 지역	지역 단위	전국 단위
채널 수	TV 채널 50개, 라디오 채널 20개 데이터 채널 15개	TV 60~100개 채널
서비스 형태	디지털 양방향 서비스 가능	디지털 양방향 서비스 가능
부가 서비스	VOD(Video on Demand) 서비스 EPG(Electronic Program Guide)[2]서비스 예약 및 SMS 서비스 TV 쇼핑 홈뱅킹 서비스	VOD 서비스 EPG 서비스 VoIP[3], SMS, 메시지 서비스 TV 쇼핑 홈뱅킹 서비스 게임 웹 검색 서비스

2) EPG 기술은 텔레비전 방송 프로그램의 편성표를 텔레비전 화면 상에 표시하는 것이다. 이것을 통해, 텔레비전을 시청하는 사람은 원하는 프로그램을 선택하거나 시간, 제목, 채널, 장르 등을 검색할 수 있다.

3) 데이터통신용 패킷망을 인터넷 폰에 이용하는 것으로, VoIP(Voice over Internet Protocol)라고 한다.

2) DMB (디지털 미디어 방송) 기술

• Eureka-147 방식

유럽 통신 표준국과 EBU에서 연구 개발한 전송 방식으로 직교 주파수 분할 다중 방식(OFDM: Orthogonal Frequency Division Multiplex)[4)]을 채택하였으며, 다중 반송파 전송 기법을 사용하였다. 이동 수신시 문제가 되는 다중 경로 왜곡이나 페이딩 환경에 강하다. 현재 유럽 대다수 국가 및 호주, 캐나다 등에서 DMB 표준으로 채택하였다.

• IBOC(In-Band-On-Channel) 방식

유럽의 Eureka-147에 대응하기 위해 미국에서 개발한 방식으로 기존 FM 대역을 사용하여 아날로그 방식과 동시에 방송되는 In-Band 방식으로 DMB 구현 비용이 최소화되는 장점을 가지고 있다. 하지만, 아날로그 FM 방송의 간섭과 데이터 율의 제한으로 서비스 발전 가능성에 한계가 있다.

• ISBD-TSB 방식

일본의 TTC(Telecommunications Technology Council) 주도하에 1998년 ISBD-TSB라는 독자적인 방식으로 표준화가 완료되어 일본의 지상파 DMB 표준으로 채택되었다. 하나의 채널을 여러 개의 세그먼트로 분할하여 사용하는 BST(Band Segmented Transmission) OFDM 변조 방식과 여러 체계의 오류 부호 정정 방식을 채택함으로써 다양한 멀티미디어 서비스를 제공한다.

3) CAS(Conditional Access System) 기술

전 세계적으로 방송의 디지털 전환이 이루어지고 있기 때문에, 방송을 통한 디지털 컨텐츠 배포와 관련된 시스템이 부각이 되어 CAS에 대한 내용을 알아보도록 하겠다.

4) 멀티 캐리어 전송 기술이며 그 역사는 1960년대 중반으로 거슬러 올라갑니다. OFDM의 개념은 오랫동안 존재해왔지만 최근에 이르러서야 고속 양방향 무선 데이터 전송을 위한 효율적인 기술로써 채택되어 인정받고 있다. WiMax, DAB, DVB-T는 OFDM을 사용하는 신생 표준의 일부 예이다. OFDM을 사용하는 이유는 첫째, OFDM은 채널 결함에 영향을 거의 받지 않는다. 둘째, OFDM은 대역폭을 매우 효율적으로 사용한다. 다시 말해, 특정 속도에서 기존의 변조 방식 보다 대역폭을 더 적게 사용한다. 마지막 이유는 OFDM은 최근 몇 십년 사이에 널리 사용가능하게 된 신속하며 저가형의 임베디드 디바이스에서 DSP 기술을 사용하여 실행되기 때문이다.

• **CAS 기술은 서비스에 가입한 사람들이 특정 프로그램을 시청할 경우 자동으로 인식하여 가입자에게만 수신을 해주는 시스템으로 제한 수신 시스템이라고도 한다.**

이런 시스템이 등장하게 된 이유는 많겠지만, 그중에서도 아날로그 컨텐츠와는 달리 디지털 컨텐츠는 완벽한 복제가 가능하고, 편집과 배포에 용이하기 대문이다. 그렇기 때문에 컨텐츠에 접근권한을 부여하고 보호하는 과정이 필수적이다. 허가 된 가입자만 해당되는 컨텐츠에 접근이 가능하도록 해야만 한다.

시스템 구성도는 다음과 같다.

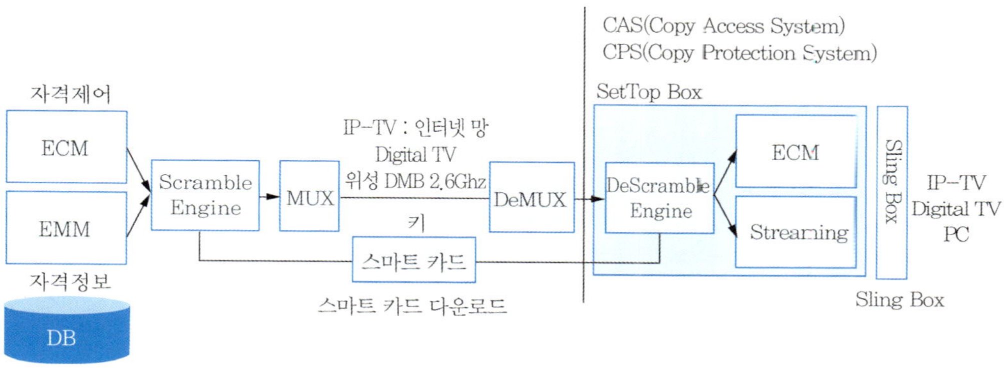

[그림 11-5] CAS 개념도

제한 수신 시스템이 갖추어야 할 기본적인 기능 요건은 프로그램 및 데이터를 스크램블링하고, 통신 링크상에서 보호되어야 하며, 인증 기능과 접근 제어 기능을 갖추어야 한다. 위의 그림에서 보는 바와 같이 송신단에서 자격 제어를 통해 자격 정보를 얻고, 그 데이터를 스크램블링하는 과정과 스크램블링에 사용되는 인증 키 암호화하는 과정으로 나누어진다. 수신단에서는 송신단과 동일한 구성을 가지며 역의 과정을 통해 인증키를 복호화하고 복호화된 데이터를 디스크램블링하여 시청 가능한 형태의 신호와 자격 정보를 출력하게 된다.

• **자격 관리**(Entitlement Management)

수신기에 사용자의 자격을 부여·갱신·관리하는 기능을 한다. 여기서 EMM(Entitlement Management Message) 인증키를 생성하고 암호화하여 수신자에게 전송한다.

EMM은 해당 수신자 고유의 비밀키를 이용하여 암호화하여 전송된다.

• **자격 제어(Entitlement Control)**

ECM(Entitlement Control Message)이라는 메시지를 만들어 수신자에게 전송한다. 보안을 위한 제어단어이다. 수신된 ECM은 정당한 사용자로 판단될 경우에만 제어단어를 해독하고, 이를 이용하여 수신된 프로그램을 디스크램블링 한다.

• **스크램블링/디스크램블링(Scrambling/Descrambling)**

수신자격이 없는 수신자는 시청이 불가능하도록 데이터를 암호화하는 과정을 스크램블링이라고 하고, 수신 자격이 있는 수신자는 시청 가능하도록 데이터를 복호화하는 과정을 디스크램블링이라고 한다. 송신부와 수신부에는 보안성을 높이기 위해 스마트 카드 등을 사용하여 사용자에게 전달한다.

[그림 11-6] 분리형 제한 수신 모듈

4) CPS 기술

복제방지 시스템은 디지털 케이블방송 송출시스템을 중심으로 한 수신제한 시스템(CAS: Conditional Access System)과 호스트로부터 분리된 POD(Point Of Deployment, 수신제한 장치)와 호스트 사이의 복제방지 시스템(CPS: Copy Protection System)으로 구분되어 있다.

일반적으로 복제방지 시스템은 CPS를 의미하며 POD 복제방지 시스템이라고도 불린다.

이와 같이 CAS와 CPS는 각각 의미하는 바가 다르다. 여기서 POD라는 장치에 관하여 간략히 언급하면, 기존의 디지털방송 수신장치 시스템에서는 송출 시스템으로부터 암호화된 콘텐츠를 수신하여 다시 일반 영상으로 선택적으로 복원하는 기능이 수신장치 내부에 내장 (Imbedded CA System)되어 있었다. 이와 같은 수신제한 장치를 수신장치로부터 분리한 별도의 Security Module을 POD라 한다. 즉, 방송사업자의 비즈니스 모델에 관련한 기능적 요소들을 수신장치에서 분리함으로써 수신장치 역시 하나의 가전제품과 같이 소매시장에서 유통시킬 수 있게 하고자 함이 POD 도입목적 중의 하나이다.

3 디지털 TV와 방송 기술에서의 융합 IT

디지털방송 서비스 및 미디어 기술은 이용자가 언제 어디서나 어떠한 단말에서도 고품질의 끊김 없는 미디어를 손쉽게 획득하여 소비할 수 있는 환경으로 발전할 것이며, 이용자 참여 형으로부터 이용자 창조형 방통융합 디지털방송 서비스 기술로 발전할 전망이고, 모든 매체의 디지털 전환이 완료되면서 전송용량 확대, 이동방송과 고정방송의 결합, 통신과 방송의 융합 등을 향한 2세대 IPTV 기술 등 차세대 방통융합 방송기술이 도입될 것으로 보인다.

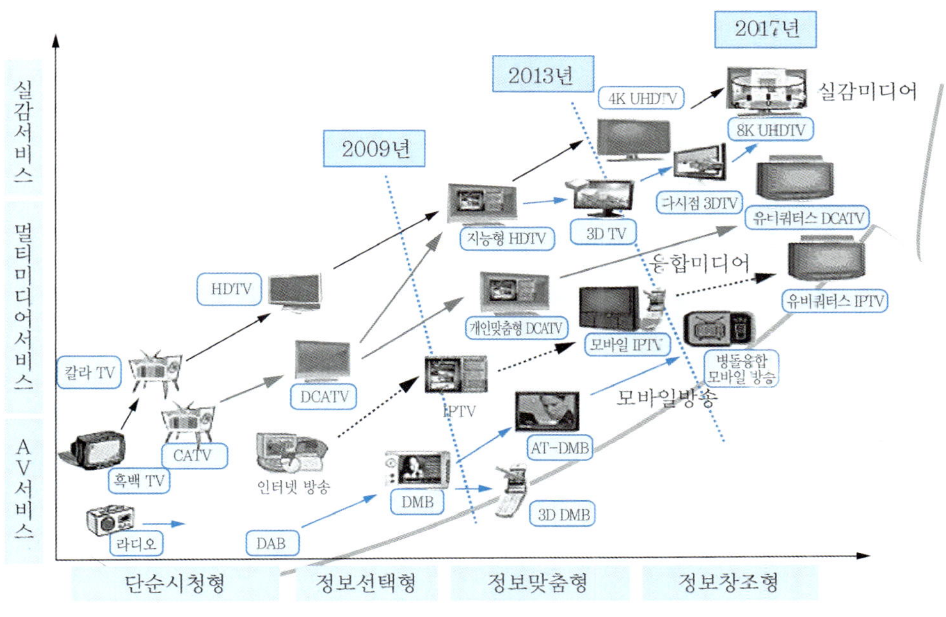

[그림 11-7] 디지털 방송 분야 중장기 기술발전 전당

- 유선 망을 이용한 고정형 IPTV에서 언제 어디서나 다양한 단말을 이용하여 원하는 콘텐츠를 생성/소비하는 이동형, 유·무선통합형 IPTV로 발전할 전망이고, IPTV 서비스 환경은 사업자의 철저한 관리 하에, 제한된 콘텐츠와 서비스를 제공하는 폐쇄형 (walled garden) 형태에서 사업자와 서비스 간의 자유로운 결합을 통해 새로운 서비스를 제공하는 융합형 서비스로 발전할 전망이다.
  방통융합 환경에서는 지능적인 개인맞춤형 방송 서비스 제공이 가능한 방송단말 및 이종 단말간 상호운용이 가능한 적응형 방송단말 기술로 발전할 전망이다. 또한 방통융합 환경에서 유무선 IP망을 이용한 공간을 초월한 방송통신미디어서비스인 Place-Shift 미디어 서비스를 지원하는 플랫폼기술이 이기종간에도 자연스런 연계가 가능할 것이다.

테크는 수다

미디어

미디어는 상호소통하는 방식으로 모더니즘의 올드미디어시대와 포스트모더니즘의 뉴미디어시대로 구분할 수 있다.

모더니즘이란 생물학 분야에서의 진화론, 정치학에서의 공산주의, 물리학에서의 상대성이론, 그리고 새롭게 등장한 정신분석학 등의 이론들이 우주를 과학적인 용어로 설명하고자 하는 움직임으로 볼 수 있다.

이를 '생각 없는' 대량문화 대 '계몽적인' 아방가르드 사이의 긴장으로 보며 대량문화는 포드주의(Fordism)의 여러 측면과 연결되기도 한다.

이때 구조주의 운동과 기호학이 발달하면서 기술이 급속도로 진화한다. 여기에 디지털 이론이 나오고, 이 이론을 기반 삼아 뉴미디어 시대가 도래하게 된다.

경제도 제조업에서 서비스 산업으로 넘어가는 그 시대.

인간 대 기술이라는 이분법적 대립에서 기계와 유기체간의 함께 존재하는 시대이다.

뉴미디어 시대의 긍정적인 특성과 부정적인 특성을 모두 이해하고 통찰할 수 있는 새로운 프레임을 개별적으로 다 가져야 이 시대를 살아갈 수 있을 텐데,

'뉴미디어 이후는 어떻게 될까?'

제12장 지식 정보보안

학습개요 대낮 범죄율이 높은 다세대 주택지역에 대한 방범 대책 필요성 증가에 따라 CCTV시설의 통합화로 자동관제 수요가 증대되고 있다. 여기에 모든 지식정보에 대한 보안이 강화되고 있는데, 이 장에서는 지식정보 보안에 대한 전반적인 내용을 살펴본다.

학습목표

1. 지식 정보보안 개요
2. 지식 정보보안 시장
3. 지식 정보보안 기술
4. 지식 정보보안 기술과 융합 IT

핵심 이슈	
2012	• 대낮 범죄율이 높은 다세대 주택지역에 대한 방범 대책 필요성 증가에 따라 CCTV 시설의 통합화로 자동관제 수요 증대 • 핵심 제품 - 주거지역용 미아찾기 시스템
2014	• 휴대형 멀티미디어 기기에 내장된 초소형·고용량 메모리소자를 통한 산업기밀 유출 피해 증가 • 핵심 제품 - 초소형 전자소자 탐지장치
2018	• 국가경제의 안전성에 필수적인 산업제어시스템[1]을 겨냥한 사이버 표적공격이 최근 심화 • 핵심 제품 - 기반시설 인프라 보안 시스템

1 지식 정보보안 개요

1) 지식 정보보안 정의

지식정보보안은 암호, 인증, 인식, 감시 등의 보안기술이 적용된 제품을 생산하거나, 관련 보안기술을 활용하여 재난·재해·범죄 등을 방지하는 서비스를 제공하는 기술로 정의되며 네트워크·시스템 기반의 정보보안, 안전·안심 생활을 위한 물리보안, 보안기술과 전통 산업간 융합으로 창출되는 융합보안을 아우르는 기술이다.

그 개념도는 다음과 같다.

통합보안제어 해킹/침입탐지 디지털포렌식 등	영상감시 바이오인식 무인전자경비 등	운송보안(자동차/항공 등) u-헬스케어 보안, 금융보안, 로봇보안, 스마트그리드 보안 등
정보보안(클린인터넷경제)	물리보안(안전안심생활)	융합보안(안전성강화)

[그림 12-1] 지식 정보보안 개념도

2) 정보보안의 목표

정보보안의 목표는 다음과 같다.

- **기밀성**: 정보 누출의 방지한다.
- **무결성**: 정보의 변조 및 파괴를 예방하고 방지한다.
- **가용성**: 해킹으로 인한 시스템 동작 불능을 예방한다.
- **인증**: 정당한 사용자임을 확인한다.
- **책임 추적성**: 행위를 부인하는 것을 봉쇄한다.

위와 같은 목표를 가지고 IT기반 정보보안 융합으로 파급된 지식 정보보안 산업은 다음과 같다.

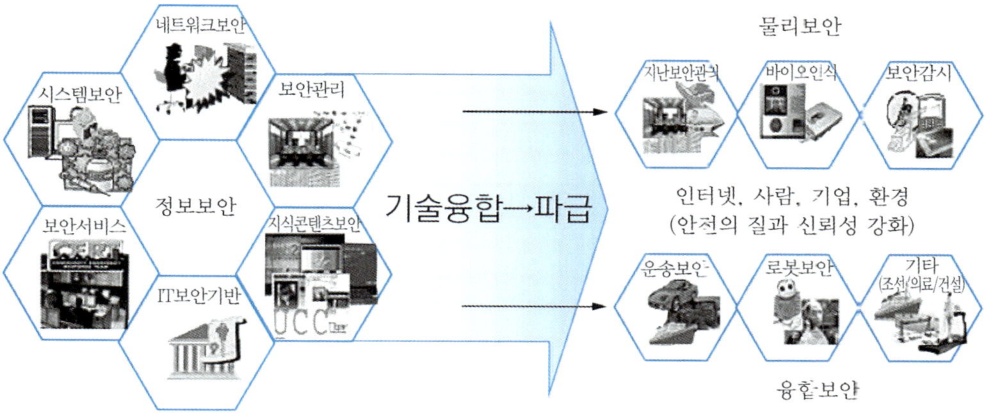

[그림 12-2] IT기반 정보보안 융합으로 파급된 지식 정보보안 산업

3) 정보보안의 기술 분류

정보보호 산업 및 기술의 분류는 보는 관점에 따라 다양하게 분류할 수 있다. 우선 다음 그림을 살펴보자.

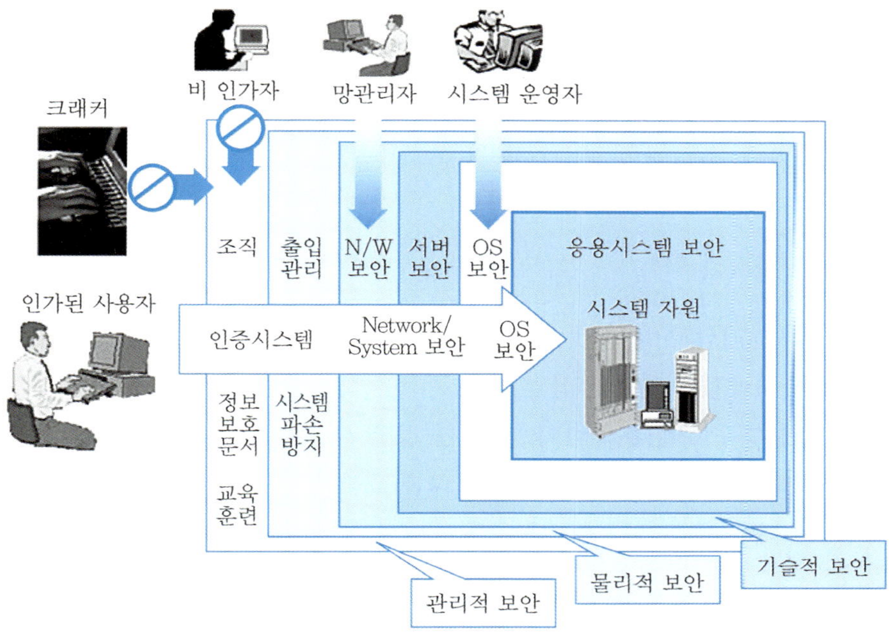

[그림 12-3] 유비쿼터스 정보보호 분류

먼저, 관리적 보안, 물리적 보안, 기술적 보안이 있다. 다시 관리적 보안과 기술적 보안은 큰 의미의 정보보안과 융합 보안을 구분해 볼 수 있다.

〈표 12-1〉 지식 정보보안 기술 범위

구 분	정 의	대표제품
정보보안	컴퓨터 또는 네트워크상의 정보의 훼손, 변조, 유출 등을 방지하기 위한 보안기술	방화벽 안티바이러스 포렌식 툴
물리보안	주요 시설의 안전한 운영과 재난·재해 등의 방지를 위한 보안기술	보안관제 CCTV 바이오 인식
융합보안	IT기술과 타 산업간 융·복합 시에 발생되는 보안위협을 해결하기 위한 보안 기술	차량 블랙박스 u-헬스케어 스마트그리드

관리적 관점에서는 보안 조직, 출입 관리, 교육 훈련, 보안 정책이 있다. 보안 조직에는 시스템 운영자와 망 관리자, 사용자로 나뉘어 보안 등급에 따라 시스템 사용의 차등을 부여하게 되는데, 여기서, 비 인가된 사용자는 크래커나 해커로 분류한다.

물리적 관점에서 보면, 시스템 장비 보안, 통신 선로 보안 등이 있다. 마지막으로 기술적인 관점에서 보면 OS 보안, 네트워크 보안, DB 보안, 응용 프로그램 보안 등이 있다.

4) 정보보안 기술의 특징

- 국가·개인·기업의 유·무형 자산 및 인적자원에 대한 안전과 보호를 위한 공공성이 큰 지식정보 인프라 산업
- 시장 성장성과 수출 잠재력이 높은 신 성장 산업
- 응용 스펙트럼이 넓고, 타 산업에의 파급 효과가 큰 산업

그 요소기술은 다음과 같다.

〈표 12-2〉 지식 정보보안 요소기술

중분류	소분류	요소기술
공통기반 보안	암호 알고리즘	대칭키 알고리즘(DES, 3DES, AES), 공개키 알고리즘(RSA, ELGamal), 타원곡선 알고리즘, 일방향 해쉬함수(MD5, SHA) 등
	암호 프로토콜	암호키 분배, 디지털서명, 비밀분산기법(secret sharing schemes), 영지식 증명(Zero Knowledge Proof) 등
	인증 인프라	PKI, IAM(계정 및 권한 통합관리), IdM(ID관리), 익명인증 등
	양자 암호	양자암호 프로토콜, 양자암호 송수신 모듈 등
	부채널 공격 대응	시차공격법, 전력분석법, 전자복사 공격법, 오류 공격법, 오류 메시지 공격법 등의 분석/대응
	개인정보보호	DB보안, 개인정보 저장/관리/추출 등
네트워크 /시스템 보안	네트워크 침입대응	Firewall, IDS, IPS, VPN, UTM, VirusWall, DDoS, 네트워크 접근제어, 역추적, 클라우드컴퓨팅 보안
	악성코드 대응	안티 웜·바이러스, 안티 스파이웨어, 안티 스팸메일, 안티 피싱, 악성봇 대응, 악성코드 자동분석
	보안운영체계	커널 취약성 분석, 시스템 접근제어, 응용프로그램 버그 공격 등
	디지털포렌식	디지털 증거 검색/분석/복구
	보안 전용 칩셋	스마트카드, TPM, USIM, 보안토큰, 보안칩SoC
	접속보안	BcN보안, 무선랜 보안, 무선단말 보안, Wibro 보안, 이동통신 보안, IPv6 보안, 미래인터넷 보안 등
	보안 관리	위험관리, 취약성 분석, 보안성 평가, 보안 시각화
서비스 /응용 보안	지식콘텐츠 보안	DRM, SCM(공급망 관리), CAS(수신제한장치), UCC 보안, D-시네마 등
	응용 서비스 보안	LBS보안, 웹보안, VoIP 보안, IPTV 보안, 전자투표, 전자상거래 등
물리 보안	재난관제	치안관제, 항공관제, 해상관제, 환경감시관제, 자연재해관제 등
	보안 모니터링	CCTV/DVR, 영상보안, 산업기밀 유출방지, 출입통제, 보안센서, 검색기기 등
	바이오인식	홍채인식, 지문인식, 얼굴인식, 정맥인식, 걸음걸이 인식, 다중 바이오인식, 휴먼 인식 등
융합 보안	지능형 차량 보안	차량 블랙박스, 차량통신 보안, 차량센서 보안, 차량통합 보안관리 등
	u-헬스케어 보안	의료정보 접근제어, 의료정보 공유 등
	금융보안	금융 피싱 방지, 인터넷뱅킹 보안, 온라인증권 보안 등
	로봇보안	네트워크로봇 보안, 로봇간 통신 보안 등
	스마트그리드 보안	AMI 암호/인증/프라이버시보호, AMI-배전 인터페이스 보안, 전력망 침입탐지/차단 등
	주력산업보안	건설/국방/조선산업 등 보안

2 정보 보호기술 접근 제어 기술

우리는 여기서 기술적 관점으로 접근 제어와 권한 관리, 그리고 유출 방지에 대해서 알아보도록 하자.

1) 접근 제어 기술

주체(사용자 및 프로세스)가 정보 객체에 접근하려고 할 때 주체가 가지고 있는 권한에 기초하여 접근을 허용할 것인지, 차단할 것인지를 결정하는 기술이다.

이 기술에서 접근 제어 방식에는

- DAC(Discretionary Access Control): 임의적 접근 제어
- MAC(Mandatory Access Control): 강제적 접근 제어
- RBAC(Roll-Based Access Control): 롤 기반 접근 제어

세 가지 형태로 구분되며, 각각을 비교해 보면 다음과 같다.

〈표 12-3〉 접근 제어 유형 비교

항목	DAC	MAC	RBAC
기반	ID 기반 ACL (Access Control List)	보안 등급 별 SL (Security Level)	롤 기반
중앙 관리	구현 어려움	구현 용이	조직 사용자나 그룹별
개별 보안	가능	적용 어려움	개별 롤 지정
장점	유연, 단순	정보 흐름 통제 가능	조직이나 경영 전략 유연
단점	효율성 저하 트로이 목마에 취약	개별적, 객체 단위 접근 불가	

2) 권한 관리 기술

권한 관리 종류에는

- 생체 인식
- 패스워드 관리

- 스마트 카드
- 메시지 인증
- PKI[1](Public Key Infrastructure)인증, SSO[2] (Single Sign On) 연동
- OTP[3] (One Time Password)

6가지 형태로 구분한다. 이중에서 생체 인식에 대해 알아보도록 하자.

• 생체 인식 기술의 정의

생체 인식은 생체의 일부분에서의 유일한 특징을 추출하고 이를 활용하여 대상을 식별 후 권한을 부여하는 기술이다.

• 생체 인식 기술의 특징

생체 인식의 특징을 보면 다음과 같다.

- 보편성: 모든 사람이 가지고 있는 특성을 이용한다.
- 유일성: 각 개인을 구분할 수 있는 고유한 특성을 이용한다.
- 영속성: 영구적으로 변하지 않고 변경이 불가능하다.

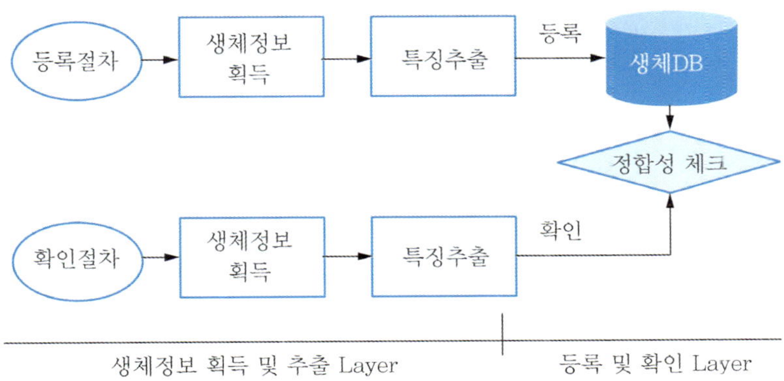

[그림 12-4] 생체 인식의 개념도

1) 기본적으로 안전이 보장되지 않은 공중망 사용자들이 신뢰할 수 있는 기관에서 부여 받는 데이터로 이 데이터를 이용하여 공중망의 사용을 인증 받는다.
2) 사용자가 네트웍에 한번 로그온하여, 인트라 넷, 인터넷 내의 허가된 모든 자원에 접근할 수 있는 인증 방법이다.
3) 매 세션마다 패스워드를 다르게 입력하여 사용자를 인증하는 시스템이다. 실제 크기는 성인 엄지 손가락만 하다.

생체 유형에는 지문, 정맥, 얼굴, 홍채, 음성, DNA 등이 있으며, 각 유형 별로 비교하면 다음과 같다.

〈표 12-4〉 생체 유형 비교

유형	설명
지문	지문의 융선의 모양으로 측정하는 기술로 보안성이 높고, 시스템 비용이 저렴하나 손상되거나 건조한 지문은 인식이 어렵다.
정맥	손등 정맥의 모양을 통해서 인증하는 방법으로 작은 상처나 오염에 무관하게 측정이 가능하나 정맥 추출이 어렵고, 가격이 비싸다.
얼굴	얼굴의 특징점 사이의 거리 등을 이용하는 기술로 사용자 편의성이 탁월하나 조명이나 각도, 머리 스타일, 표정에 따라 시스템이 민감하게 반응할 수 있다.
음성	음성의 특징을 추출하여 인증하는 기술로 원격지에서도 신분 확인이 가능하나 타인의 목소리를 흉내낼 수 있는 단점이 있다. 특히, 감기가 걸렸을 때는 시스템이 오동작 할 수 있다.
DNA	혈액, 타액의 DNA 형태를 이용하는 것으로 위조 및 해독이 원천적으로 불가능하다. 하지만, 프라이버시 문제 등이 제기 될 수 있다.

- **생체 인식 시스템의 고려 사항**

생체 인식 시스템에서 고려 사항은 다음과 같다.

- 일반 사용자가 인식기를 사용함에 있어서 느낄 수 있는 편의성
- 생산성
- 신뢰성
- 기술적으로 정확한 인식을 하기 위한 인식기술
- 생체 인식기들이 신체의 특성을 인식하기 위해서 인식하는 속도
- 오인식율[4]과 오거부율

4)

오거부율(FRR)	False Rejection Rate, 허가된 사용자가 시스템의 오류로 접근이 거부되는 비율
오인식율(FAR)	False Acceptance Rate, 허가되지 않은 사용자가 시스템의 오류로 접근이 허가되는 비율
CER	Crossover Error Rate, FRR과 FAR의 교차점
등록실패율(FER)	Failure to Enroll Rate

엄격한 보안이 요구되는 경우 FAR를 낮추고, FRR을 증가함으로써 보안성을 향상

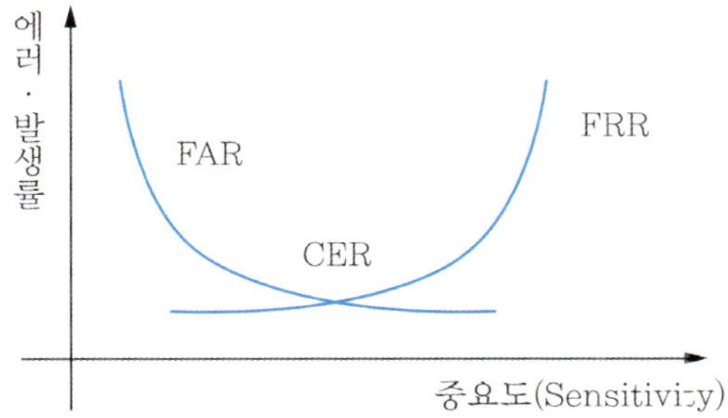

[그림 12-5] 생체 인식의 오인식률과 오거부율의 관계

3) 유출 방지 기술

접근제어, 권한 방지와 유출 방지를 비교해 보자.

접근 제어와 권한 방지는 외부에서 내부로 들어가는 방향에서의 보안 기술이라면, 유출 방지는 내부에서 외부로 나오는 방향에서의 보안 기술이다.

유출 방지에는

- DRM(Digital Rights Management)
- 워터마킹[5)]
- Finger Printing
- Steganography

위와 같이 네 가지 형태로 구분해서 볼 수 있다.

DRM은 디지털 콘텐츠의 불법복제에 따른 문제를 해결하고 저작권자의 권리를 보호하기 위해서 제안된 기술이다.

다음으로 워터마킹은 인터넷에 유포되고 있는 멀티미디어 콘텐츠(contents)에 고유한 정보를 삽입하여 불법 복제될 경우 고유정보를 추출하여 불법 복제자를 찾아내는

5) 멀티미디어 데이터 상에 보이지 않는 디지털 형태의 신호를 삽입하여 저작권을 보호하는 기술로 워터마킹, 핑거 프린팅, 스테가노 그래피를 비교하면 다음과 같다.

항 목	워터마킹	핑거 프린팅	스테가노 그래피
은닉 정보	판매자 정보	구매자 추적 정보	메시지
트래킹	가능	가능	불가
불법 예방 효과	중	상	하
저작권 증명 효과	중	상	하
공격 강인성	공격에 상대적으로 강함	공격에 상대적으로 약함	공격에 강함

기술이다. 즉 저작권 정보를 숨겨두었다가, 저작권 분쟁이 일어났을 경우 저작권 확인을 하기 위해 사용되는 기술이다.

Finger Printing은 위의 워터마킹과 비슷하지만, 워터마킹은 저작권자의 정보를 숨기는 반면에 핑거프린팅은 사용자의 정보를 숨기는 기술이다. 즉 사용자에 대한 정보를 함께 보여주므로써 유출에 대한 경각심을 심어주는 것이다. (유비쿼터스 컴퓨팅 개론 P. 518)

마지막으로 Steganography 는 메시지가 전송되고 있는 사실을 숨기는 기술이다.

여기서, DRM에 대해 좀더 자세히 알아보자.

• **DRM의 정의**

먼저 DRM을 정의 내려보면, 디지털컨텐츠의 지적재산권이 디지털 방식에 의해서 안전하게 보호 유지될 수 있도록 디지털컨텐츠의 창작에서부터 소비에까지 모든 유통 시점에서 규칙이 적용되는 기술로 디지털 컨텐츠의 보호를 위한 암호화 및 사용자 인증키 관리, 디지털 유통 환경을 구성하는 주체들 간의 지적재산권 및 과금, 디지털 컨텐츠의 이용 및 분배, 등 투명한 전자상거래를 위한 전반적인 기술이다.

• **DRM의 구성도**

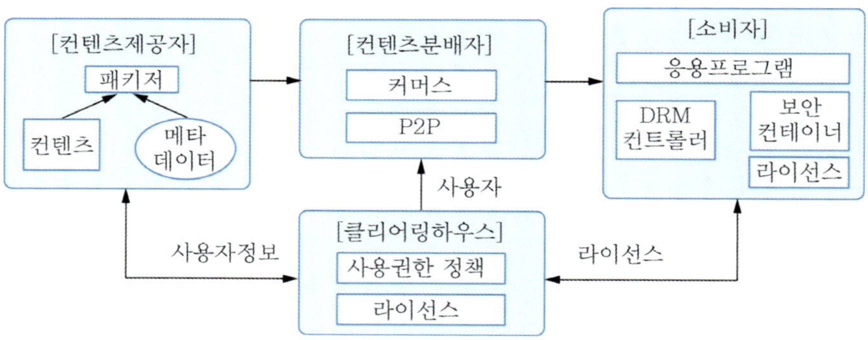

[그림 12-6] DRM의 구성도

• **DRM의 구성요소**

– 패키저 (Packager): 컨텐츠를 메타 데이터와 함께 배포 가능한 단위로 묶는 기능으로 보안 컨테이너로 포장 된다.

– 보안 컨테이너(Secure Container): 원본을 안전하게 유통하기 위한 전자적 보안 장치이다.

– 클리어링 하우스: 컨텐츠 배포 정책 및 라이선스의 발급을 관리한다.

– 컨트롤러: 배포된 컨텐츠의 이용 권한을 통제한다.

• DRM의 기능

기능	내용
DOI 서비스	다양한 콘텐츠 종류 및 콘텐츠 유통 도메인별 콘텐츠 식별을 체계적이고 손쉽게 분류 검색하고 정산 및 통계처리를 위한 콘텐츠 고유번호 브여
인증 서비스	콘텐츠 유통주체, 사용자, 유통시스템, 기기, SW, 콘텐츠 등 다양한 콘텐츠 유통에 관련되는 Entity에 대한 확인을 통해 유통 인프라에 대한 안전성과 신뢰성 부여
라이센스 서비스	콘텐츠 사용권한을 안전하게 보호하고, 허가정보에 대한 위조방지 기능 제공
거래인증 서비스	사용자 권리보호를 위해 거래내역 및 사용범위를 제 3자의 신뢰성있는 기관이 보증함으로써 분쟁 조정
CDN 6)	사용자 환경에 최적화된 형태로 콘텐츠 서비스의 QoS를 고려하여 효과적으로 전송하기 위한 전달체계
불법콘텐츠 추적서비스	콘텐츠 제작자 및 저작권 소유자의 권리를 보호하기 위해 다양한 방법으로 불법 콘텐츠 파악 추적
저작권 보호	콘텐츠의 불법사용을 방지하고 지정된 사용자에게 지정된 범위내에서 콘텐츠를 사용하게 함
메타데이터 관리	콘텐츠의 검색을 신속하게 하고 콘텐츠의 주요 정보를 효율적으로 관리함으로써 콘텐츠 제공자 및 사용자에게 편리성 제공
콘텐츠 검색/저장	사용자의 필요에 따라 필요한 콘텐츠를 검색하고 빠른 시간내에 전송 받을 수 있는 환경 제공

6) 콘텐츠전송네트워크(CDN : Content Delivery Network)로 각종 디지털 콘텐츠를 취급하는 인터넷 업체들이 다수의 이용자들에게 안정적인 서비스를 제공할 수 있도록 네트워크의 주요 지점에 전용 서버를 설치해 콘텐츠를 미리 저장해 놓은 후, 이용자의 요구가 있을 때 가장 가까운 지점에서 해당 콘텐츠를 전송해 주는 기능을 한다.
차세대 CDN기술은 CCN(Cloud Computing Network)으로 부르며, 최신 클라우드 컴퓨팅 기술을 기반으로 인터넷상의 분산된 리소스를 하나로 통합하여 가상의 수퍼컴퓨터의 대형 네트워크 대역폭을 만든뒤, 이를 고속 콘텐츠 전송에 활용하는 서비스로기존의 CDN 서비스 대비 네트워크의 효율성이 높아서 절반의 비용으로 최소 3배이상의 전송속도 향상을 기대할 수 있는 서비스이다

요즘은 디지털 컨텐츠도 표시되는 단말기가 다양해져 인터넷 DRM과 모바일 DRM으로 종류가 구분되는데, 비교하면 다음과 같다.

〈표 12-5〉 DRM 유형 비교

항목	인터넷 DRM	모바일 DRM
컨텐츠	Rich Media, High Value 컨텐츠 위주로 사용된다.	Light Media 컨텐츠 위주로 사용된다.
서비스 업체	Value Chain에서 상대적으로 적은 역할 담당한다.	Value Chain에서 큰 역할을 담당하며, 다양하고 안정적인 서비스를 제공한다.
패치	충분한 자원의 지원으로 자유로운 업그레이드 및 패치가 가능하다.	부족한 자원으로 업그레이드 및 패치의 제약을 받는다.
사용자	무료 컨텐츠라는 인식으로 DRM 적용이 어렵다.	대부분의 유료화 컨텐츠라는 인식으로 DRM 거부감이 적다.

4) 네트워크 보안

네트워크 보안를 이용한 공격에는 다음과 같이 4가지의 대표적인 방법이 있다.

– DoS　　– 스푸핑　　– 스니핑　　– 세션 하이재킹

위와 같이 네 가지 형태로 구분해서 볼 수 있다.

(1) DoS(Denial of Service)

네트워크를 통해 특정 서버에 불필요한 서비스 요청을 폭발적으로 늘림으로써 서버가 정상적으로 서비스를 제공할 수 없도록 만드는 공격으로 다음과 같은 세가지로 생각할 수 있다.

- **파괴 공격**: 디스크나 데이터, 시스템의 파괴
- **시스템 자원의 고갈**: CPU, 메모리, 디스크의 사용에 과다한 부하를 가중시킴
- **네트워크 자원의 고갈**: 쓰레기 데이터로 네트워크의 대역폭을 고갈시킴

실제 유형은 다음과 같다.

- Ping of Death

  공격의 기본은 Ping을 이용하여 ICMP 패킷을 정상적인 크기보다 아주 크게 만드

는 것이다. 이렇게, 크게 만들어진 패킷은 네트워크를 통해 라우팅(Routing)되어 공격 네트워크에 도달하는 동안 아주 작은 조각(Fragment)이 된다. 공격대상 시스템은 이렇게 작게 조각화된 패킷을 모두 처리해야 하므로 정상적인 Ping의 경우보다 훨씬 많은 부하가 걸린다.

- Syn Flooding

  Syn Flooding은 서버별 한정되어 있는 동시 사용자 수를 존재하지 않는 클라이언트가 접속한 것처럼 속여 다른 사용자가 서버에서 제공하는 서비스를 받지 못하게 하는 것이다.

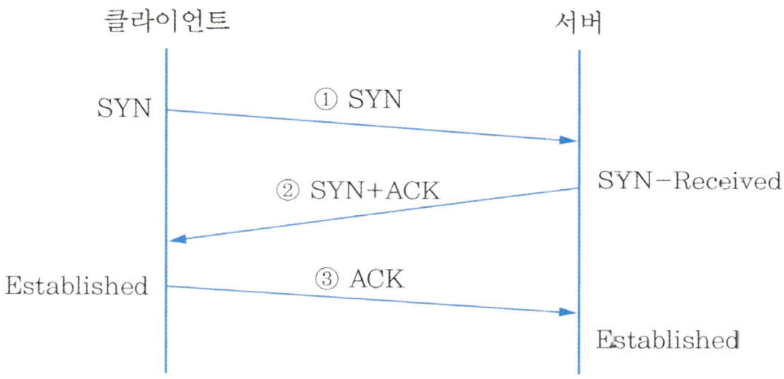

[그림 12-7] 정상적인 3-way 핸드세이킹

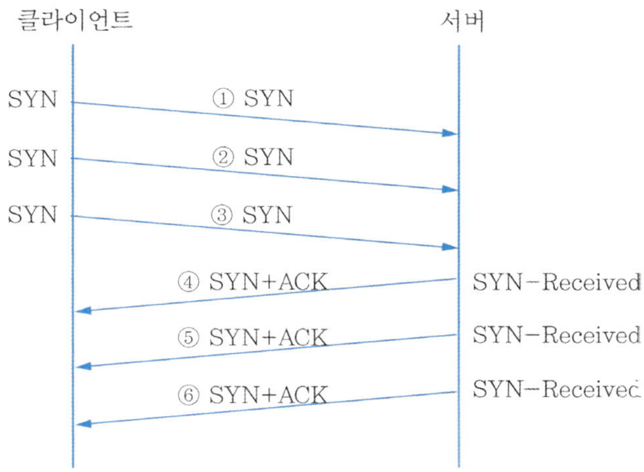

[그림 12-8] SYN Flooding 공격시 3-way 핸드세이킹

(2) 스푸핑

스푸핑(Spoofing)이란 '속이다'라는 의미다. 사용자의 서버 접속 요청을 실제 서버가 아닌 가짜 서버로 오도록 만들고 서버를 흉내냄으로써 사용자로부터 정보를 훔쳐가는 방법이다.

IP 주소, 호스트 이름, MAC 주소 등 여러 가지를 속일 수 있으며, 스푸핑은 이런 속임수를 이용한 공격을 총칭한다. 인터넷이나 로컬에서 존재하는 모든 연결에 스푸핑이 가능하며, 정보를 얻어내는 것 외에도 시스템을 마비시키는 것도 가능하다. 흔히 일어나는 IP 충돌 문제 역시 고의가 아닌 IP 스푸핑이라고 생각할 수 있다.

실제 유형은 다음과 같다.

- ARP[7] 스푸핑
- IP 스푸핑
- DNS 스푸핑

ARP 스푸핑은 로컬에서 통신하고 있는 서버와 클라이언트의 IP 주소에 대한 2계층 MAC 주소를 공격자의 MAC 주소로 속여 클라이언트가 서버로 가는 패킷이나 서버에서 클라이언트로 가는 패킷을 중간에서 가로채는 공격이다.

IP 스푸핑은 TCP/IP의 구조적 결함인 TCP 시퀀스 번호, 소스 라우팅, 소스 주소를 이용한 인증 메커니즘 등을 이용한 방법으로 인증 기능을 가지고 있는 시스템에 침입하기 위해 해커가 사용하는 시스템을 원래의 호스트로 위장하는 방법이다. 물론 상대의 보안시스템은 해커의 침입을 모르고 해커의 시스템을 자신으로 알게 만드는 것이다.

DNS 스푸핑은 공격 대상이 도메인 이름으로 접근할 때, 도메인 이름 해석에 관한 패킷(DNS 질의 패킷)을 탐지하고 실제 DNS 서버보다 먼저 질의에 대한 Response 패킷을 보내 공격 대상이 잘못된 IP주소로 이름을 해석하여 원하던 웹사이트가 아닌 다른 곳으로 접속하는걸 유도하는 공격이다.

7) ARP: IP 주소 값으로 MAC 주소 값을 알아내는 프로토콜
RARP: MAC 주소 값으로 IP 주소 값을 알아내는 프로토콜

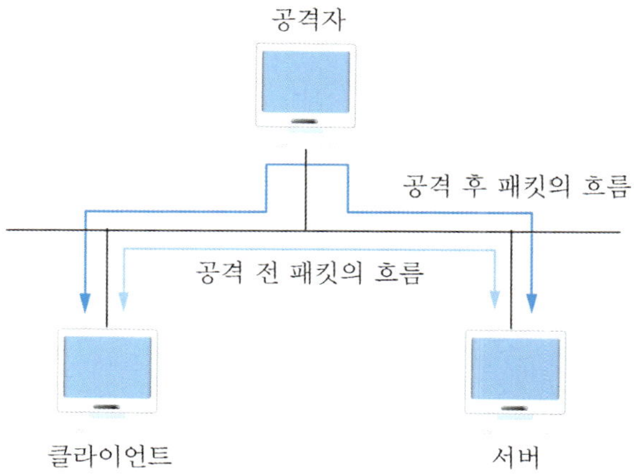

[그림 12-9] 공격 전 패킷의 흐름과 공격 후 파킷의 흐름

(3) 스니핑

'sniff'는 사전에서 찾아보면 '코를 킁킁거리다'라는 의미다. 코를 킁킁거리듯이 정보를 데이터 속에서 찾는 것이라고 생각하면 쉽다. 스니핑 공격은 막는 것도 어려우며, 탐지 역시 쉽지 않다.

이더넷 인터페이스를 promiscuous 모드로 설정하면 네트워크 상의 모든 패킷을 볼 수 있는데, 이를 이용해 다른 컴퓨터 간의 통신 내용을 도청하는 방법이다.

(4) 세션[8] 하이재킹

사용자가 정상적으로 서버에 접속한 다음 공격자가 이 세션을 가로채서 정상적인 사용자처럼 행동하는 공격 방법으로 TCP 세션 하이재킹은 연결의 신뢰성을 확보하기 위한 시퀀스 넘버를 이용한 공격이다. 이는 서버와 클라이언트가 통신할 때 TCP 프로토콜의 시퀀스 넘버를 제어하는데 문제점을 이용하게 된다.

〈표 12-6〉 TCP 프로토콜의 시퀀스 넘버

명 칭	설 명
Clent_My_Seq	클라이언트가 관리하는 자신의 시퀀스 넘버
Client_Server_Seq	클라이언트가 알고 있는 서버의 시퀀스 넘버
Server_My_Seq	서버가 관리하는 자신의 시퀀스 넘버
Server_Client_Seq	서버가 알고 있는 클라이언트의 시퀀스 넘버
Data_Len	데이터의 길이

8) 세션: '사용자와 컴퓨터, 또는 두 대의 컴퓨터간의 활성화된 상태'를 말한다.

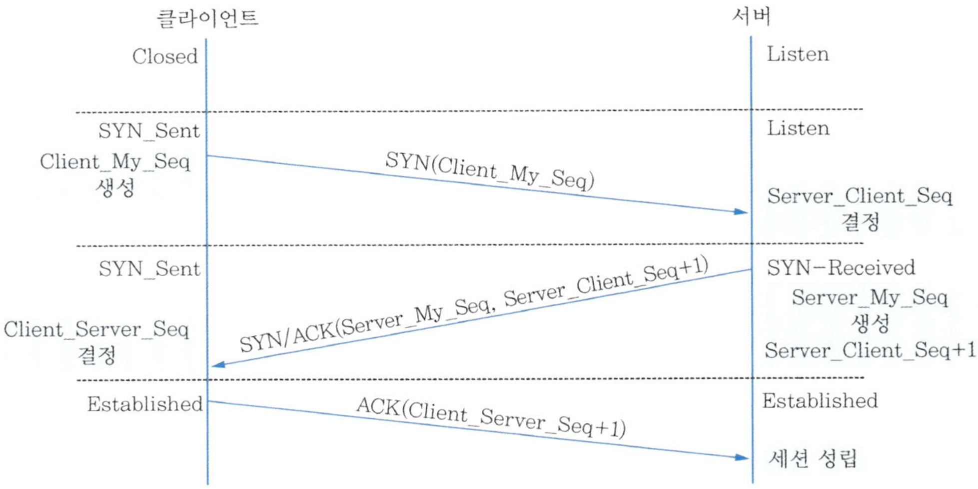

[그림 12-10] 정상적인 3-way 핸드세이킹 시 시퀀스 넘버

정상적인 연결이 생성되면, 클라이언트와 서버가 동기화가 되며, 다음과 같은 상태가 된다.

Client_My_Seq = Server_Client_Seq

Server_My_Seq = Client_Server_Seq

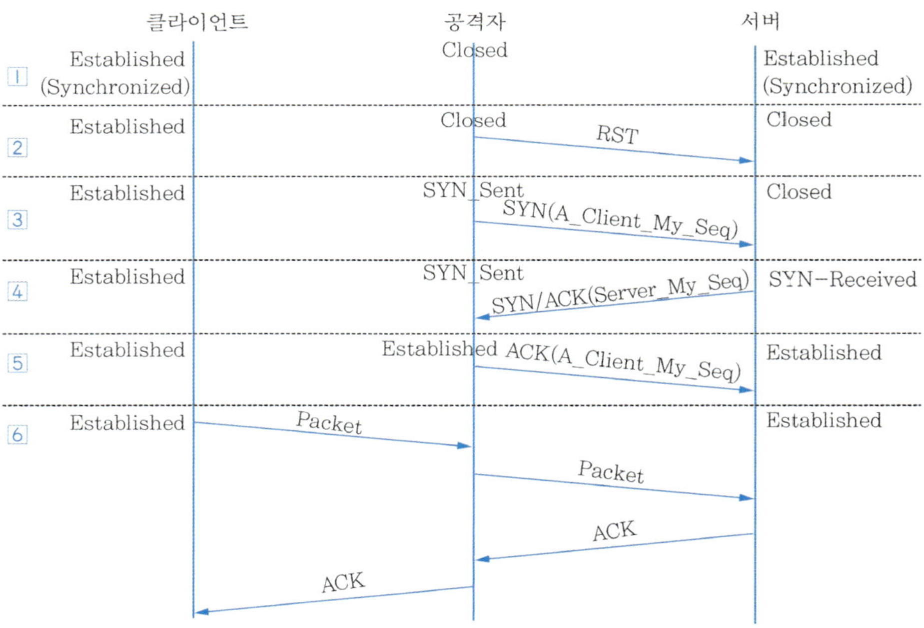

[그림 12-11] 3-way 핸드세이킹 시 세션 하이제킹

(5) 네트워크 보안 장비

• 침입차단 시스템(Firewall, 방화벽)

방화벽은 인터넷에 접속 된 회사 내의 정보와 시스템을 보호하기 위하여, 내·외부 네트워크를 분리해 허가된 데이터는 통과시키고 그렇지 않은 데이터는 폐기하거나 거절하는 시스템이다. 접근목록(Access-list)를 이용하여 접근제어를 하는 라우터가 접근기록(Log 파일)을 갖지 못함에 따라 접근 기록을 유지하는 호스트 기반의 침입차단 시스템이 탄생되었으며, 신뢰성이 있는 내부 네트워크와 신뢰성 없는 인터넷 사이에 위치하여 서로간의 통신을 제어하고 부정접속을 방지하며, IP주소 변환을 수행한다.

• 방화벽의 기능

- 식별 및 인증기능: 방화벽 시스템에 접근하는 관리자 및 사용자의 신분을 증명 해주는 기능으로 네트워크 인터페이스 카드(NIC: Network Interface Card)로 지나가는 모든 트래픽의 패킷에 대한 식별이 가능하므로 패스워드를 식별 및 인증할 수 있다.
- 접근통제 기능: 방화벽은 호스트, 사용자 그리고 서비스의 속성을 기초로 내부 네트워크에 대한 접근 통제기능을 제공한다. 즉, 메일 서버나 공개정보 서버와 같은 특정 호스트를 제외하고는 내부 호스트에 접근하는 것을 통제한다.
- 감사기록 및 추적기능: 방화벽을 통하여 이루어지는 사용자의 보안관련 활동 및 사건을 기록 및 조사하고 침입사건의 발생을 탐지하는 기능이다.
- 비밀성 및 무결성 기능: 방화벽은 중요한 트래픽에 대한 비밀성과 무결성 기능을 제공한다. 비밀성 기능은 전송되는 데이터가 인가되지 않은 사용자에게 누출되는 것을 방지하는 기능이며, 무결성 기능은 방화벽의 중요한 데이터에 대해 인가되지 않은 변경이 발생할 경우와 방화벽을 통하여 전송되는 데이터 변경에 대해 확인하는 기능이다.

• 침입탐지 시스템(IDS)

침입탐지 시스템이란 Intrusion Detect System의 약어로서 각종 침입행위들을 자동으로 탐지, 대응, 보고하는 보안 시스템으로 은행의 감시 카메라와 같은 기능을 수행한다. 내부 네트웍의 모든 행동들을 감시 및 기록, 이상 상황의 발생시 즉시 이를 파악하고 불법행동을 일으킨 패킷(Packet)을 차단함으로써 내부 시스템의 완벽한 보안을 실현한다.

3 정보보호 기술에서의 융합 IT

IT보안, 즉 정보보안 기술은 통신 환경에 따라서

PC보호('90년) →네트워크보호('04년)→개인정보보호('08년)로 큰 패러다임 변화를 보이면서 지속적으로 발전하였다.

IT보안, 즉 정보보안 기술은 통신 환경에 따라서 PC보호('90년)→네트워크통신, 방송, 네트워크 및 서비스 기술이 융·복합 되는 유비쿼터스 환경으로 진화하고 궁극적으로 물리보안 및 정보보안 기술과 전통 산업간 융합으로 창출되는 융합산업보안 기술로 발전할 것으로 예상한다.

IT 융합

IT의 네트워크화, 지능화, 내재화의 특성을 통해 기존 기술 및 산업간 융합의 원천기술화 시키는 IT융합 산업으로 IT산업과 기존산업의 융 복합화 촉진을 통해 우리나라 산업경쟁력의 지속적 우위 확보 및 신 성장동력화 추진하고 있다.

IT 융합 로드맵은 다음과 같다.

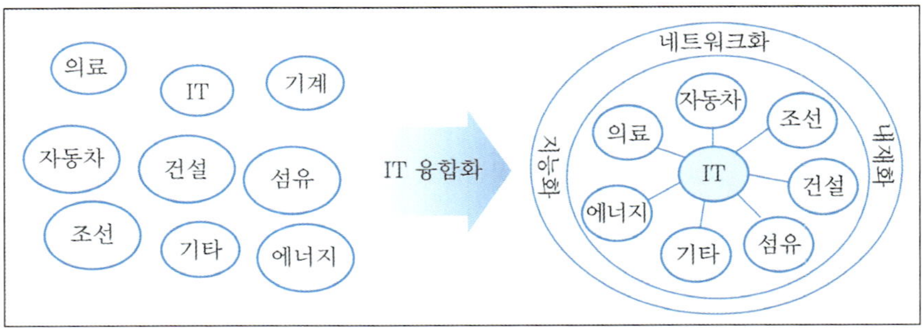

[그림 12-12] IT 융합 로드맵

- 주력 제조업과 IT 융합을 통해 주력산업의 고부가가치화 및 IT산업의 신시장 창출분야
  ① 자동차IT ② 조선IT ③ 건설IT ④ 섬유IT
- IT 융합을 통해 미래유망 산업의 新 성장동력화 창출 분야
  ① 의료IT ② 기계IT ③ 에너지 및 기타 IT융합 분야 등

IT 융합 분야는 다음과 같다.

〈표 12-7〉 IT 융합 분야

분야	내용
IT 자동차	• IT 기술을 이용한 차량의 눈(레이더, 영상, 초음파 센서 등), 귀(차량간 통신, 차량-인프라간 통신), 뇌(상황인지/판단/예측)를 가진 생각하는 자동차 • 첨단 IT 신기술을 기반으로 다양한 차량 주변정보 및 주행상황을 인지·판단하여 차량을 제어함으로써 차량, 운전자 및 보행자의 안전성, 편의성, 안락성 및 효율성을 향상시켜 주는 신 자동차 기술 분야
IT 조선	• SW 기술을 활용한 선박건조 및 운항 시스템의 최적화를 위한 IT 융합 주도형 산업으로 진화 • 조선산업은 국가 주력산업으로서 2000년대 한국 조선산업은 세계 1위 고수 • IT 기술의 융합으로 국내 조선산업의 경쟁력 증대 필요
IT 건설	• 전통적인 건설 산업에 첨단 정보통신기술(IT)을 선택적으로 융합하여 노동집약적인 산업에서 기술집약적인 산업으로 부가가치를 높이는 『스마트 건설 산업』 • 건설기술과 IT·BT·EET 기술과의 융합화·복합화 혁신을 통해 도심 메가 빌딩에서 발생할 수 있는 『에너지, 환경, 수송, 통신』 문제 해결을 위한 스마트 시스템
IT 섬유	• IT융합 생활·섬유는 스마트 생활 용품과 입는 컴퓨터, 지능형 스마트 섬유 등을 통하여 언제 어디서나 다양한 서비스 제공하는 새로운 패러다임 형성 • 첨단 섬유기술과 IT가 융합되어 인간 친화적 지능형 서비스 제공과 함께 입는 컴퓨터로 새로운 문화 형성 • 기존의 섬유에 IT기술과 문화, 정보를 접목시켜 고부가가치의 지식산업구축
IT 의료	• 융·복합 기술로 새로운 Bio 융합 칩에서 맞춤형 의료 서비스 영역까지 이르는 미래형 의료서비스 신 산업 창출 • 국고 고령요양비 예산 절감(2013년 2조원, 30%이상)과 세계적 메가트랜드인 고령화로 급성장하는 실버친화 시장의 글로벌 리더십을 확보하여 "신성장동력" 창출
IT 기계	• 기계산업에 IT기술/IT산업을 융합해 기존 기계제품의 혁신, 고부가가치화를 이루거나, 그린 IT를 포함한 새로운 IT제품 시장을 개척 • 제품, 프로세스, 서비스, SoC(System on Chip)/SiP(System in Package) 개발 관점 접근 • IT+기계산업의 융합으로 신시장 발굴, 주력제품의 기술경쟁력 강화

기타 분야에서는 일리(Illy) 커피와 삼성의 업무협력도 있다.

삼성전자는 일리카페의 플래그십 매장에 태블릿PC 등 스마트 기기와 특화 솔루션을 제공하며 반대로 일리카페는 삼성이 출품하는 주요 전시장과 행사에서 커피를 제공한다. 첫 매장은 영국 런던 리젠트 스트리트에 위치한 일리카페 매장이다.

테크는 수다

컨텐츠

새로운 삶에 대한 준비가 필요하다. 새로운 삶에 대한 준비는 미래를 예측해 보는 것인데 이런 인간의 삶은 희한하게도 음과 양인 비트에 기반을 두고 있다.

지금까지 '현재 기술 발전에 침체기가 있었는가?'라는 의문을 던져본다. 실제 기술 발전은 빨라진 게 아니라 다양화 된 것이고, 단지 다양한 걸 보다 보니 빠르게 발전했다는 착각한다. 절대 변함없이 규칙적으로, 정확하게 흐르는 시간 축에 창조의 축을 더해 가동할 때다.

인프라는 기술이지만 컨텐츠는 인문이다.

찾아보기

ㄴ

ㄷ

ㄹ

ㅁ

ㅂ

ㅅ

ㅇ

저자 소개

손병희

연세대학교 전기전자공학부에서 석·박사를 마쳤다. 관심 분야는 감성을 이용한 홈네트워킹 시스템과 지능형 임베디드 시스템이고, 현재 한솔로보트 기술연구소 소장으로 근무하고 있으며 세종대학교에서는 겸임교수로 강의를 하고 있다.

이상기

경상대학교 이학사, 연세대학교 공학석사, 영남대학교 경영석사, 대전대학교 공학박사를 마쳤다. 관심 분야는 IT와 산업을 융합하는 융합산업과 미래 융합기술 개발이며, 한국전력공사 중앙교육원 교수, 대덕연구단지 전력연구원 책임연구원, 판매SI실장, 전력ICT처장, 한전지사장, PI추진처장을 역임하였고, 현재는 경기대학교 컴퓨터과학전공 부교수로 재직하고 있다.

융합 그리고 넥스트

2015년 1월 15일 인쇄
2015년 1월 20일 발행

저　자 / 손병희·이상기
발행자 / 오판근
발행처 / 교우사

주　소 / 서울특별시 동대문구 약령시로 8 교우빌딩 2층
전　화 / 925-2861(代), 편집부 / 925-2825, 홈쇼핑 / 969-5762
팩　스 / 925-2860

E-mail / kyowoo@kyowoo.co.kr
http://www.kyowoo.co.kr

등록 / 1994. 3. 24 제6-0256호

ISBN 979-11-251-0012-6 (93560)

값 20,000 원